2017年　2017（总第19册）

主管单位：中华人民共和国住房和城乡建设部
中华人民共和国教育部
主办单位：全国高等学校建筑学学科专业指导委员会
全国高等学校建筑学专业教育评估委员会
中国建筑学会
中国建筑工业出版社
协办单位：清华大学建筑学院　同济大学建筑与城规学院
东南大学建筑学院　天津大学建筑学院
重庆大学建筑城规学院　哈尔滨工业大学建筑学院
西安建筑科技大学建筑学院　华南理工大学建筑学院

顾　　问：（以姓氏笔画为序）
齐　康　关肇邺　李道增　吴良镛　何镜堂　张祖刚　张锦秋
郑时龄　钟训正　彭一刚　鲍家声　戴复东
社　　长：沈元勤
主管副社长：欧阳东

主　　编：仲德崑
执行主编：李　东
主编助理：屠苏南

编 辑 部
主　　任：李　东
编　　辑：陈海娇
特邀编辑：（以姓氏笔画为序）
王　蔚　王方戟　邓智勇　史永高　冯　江　冯　路　李旭佳
张　斌　顾红男　郭红雨　黄　瓴　黄　勇　萧红颜　谭刚毅
魏泽松　魏皓严
装帧设计：编辑部
平面设计：边　琨
营销编辑：柳　涛
版式制作：北京嘉泰利德公司制版

编　　辑：《中国建筑教育》编辑部
地　　址：北京海淀区三里河路9号　中国建筑工业出版社　邮编：100037
电　　话：010-58337043　010-58337110
投稿邮箱：2822667140@qq.com
出　　版：中国建筑工业出版社
发　　行：中国建筑工业出版社
法律顾问：唐　玮

CHINA ARCHITECTURAL EDUCATION
Consultants:
Qi Kang　Guan Zhaoye　Li Daozeng　Wu Liangyong　He Jingtang
Zhang Zugang　Zhang Jinqiu　Zheng Shiling　Zhong Xunzheng
Peng Yigang　Bao Jiasheng　Dai Fudong
President:
Shen Yuanqin
Editor-in-Chief:
Zhong Dekun
Deputy Editor-in-Chief:
Li Dong
Director:
Zhong Dekun　Zhu Wenyi　Zhao Qi　Xian Daqing
Editoral Staff:
Chen Haijiao
Sponsor:
China Architecture & Building Press

图书在版编目（CIP）数据

中国建筑教育.2017．总第19册/《中国建筑教育》编辑部编著.—北京：中国建筑工业出版社，2018.2

ISBN 978-7-112-21787-8

Ⅰ.①中…　Ⅱ.①中…　Ⅲ.①建筑学-教育研究-中国　Ⅳ.①TU-4

中国版本图书馆CIP数据核字（2018）第015161号

开本：880×1230毫米　1/16　印张：$10\frac{1}{4}$
2018年2月第一版　2018年2月第一次印刷
定价：**25.00**元
ISBN 978-7-112-21787-8
（31614）

中国建筑工业出版社出版、发行（北京海淀三里河路9号）
各地新华书店、建筑书店经销
北京京华铭诚工贸有限公司印刷
本社网址：http：//www.cabp.com.cn　中国建筑书店：http：//www.china-building.com.cn
本社淘宝天猫商城：http：//zgjzgycbs.tmall.com　博库书城：http：//www.bookuu.com
请关注《中国建筑教育》新浪官方微博：@中国建筑教育_编辑部
请关注微信公众号：《中国建筑教育》

目录

当代性的探索·同济大学建筑教育专辑

专辑前言

教学思想研究

5 开放多元、平行自主——为了明天的建筑学教育思考 / 李振宇
13 同济学派的学术内涵 / 郑时龄
16 建筑教育与时代精神 / 伍江
20 以文养质，知恒通变——关于建筑教育新议程的几点浅识 / 常青
24 映射——浅谈当代建筑热点与建筑教育新关系呈现 / 李翔宁 宋玮
27 科教结合与国际合作对建筑教育和学科发展的深层意义 / 孙彤宇
35 作为学科记忆的建筑史教学 / 卢永毅

教学体系建设与研究

43 高度与深度双向拓展的建筑学培养体系探索 / 蔡永洁
49 多元融合的建筑专业基础教学 / 徐甘 张建龙
58 本科阶段专题建筑设计的课程特色和教学组织 / 谢振宇 汪浩
66 “建筑学”与“遗产保护”的交响——写在同济大学历史建筑保护工程专业创建 15 周年之际 / 张鹏
75 依托社会资源创建建筑设计基础教学实践平台 / 张建龙
80 建筑学专业的技术维度和建造意识培养 / 王一
88 开放互动的建筑学专业毕业设计课程建设 / 董屹

多元化课程教学与研究

94 “城市阅读”：一门专业基础理论课程的创设与探索 / 伍江 刘刚
98 新工科的教育转向与建筑学的数字化未来 / 袁烽 赵耀
105 以国际视野，讲中国故事 全英语课程“当代大型公共建筑综述”建设 / 王桢栋 谭峥 姚栋 Daniel Safarik
112 在社区课堂训练自主学习能力——建筑学本科“服务学习”课程探索 / 姚栋 肖夏璐
118 实践建筑师参与设计教学的若干思考 / 章明 孙嘉龙
124 助教眼中的三年级建筑设计课程——实验班“小菜场上的家”教学总结 / 王方戟 杨剑飞
134 “产学研”协力共进下的建筑光环境教学探索与创新实践 / 郝洛西
143 走向国际化的艺术教育实践 / 赵巍岩 于幸泽 阴佳
152 关于城市形态导控方法的探索性设计教学 / 谭峥
160 基于双创育人管理保障模式的新型建筑人才培养路径研究——结合同济大学建筑与城市规划学院的工作经验 / 王晓庆 扈龑喆 唐育虹

CONTENTS

EDITORIAL

RESEARCH ON TEACHING THOUGHT

5 Openness, Diversity, Parallelism and Autonomy: Thinking for Future Architectural Education
13 The Academic Paradigm of Tongji School
16 Architectural Education and the New Era
20 On a New Agenda for Architectural Education
24 Reflective Praxis: New relationship between Contemporary Architecture Hotspots and Architecture Education
27 The Impact of Integration Scientific Research and Education in International Cooperation for the Architectural Education and Development af Discipline
35 Teaching Architectural History as a Disciplinary Memory

CONSTRUCTION AND RESEARCH ON TEACHING SYSTEM

43 Height and Depth Expanding Training System in Architectural Education
49 Multi-Element Integration in Teaching of Architecture Foundation
58 Course Features and Teaching Organization of the *Architectural Design of Special Topics* of the Undergraduate Education
66 The Symphony of Architecture and Heritage Conservation: On the 15th Anniversary of the Architectural Conservation Program of Tongji University
75 Relying Social Resource, Creating the Practical Teaching Platform of Architectural Design Fundamentals
80 Technological Dimension and Construction Consciousness in Architecture Education
88 Architecture Graduation Design Course Construction Based on Openness and Interactivity

DIVERSIFIED COURSE TEACHING AND RESEARCH

94 City Reading: Establishment of a Basic Theory Course
98 New Engineering Education and the Digital Future of Architecture
105 Telling the Chinese Story from the International View: Construction of English Course "Introduction to Contemporary Large Public Building"
112 Engage Independent Learning via Community Service: Service-Learning Pilot Program in Tongji University
118 Some Thoughts on Practicing Architects' Participation in Design Teaching
124 The Third Grade Architectural Design Course in the Eyes of Teaching Assistants: Teaching Summary of Special Program Course "Home Above Market"
134 Education Exploration and Innovation of Architectural Luminous Environment with the Industry-University-Research Cooperation
143 Towards Internationalization of Art Education Practices
152 An Experimental Studio on Planning Code and Regulation
160 Research on the Cultivation Path for New Architectural Talents Based on Innovative and Entrepreneurial Management Guarantee Mode: Combined with the Work Experience of the College of Architecture and Urban Planning of Tongji University

云亭（摄影：陈颢）

专辑前言

本期同济建筑教育专辑以“当代性的探索”为主题，以“教学思想”、“教学体系建设”和“多元化课程教学与研究”三个版块，总结和凝练了近年来同济建筑教育的总体思路、体系建设以及具体课程教学的创新研究和相关成果，全方位地检阅了同济建筑教育的最新动向和最新成果，当然，在同济建筑教育这些年来的积极探索中，仍然有大量的其他教学创新内容无法在一个期刊的篇幅里完全展示。

尽管所有的文章并没有出现“当代性”的关键词，也没有关于建筑当代性和建筑教育当代性的直白表述，但是从这些文章的字里行间可以看到，同济建筑教育在教学思想、教学体系建构以及具体的课程教学创新中，不以任何主义或教条为藩篱，而更多的是从建筑专业、人才培养发展的未来着眼，以国际前沿的学术思想、科学技术发展为着力点，以国家建设需求为抓手，积极参与实践、积极推动国际合作，将建筑教育的过程置于永恒的探索和追求之中。这也许可以看作是一种“当代性的探索”吧。

在教学思想版块，院长李振宇教授以平实质朴的语句表达了对建筑教育的哲学思考——“为了明天的建筑教育”，并以“开放多元、平行自主”为关键词阐述了同济建筑教育如何应对当代知识体系和当代社会需求的巨大变化所开展的教学改革尝试；郑时龄院士从注重跨学科、注重实践，为国家建设做出重要贡献的角度，介绍同济建筑教育的发展历程和“博采众长、兼收并蓄”的学术精神，并从同济建筑实践和教学中“借鉴地域文化、汲取传统精神、多学科交叉融合、崇尚批判精神”等，概括和总结了“同济学派”的学术内涵；伍江教授认为当代建筑教育成功与否，从根本上讲是能否培养造就能够适应于时代需求并代表时代精神的建筑人才；常青院士则从建筑学科的身份定位、专业功底、学位学制等方面展望了建筑教育的未来发展之路。

在教学体系建设版块，分别就同济建筑教育的培养体系、建筑专业基础教学体系、专题建筑设计课程体系、毕业设计课程体系以及教学实践平台体系等方面展示了同济建筑教育近年来全方位、系统性的教学改革和教学组织。

在多元化课程教学与研究版块，重点选取了近年来较有特色的一些专业课程建设，如数字化、遗产保护、国际化、产学研、创新创业等热点专题与建筑专业教学深度结合的有益探索。

同济大学建筑与城市规划学院 教授、博导

2018 年 2 月 27 日

开放多元、平行自主

——为了明天的建筑学教育思考

李振宇

Openness, Diversity, Parallelism and Autonomy: Thinking for Future Architectural Education

■摘要：教育的目的是为了学生的未来；本文由四段对话得到启发，认识到建筑学专业教育的明天的必然变化。在信息化全球化的背景下，知识爆炸和建筑学知识点不断翻番，学生的来源和出口日渐多样，教学结构闭合与统一既无必要，也无可能。我们可以改变思路，建构开放开源的知识结构体系基础，丰富完善评价体系动态多维，弱化序列。教学内容平行发展，鼓励教师教学方式内容的多样呈现，鼓励学生自主选择。同时，本科和硕士阶段教育的区别也值得重视，其主体可以分别是博雅通识和专业职业。
■关键词：建筑学　教育　未来　多元　开放　平行　自主　P to P
Abstract：The purpose of education is for the students′ future. This paper is inspired by four conversations, and truly believed that the future of architecture must be changed. In the era of information and globalization, knowledge exploration and the diversity desire from students making closed education structure system unnecessary and impossible. Instead, the future architectural education should establish a framework with open source, diverse evaluation, and multiple dimension. Education autonomy will be strongly encouraged as the contents will be in parallel models. Also, the difference between undergraduates and graduate education should be more valued. While undergraduates will be more general and graduates be more professional.
Key words：Architecture；Education；Future；Diverse；Openness；Parallelism；Autonomy；P to P

一、何为明天：四段对话引起的启发

1. 今天好，还是明天好

蔡永洁是我的大学同学，也是我的同事和好朋友。2016 年秋天，这位建筑系系主任很严肃地问了我一个问题："院长，你希望我们的学生是今天好，还是明天好？" 我大概知道

他的意思，但我很职业地回答："我希望今天要好，明天也要好。"然而，这个回答我自己并不满意，蔡永洁之问引起了我对"明天"的思考（图1）。

2. 明天：他们最好的建筑师

2015年5月，我访问美国加利福尼亚大学伯克利分校建筑学院。负责毕业设计（Thesis）的副院长Rennie Chow教授兴致勃勃地带我参观了建筑学硕士毕业设计汇报展。我问她，为什么我只看到一份设计"像建筑设计"？她回答说，是的。毕业设计往往要求学生挑战已知的东西，面向未来。"我们的建筑毕业作品很不像建筑设计，但他们将来是最好的建筑师"，Rennie这个回答让我大为感叹，后来，我把博士生送到她那里去联合培养了（图2）。

图1　蔡永洁和李振宇在同济大学建筑城规学院C楼，2016秋

图2　美国加利福尼亚大学伯克利分校建筑学院毕业设计，2015年5月

3. 将来他们会有应对的办法

葛明是我的朋友，我们讨论的话题常常离不开教学模式。他在东南大学的建筑学本科三年级和四年级教学中向老师推广"结构法、体积法、不定形法"[1]，"整个年级有了这样的教学基础，学生的水平就不会太离谱，将来在工作中他们就会有应对的办法"。柳亦春私下的评价也提供了佐证：东南大学本科教出来的毕业生，在事务所比较好用。而我却向葛明建议，希望不同的老师应该对建筑有不同的理解，给学生不同的教法，让学生有比较、有选择（图3）。

4. 最重要的是人和人

宾夕法尼亚大学建筑学院院长Frederick Steiner是一位老派绅士，喜怒不形于色。2017年5月，他回访同济大学，我给他介绍了一点思考：今天的大学，获取知识点本身这个功能，已经退到了第二位；大学是让学生走向未来的平台，所以5个"P to P"最为重要：People to People（课内外交流），People to Paper（学习科研方法），People to Project（项目式训练），People to Practice（设计实践），Peoples to Peoples（不同机构之间交流）。他听了若有所思，没吭声。到了晚上，在袁烽工作室参观时，他突然很诚恳地说，你下午讲的那五个P to P，最重要的是People to People，即人和人。这是数字时代的年轻人最需要的，也是将来很昂贵的（图4）。

图3　葛明、韩冬青、李振宇和张轲在中国美术学院水岸山居，2017年4月

图4　李振宇和Steiner在同济大学参观，2017年5月

这四段对话，给我很大的启发和思考。何为明天？有四点是肯定的。第一，跟今天一定不一样；第二，每个老师的理解会有所不同；第三，每个学生对明天的选择有不同的权利；第四，建筑一定会受到全球化、信息化很大的影响，建筑学教育也是。

二、面对变化：寻找“开源”体系

1. 不变与巨变

从 1977 年恢复高考，中国的建筑教育奇迹般地迅速建构了自己的体系。这个体系高速有效地运行了 40 年，虽然内容一直在补充发展和更新，但结构原则和思想方法相对稳定，并没有质的变化。她和中国建筑一样，有“批判的实用主义”的特点[2]。似乎我们的教学目标，往往是为一个大院标准建筑师准备的（尽管有的大院院长还会抱怨，毕业生连楼梯施工图都不会画）。我们一遍又一遍地告诉学生，建筑的类型是什么，建筑的现实是什么，你们应该这么想、这么做。

可是 40 年中，建筑的社会背景发生了翻天覆地的变化。城市发展令大多数甲方都在要求国际水平的好建筑（虽然“好”的标准很难解释）；商业化建筑和房地产业催生了一大批甲方建筑师；国际化和信息化让我们的老师和学生掌握最新的世界建筑学动态（学生往往更快）；还让建筑设计和建筑技术发展极其迅速，外延急剧膨胀；人文、社会、物理、生态、健康等学科的交叉影响令人眼花缭乱，猝不及防；参数化设计和机器人建造描绘出了让人激动而又不安的前景。而一群中青年建筑师脱颖而出（例如王澍和“同济八骏”[3]），又描绘了青年一代新的前景。中国建筑师获得了千载难逢的机遇，然而也面临着新时代变化的巨大挑战。

在这样的巨变面前，我们的建筑学，一定是在为明天培养跟今天截然不同的建筑学人（不仅是建筑师）。我们做好准备了吗？学生变了，知识体系变了，社会需求变了，我们的教育理念和教学结构也要变。我们的建筑学教育，应该像“开源软件”（ORS）那样，具备足够的开放性、成长性、兼容性，让学生有能力、有信心面对未来的变化和挑战。

2. 培养什么样的人：1/2 还是 1/16？

报考建筑学的学生，虽然“找个好职业”的想法仍然占多数，但比例正在悄悄下降。家长也许还是以前的家长，学生已不再是过去的学生。据美国建筑教育联合会主席 Min Fang 介绍，美国建筑师薪酬不高，但建筑学专业报录比很高；究其原因，问卷回答排名前三位的是：“对人类环境有较大的贡献”“工作有趣”“建筑师可以自雇”[4]。抱着理想和趣味而来的学生会越来越多。

从当下毕业生的就业来说，我们已经明显地感觉到，大院建筑师的比例正在下降，其他各种可能性正在上升。我们推测其主要构成是“四个一半”：建筑师仍占半壁江山，包括但不限于国有大院建筑师、外企和民营设计院、小事务所和独立工作室；剩下的一半中，四分之一是与建筑学相关的专业和产业工作，例如房地产经营管理、甲方建筑师、咨询业、文化创意、传媒出版等；再剩下的一半中，有 1/8 是与建筑学多少有点关系的政府机构、企业等；再剩下的一半中，还有 1/16 是与建筑学看似没有太大关系的行业，但从业的人才其实多少受益于建筑学教育，比如金融（房地产金融）、互联网经济（空间共享）、创新产业（艺术、设计、旅游）；还有余下的会有其他不同的可能（图 5）。

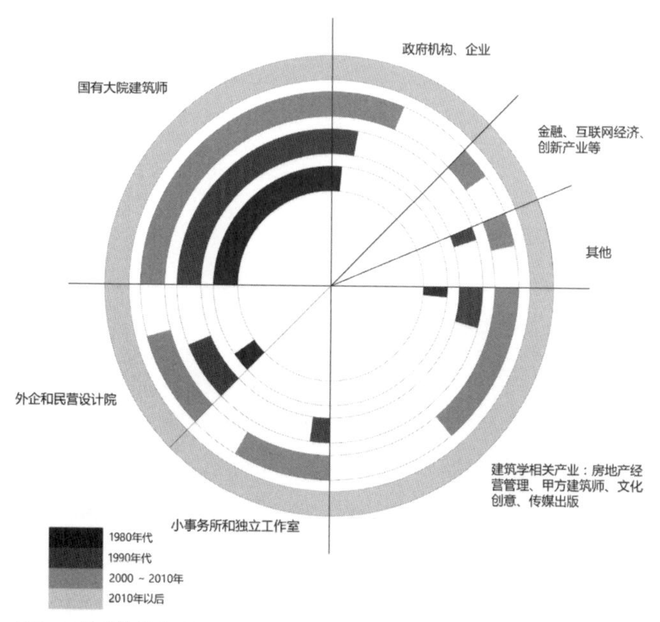

图 5　建筑学毕业生就业变化示意图

我们要认识到，这些都是我们的学生和服务对象，我们不仅培养那 1/2，还要为 1/4、1/8、1/16 提供更好的选择和成长的可能，要提供给他们最适合的教学服务。辩证地看来，帮助那些最终不做建筑师的建筑学学生发展好，也是对未来建筑师的贡献。

3. 从稳定的知识点，到开放的知识体系

我们建筑学教育的培养方案，各校大同小异，向来强调“知识点”；国际建筑师协会（UIA）[5] 的相关要求也不例外，这在现代主义建筑体系相对稳定的 20 世纪下半叶是很合理的。到了今天，信息化、全球化、知识爆炸，知识点多而又多，不胜枚举。同济大学建筑学的学分、学时在过去 20 年中大约增加了 20%。旧的舍不去，新的加进来，每个老师都说自己教的那部分重要。这样按照知识点继续铺开发展的话，知识点永远也教不完。

在过去的近 20 年里，我们的建筑设计教育体系中至少出现了以下 8 类新的内容 [6]：

A. 生态建筑，绿色建筑，低碳建筑，可持续发展；

B. 建筑伦理，社会公正

C. 城市设计，城市更新

D. 乡村建设，农村住宅

E. 历史建筑保护，旧建筑改造

F. 数字设计，机器人建造

G. 工业化建筑，装配化

H. 乐龄建筑，康养建筑

……

在已知的未来，还会有大量新的知识点加载进来。比如：人工智能，互联网生活，共享建筑，等等。

既然知识点刹不住车，我们必须换一个思路。其实，这么多的知识点蜂拥而至并不可怕。因为我们的学生比我们厉害，他们每个人都拥有移动终端，可以依托网络找到每个具体的知识点。学生需要大学教育，就是需要一个开放系统和软件平台。就像智能手机那样，我们大学教育提供一个开放的知识结构基础作为操作系统，学生可以此为出发点，可以不断下载 APP，按自己的发展需求和兴趣，终身学习。

面对明天的建筑教育，应该成为一个“开源”体系。

三、改革期待：课程动态平行，学生自主选择

1. 提供设计课程：三重平行

平行有三重含义。第一，在基础教育之后，课程的序列可以弱化，不必强调先小后大、先易后难、先单一后综合。信息化和互联网已经大大加强了学生获取知识的能力。例如，假如以问题为导向，我们是否可以设定本科年级及以上阶段要经历 4~5 个必修课题（例如城市设计课题，居住康养课题，大型复杂空间或结构课题，建构与材料形式课题，绿色建筑或智能建造课题），1~2 个选修课题。这 5~7 个设计课题顺序可以打乱。以类型全面为导向的设计教学安排可以作较大的调整。

第二，同一组课题平行提供不同的设计题目。老师可以结合自己的研究拿出最有体会的题目来指导学生参加，学生可以选择不同的题目。

第三，同一题目也可由不同的导师组带领，可以打擂台，进行 PK。让老师花更多的精力吸引学生，鼓励思想方式的多样、价值取向的多元以及呈现方式的多姿多态（图 6）。

2. 自主选择的价值：“我思故我在”

我们的大学中有清晰的“班级”概念，这对于管理效率是莫大的好处。但对于建筑学学生的充分发展来说，班级意味着更多统一的计划。学生自主选择，对本科生来说尤为重要。我们现在的本科教育还没有做到真正的“学分制”，他们还不能真正选择老师、选择课程。这是我们面对明天需要改革的最重要的一步。

让学生更多地自主选择，主要有以下价值：

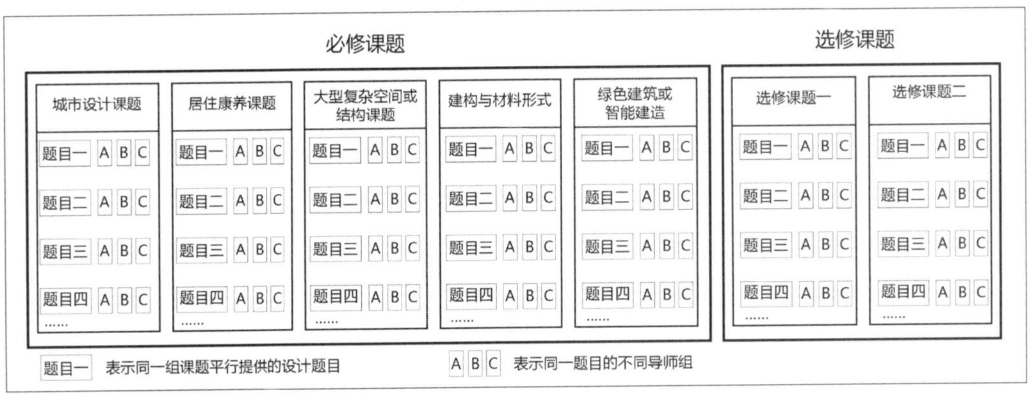

平行课题体系

必修课题					选修课题	
城市设计课题	居住康养课题	大型复杂空间或结构课题	建构与材料形式	绿色建筑或智能建造	选修课题一	选修课题二
题目一 A B C	题目一 A B C	题目一 A B C	题目一 A B C	题目一 A B C	题目一 A B C	题目一 A B C
题目二 A B C	题目二 A B C	题目二 A B C	题目二 A B C	题目二 A B C	题目二 A B C	题目二 A B C
题目三 A B C	题目三 A B C	题目三 A B C	题目三 A B C	题目三 A B C	题目三 A B C	题目三 A B C
题目四 A B C	题目四 A B C	题目四 A B C	题目四 A B C	题目四 A B C	题目四 A B C	题目四 A B C
……	……	……	……	……	……	……

题目一 表示同一组课题平行提供的设计题目　　A B C 表示同一题目的不同导师组

图 6　平行课题体系示意图

第一，认识自己是怎样的学生，学习如何判断和抉择。我们的学生在高中阶段跟着高考走得太相似了，都忘记个体与个体之间的差别；

第二，初步决定自己想成为怎样的人，可以是前面说到的1/2、1/4、1/8、1/16，还可以是全新的专业人才；

第三，学生的选择是学习兴趣所在，是教学内容发展动向的表达，也是对教师教学水平和质量的反馈方式之一。

因此，我们要大力发展学生自主选择；由"班级"制逐步转化为"课程制"；教学空间的组织也会由此相应变化。学生思考了、选择了，学生在教学体系中的存在才会真正加强。

3. 本硕培养：和而不同的"自助餐""定制点餐"

本科教育应当更加注重"博雅"和"通识"，唤起学生热爱建筑学的天性，鼓励学生的好奇心和探索精神；大量涉猎，快乐教育。建筑学不等于建筑设计学，可以培养出未来的学者、艺术家、社会活动家、企业家、官员等；也欢迎学生把建筑学当作历史、音乐、绘画那样当作修养课来学习，成为有建筑修养的其他方面的人才。当然，我们希望培养的多数，还是优秀的建筑师。因此在本科阶段以"放"为主，提升眼界见地，树立价值观，提高欣赏品位、批判能力、学习能力、面对新事物的能力，以及与人交往和处理事务的能力。换言之，以过程为导向，训练量到了，目标自然就达成了七分。

硕士研究生应当成为培养专才的阶段。这是职业建筑师的标配，也是走向专业科研人员的通路。以较深入的研究为主，要求加强设计课程；设计成果要求有难度、有创新、有特色、有专长。要求毕业论文有创新性，毕业设计有研究性。对于建筑学专业学位的硕士研究生，我们更加提倡做毕业设计；过程与目标双导向。

打个比方，过去，我们的本科生和研究生的课程都是以计划为主，相当于"固定套餐"和"花色套餐"；将来，我们要把本科生逐步向"自助餐"（有分类构成要求）过渡；而研究生则将是个性化"定制点餐"；至于博士生，就是强调创新的"私房菜"了。

需要特别期待的是，本科生、硕士生的培养既连续，又有很大不同。不同不仅在内容，更在于要求。在各类评审中，我发现对于本硕之间的关系，各校都是强调连贯性的。然而这种连贯性对于同济大学建筑系来说并不完全合理。我们的硕士生生源，半数以上来自同济以外的"老八校"和其他学校，还有50多位国际双学位生。他们都没有经历过"同济式"的本科教学。研究生教学，要把不同背景的优秀生源，培养成优秀的建筑师和建筑学专业人员。哈佛大学研究生院，甚至在硕士录取时规定保证非建筑学本科生源的比例，这对我们是一个启示。

四、我的尝试：主动转型的一点体会

建筑学教育改革，知不易，行更难。在过去的四年里，我担负学院的行政工作，教学工作量有所减少，但也做了一些主动转型的尝试，在此作一简单介绍。

1. 本科生住区设计原理：从要素控制到求变导向

本科生住区设计原理，讲了十多年，原来我采取的是面对现实的要素控制，给四年级上（五年制）的同学重点解析九大要素：容积率、建筑密度、间距、住区空间、住宅形式、套型、绿化、交通、停车。从2016年开始，跟同事们商量，减弱了要素的"合理性"，加入了"激荡的住宅设计创新百年史"部分，把现实条件作为创新的底板来对待，激发了同学们的兴趣。

2. 本科生自选题：从功能分析到创造功能

在2015年和2016年本科生三年级下的自选题设计中，分别选择了两个全新的题目："绿色总领馆"是与某国驻上海总领馆合作的题目（图7）；"相亲博物馆"则是受屈米"Concept、Context、Content"[7]报告的启示，从人民公园"相亲角"需求演变而来（图8）。这两个题目都由学生现场调研、自拟任务书。前者效果比较好，后者也形成了一定的特色。2018准备的题目是"共享建筑——同济书院"，准备以全新的视角开展设计。

3. 研究生研讨课：从类型分析到自主创新

在"现代住宅类型学"研究生课程上，我们通过对1950年以来的住宅创新的四大类型（社会、城市设计、形式、技术）进行案例分析，要求硕士研究生解析三个近似的作品，然后在此基础上自我创新。每周2学时的研讨课，除了讲课、特邀报告以外，还要每个研究生的分析报告和类型创新设计，密度大，有积极的影响（图9）。

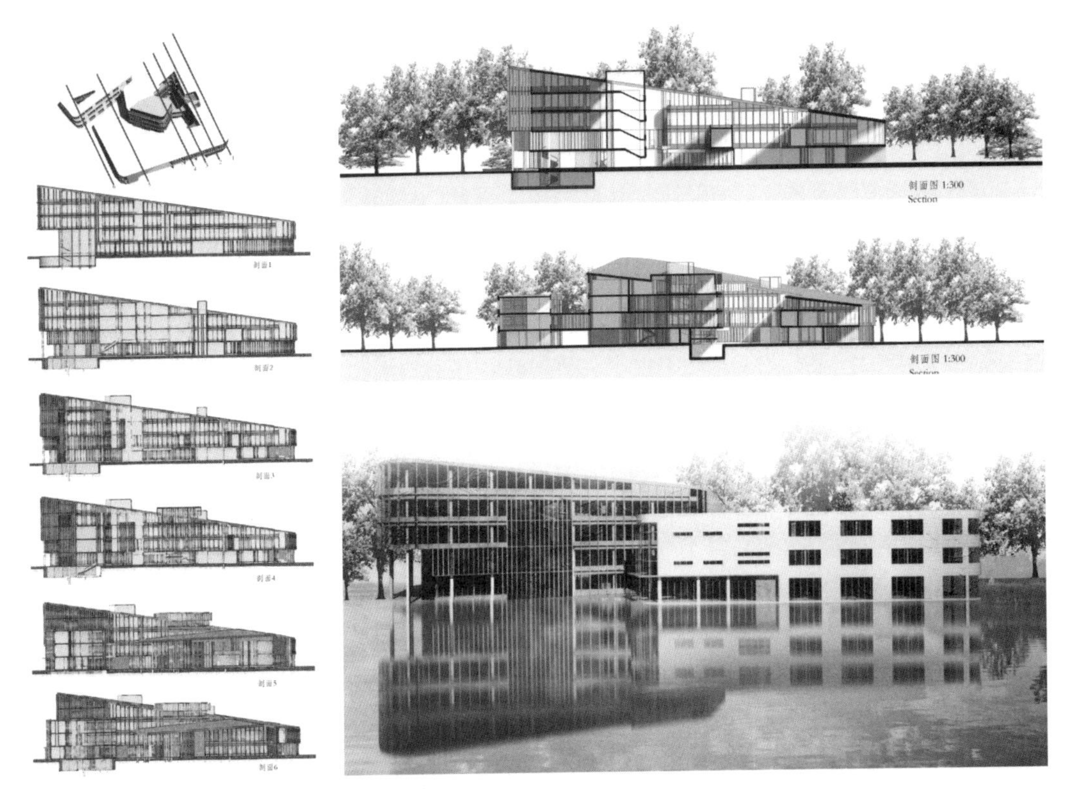

图 7　2015 年绿色总领馆学生作业（本科生：张灏宸）

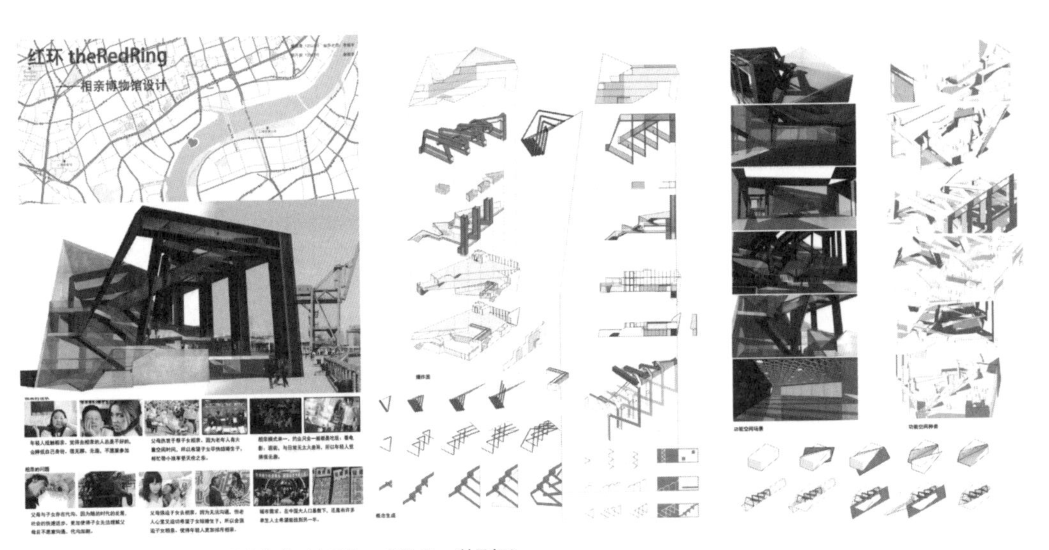

图 8　2016 年相亲博物馆学生作业（本科生：童轶青、谢丹妮）

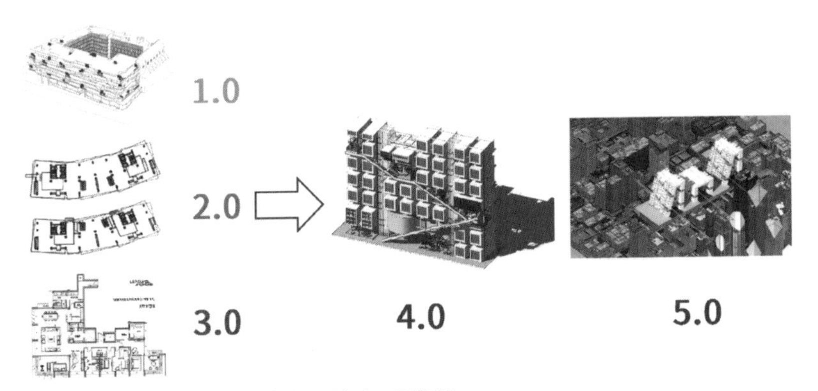

图 9　2017 年“现代住宅类型学”作业（研究生：王春彧）

4. 博士生硕士生团队：三助一体，自主管理

最后我要介绍博士生硕士生团队建设。我每年招收 3~4 名硕士生，1 名博士生。他们除了出国访学和论文撰写阶段外，都是集中在一起，协助我进行助研、助教、助设工作；不同性质的工作待遇相同。工作室由博士生组成理事会，自我管理。2017 年，团队共发表核心期刊论文 7 篇，会议论文集论文和国际会议口头报告论文 20 多篇，在研纵向课题和横向课题 4 项，并且开展了几项设计实践项目。硕士生博士生得到了充分的教学、科研、设计锻炼（图 10~ 图 13）。

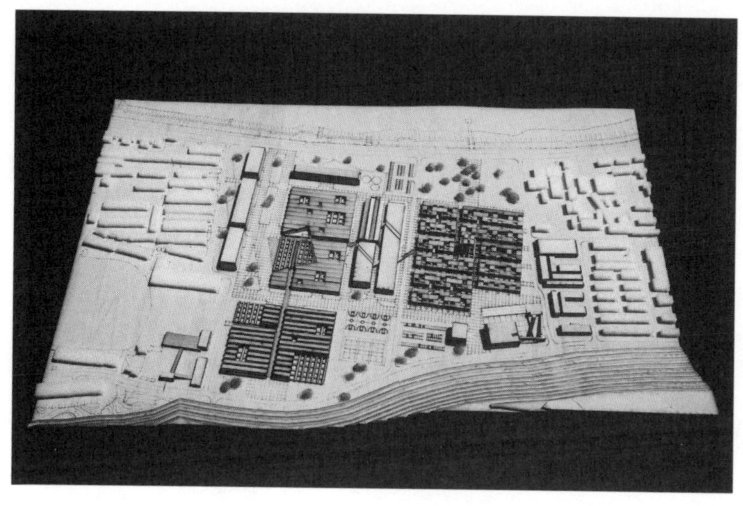

图 10　2014 级硕士研究生黄璐毕业设计——从工业遗产到居住建筑的改造设计研究

图 11　2014 级硕士研究生李哲毕业设计——兼容性视角下的 2022 北京冬奥会奥运村设计研究

图 12　右起：孔宇航、王建国、彭礼孝、崔愷、张颀、李振宇等与硕士、博士生团队合影，2015 年 9 月

图 13　伊东丰雄与硕士、博士生团队合影，2014 年 9 月

最后我要说，如果蔡永洁还问我要学生“今天好还是明天好”，我自然会说，明天。

（朱怡晨博士生对本文亦有贡献）

（基金项目：国家自然科学基金，项目编号：51678412）

注释：

[1] 详见葛明在 2013 年《建筑学报》8~12 月刊发表的设计方法系列研究。
[2] 李翔宁．多元的建筑实践与批判的实用主义——新生代中国青年建筑师 [J]．时代建筑，2016（1）：20–22．
[3] “同济建筑八骏”为同济中生代建筑师代表，包括任力之、章明 & 张姿、王方戟、童明、曾群、张斌 & 周蔚、柳亦春 & 陈屹峰、李麟学、袁烽、庄慎、李立。参见：李振宇．序言：八骏之骏 // 同济大学建筑与城市规划学院编．同济八骏：中生代的建筑实践 [M]．上海：同济大学出版社，2017．
[4] 2015 年 7 月 24 日 Min Fang 在同济大学建筑教育圆桌会上的报告记录。
[5] 参见世界建筑师协会建筑教育指南 (UNESCO–UIA Charter for Architectural Education)，http：//www.uia-architectes.org/sites/default/files/charte-en-b.pdf．
[6] 同济建筑教育年鉴（2014–2015）[M]．同济大学出版社，2015．
[7] Tschumi B．Event cities concept vs．context vs．content：No．3[J]．2005．

参考文献：

[1] 葛明．体积法（1）——设计方法系列研究之一 [J]．建筑学报，2013（8）：7–13．
[2] 李振宇．建筑教育：在变化中升级 [J]．建筑创作，2016（4）．
[3] 李振宇．从现代性到当代性——同济建筑学教育发展的四条线索和一点思考 [J]．时代建筑，2017（3）：75–79．
[4] 李振宇，朱怡晨．教学相长，和而不同——从“同济八骏”看建筑教育的变革与机遇 //2017 建筑教育国际学术研讨会论文集 [C].2017．
[5] 王澍．将实验进行到底：写在“不断实验——中国美术学院建筑艺术学院实验教学展”之前 [J]．时代建筑，2017（3）：17–23．
[6] 传承与探索，同济大学建筑与城市规划学院教学文集 2 (Exploration & development．2，series Ⅱ：Papers on architectural and planning education by the Tongji School) [M]．北京：中国建筑工业出版社，2007．
[7] 吴志强．前言：同济精神之未来教学演绎 // 同济大学建筑与城市规划学院编．开拓与建构，同济大学建筑与城市规划学院教学文集 1[M]．北京：中国建筑工业出版社，2007．
[8] 郑时龄．同济学派的现代建筑意识 [J]．时代建筑，2012（3）：10–15．

图片来源：

图 1~ 图 4，图 12~ 图 13：作者自摄
图 5~ 图 6：作者自绘
图 7~ 图 11：作者辅导的学生作业

作者：李振宇，同济大学建筑与城市规划学院　院长，教授，博导

同济学派的学术内涵

郑时龄

The Academic Paradigm of Tongji School

■摘要：同济学派注重跨学科的发展，坚持现代建筑的理性精神和现代教育思想，倡导博采众长、兼收并蓄的学术精神，使今天的同济大学建筑与城市规划学院成为国内学科专业最为齐全的学院。同济学派荟萃了众多富于大学精神的集建筑师、建筑教育家和学者为一身的大师。同济大学建筑与城市规划学院的教师们广泛参与全国的规划和建设，为建设国际化大都市，保护城市历史文化和历史建筑做了大量的工作。
■关键词：同济学派　理性精神　建筑教育　实验性和批判性
Abstract：Tongji School paid more attention on the transdisciplinary development, insisted the rational spirit and modern education thinking, learned widely from others' strong points and absorbed essence of any other school, to make the college becomes the most completed architecture school. It has concentrated a lot of masters who are both architects and scholars, they contributed to the planning and building of international metropolitan and preserve the urban history and historic architecture.
Key words：Tongji School；Modern Architecture in China；Rationality；Architectural Education；Architectural Experimentation and Critique

在中国近代和现代建筑史上，同济大学建筑系占有重要的地位，甚至有学者称之为建筑史上的“同济学派”和“同济风格”。之所以如此，是因为同济大学建筑系荟萃了众多建筑大师，他们的教育背景、教育思想、建筑理念和创作风格组成了百家争鸣、学术繁荣的多元化学派。同济大学所处的上海受地缘政治和经济的影响，成为近代中国文化和近代建筑的中心；同济大学建筑系是国际建筑文化交流的中心，也可以说是中国近代和现代建筑史的缩影。这个学派一贯注重跨学科的发展，坚持现代建筑的理性精神和现代教育思想，倡导博采众长、兼收并蓄的学术精神。同济大学建筑系在国内首先开设都市计划课程，1952 年创办国内第一个城市规划专业，在理工类大学中最早建立了风景园林、室内设计和工业设计专业，包括建筑历史与理论、历史建筑保护工程、建筑技术等专业，使今天的同济建筑与城市规划学院成为国内学科专业最为齐全的学院。同济学派荟萃了众多富于大学精神的集建筑师、建筑教育家和学者为一身的大师。他们提倡跨学科和多学科的发展，为培养建筑师、规划师、设计师和学者做出了重大的贡献，成为在中国进行实验性建筑的先驱，倡导"建筑空间组合设计原理"教学体系，并在国内率先探索现代建筑的传统精神，1980年代初期就曾致力于上海的旧区保护与改造，为中国现代建筑理论提出新的方向。弘扬传统建筑文化，将中国建筑和中国园林推向世界。改革开放后，国际建筑界对中国传统建筑和现代建筑的认知是与同济建筑系教授在世界各国进行讲学的大力推动分不开的。

蔡元培先生曾说过："大学者，囊括大典，网络众家之学府也。"同济学派的大师们有着不同的教育背景和文化背景，不同的学术理论和观点。他们中的许多人学贯中西，能挥洒自如地发挥他们的文化底蕴和艺术素养，学识面非常广泛，多才博学，很早就倡导了学科的交叉和融合。他们重视建筑教育与建筑实践的交叉，重视建筑理论与建筑历史的同一，重视城市规划和建筑学科的交叉与综合，重视建筑学科和建筑景观学科的交叉与综合，重视设计技能与美育的培育，重视诸家学术的争鸣。同济学派奉行的境界诚如老子所言："处无为之事，行不言之教，万物作而不辞，生而不有，为而不恃，成功不居。"

同济建筑系的建筑学教授曾获得建筑学、美术、土木工程、矿冶工程、城市工程、城市规划等专业的学位，毕业学校包括中国、美国、英国、法国、德国、奥地利、苏联、波兰、日本等国。改革开放以后，同济建筑系又有许多教师去美国、英国、德国、法国、意大利、丹麦、瑞典、南斯拉夫、墨西哥、加拿大、日本等国留学和进修。他们既是建筑师，又是建筑教育家、建筑理论家、建筑历史学家；他们中有中国科学院院士、中国工程院院士、建筑设计大师、城市规划设计大师。同济建筑系的教授有六位获得美国建筑师学会的荣誉资深会员和资深会员称号，有两位被选为法国建筑科学院院士，有一位被选为瑞典皇家工程院院士，有一位荣膺意大利罗马大学名誉博士称号。同济教授首开新中国成立后中国建筑师在国际竞赛获奖的记录，也曾首开改革开放后在国际设计竞赛中获奖的记录。同济大学建筑系始终坚持博采众长、兼收并蓄的办学方针和设计思想。

同济建筑系是最早具有国际化学术视野的建筑学院之一。同济建筑系聘请了许多国际级的建筑大师和学者担任名誉教授、顾问教授和兼职教授，与美国、法国、德国、英国、意大利、西班牙、加拿大、瑞士、挪威、荷兰、日本、韩国等国，以及我国香港、台湾地区许多建筑院校建立了合作交流关系。自1987年起即与美国、英国、法国、瑞士、意大利、德国、西班牙、奥地利、韩国等国许多著名大学举办联合工作室和联合培养研究生。2000年同济大学建筑与城市规划学院和上海市城市规划管理局与欧洲大学在上海举办夏日工作室的成果，成为中国2010年上海世博会选址黄浦江畔的重要先声。当今世界上几乎所有知名的建筑师和著名学者都曾应邀到同济大学建筑系讲学，同济建筑系始终保持与国际建筑界的同步发展，紧紧把握国际建筑思潮，并有所创新。同济学派的国际文化背景以及流派纷呈和建筑思想的丰富性由此可见一斑。

同济有的教授创办过近代重要的建筑师事务所，有过辉煌的历史，留下了一批优秀的历史建筑。教授们来自东北大学、中央大学、重庆大学、之江大学、复旦大学、交通大学、清华大学、天津大学、东南大学等高等学府，他们敏而好学，思想活跃，理论基础深厚，经历丰富，他们中的许多人已经成为同济的领导和学科带头人。他们中有的曾经担任各所大学建筑系的系主任，担任过建筑设计院和各种专业委员会的总工程师，新中国成立前在上海的都市计划委员会任职，上海的大都市计划有他们的辛劳。新中国成立后，几乎历届规划委员会和规划局都有同济建筑系教授的身影，历版的上海总体规划都有同济教授的功绩。同济学派的作品崇尚建筑的实验性和批判性，他们的建筑作品遍及全国各地，获得许多国家级和省部级优秀建筑设计奖，直至获得国际级的普利兹克建筑奖。

"同济学派"是一个内涵稳定、外延模糊、蕴涵极为深广的概念，包含了建筑理论和建筑设计思想、建筑设计创作手法、建筑教育思想和体系等。同济学派是众多学派大师汇成的群峰耸立的高原，而不是由个别权威位于金字塔尖的一峰独秀。同济学派一向被建筑界视作"现代派"风格，更多地体现了重技务实、革古鼎新的理性精神和建筑教育体系，有别于学院派传统的影响。20世纪后期以来，同济建筑系再一次融入国际建筑学术界，制订新的建筑教育大纲和建筑教育体系。在建筑创作上借鉴地域文化和传统文化，汲取传统精神的建筑思想，进行多学科的交叉与融合；教师们锐意进取，崇尚批判精神。同济大学建筑与城市规划学院的教师们广泛参与全国，尤其是上海的城市建设，为建设国际化大都市，弘扬传统文化、保护上海的历史建筑做出了贡献；积淀了以《时代建筑》《城市规划学刊》《理想空间》《大设计》等学术刊物为核心的建筑思想。

2018 年 1 月 4 日

参考文献：

[1] 同济大学建筑与城市规划学院编．同济大学建筑与城市规划学院五十周年纪念文集 [C]．上海：上海科学技术出版社，2002.
[2] 同济大学建筑与城市规划学院编．建筑弦柱：冯纪忠论稿 [M]．上海：上海科学技术出版社，2003.
[3] 董鉴泓．同济建筑系的源与流 [J].《时代建筑》，1993 (2)．
[4] 同济建筑之路 [J]. 时代建筑，2004 (6)．
[5] 郑时龄．同济学派的现代建筑意识 [J]. 时代建筑，2012 (5)．

作者：郑时龄，同济大学建筑与城市规划学院　教授，中国科学院院士，同济大学学术委员会主任，上海市规划委员会城市发展战略委员会主任委员

建筑教育与时代精神

伍江

Architectural Education and the New Era

■摘要：建筑的时代性是建筑最重要的属性之一。处于新时代的建筑教育必须满足新的时代需求，融入新时代进步的步伐，体现新的时代责任，并亟需能够适应时代要求的改革。
■关键词：建筑教育　建筑时代性　社会责任　教育改革
Abstract：Architecture has been always belongs to its time. At a new era of human development, architectural education must adopts into the new requirement, and lead the future architects to have the senses to take the new responsibilities.
Key words：Architectural Education；Times of Architecture；Responsibility；Educational Reform

所有伟大的建筑物和伟大的建筑师都一定是某一个时代的产物，任何一个伟大的时代都一定有属于那个时代的伟大建筑师和伟大作品。我们的建筑教育成功与否，从根本上讲是能否培养造就能够适应于时代需求并代表时代精神的建筑人才。

我们今天生活在一个巨变的时代。信息技术和网络技术快速并根本改变了人们的生产方式、生活方式和思维方式。人们在迅速接受并无法摆脱目不暇接的新技术及其带来的改变的同时，却又不得不试图以更快的速度手忙脚乱地适应并接受更新的技术及其带来的更大的改变。人类的创造力得到前所未有的释放，人类的生产力水平得到前所未有的提高，人类的生活水平得到前所未有的提高，人类社会达到前所未有的富裕。

但与此同时，人类发展却又面临着前所未有的挑战。因为人类的活动，地球的自然环境正在变得越来越恶化，地球的生态系统正在变得越来越脆弱，我们所赖以生存的地球资源越来越枯竭。一方面，人类因为技术进步而有能力养活越来越多的人口并因此使地球上的人口达到前所未有的数量；另一方面，人类社会的阶级矛盾并未消除，贫富差距进一步拉大，饥饿、贫困、医疗和教育缺乏仍然困扰着全球的大部分国家。在全球经济一体化的背景下，各经济体之间越来越相互依存、难分你我，但种族、宗教和文化之间的隔阂和矛盾却不减反增，冲突愈演愈烈。

面对如此巨大的挑战，建筑学应走向何方？作为人类最古老的技能之一，建筑从来都是时代需求和进步的产物。由于人类与生俱来的对人居环境的需求，建筑学作为最古老的一门技艺和学问，也必然将持久地存在下去。但我们的建筑教育能否培养出能够面对时代挑战的合格建筑师？这需要所有的建筑教育工作者深思。

在中国，随着改革开放带来的大规模快速城（乡）市建设，中国的建筑教育也迅速膨胀，并培养了数量巨大的建筑师队伍。但随着中国经济社会发展进入新常态，城市（乡）建设必然从数量追求走向质量追求。如此庞大的建筑教育规模，如果不能适应这种变化，必将面临着生存危机。这更需要所有的中国建筑教育工作者深思。

一、建筑教育必须满足时代需求

建筑学以及由此而生的建筑教育必然也必须与时代发展相适应。

首先是社会、经济和科技发展的巨大进步给建筑提出了史无前例的新要求。后工业时代亦即信息化时代的到来彻底改变了传统的生产方式和生活方式。应生产需求和生活需求而生的传统建筑功能类型和空间类型受到巨大挑战，建筑师已无法从教科书里关于既有建筑类型的设计方法中得到有效指导。建筑越来越无法遵照传统的分类法则。单一功能的建筑越来越多地被复合功能的建筑甚至更为复杂的建筑综合体所取代。各种前所未有的建筑功能和空间类型让许多建筑师无所适从，同时也激发了更多建筑师无穷的想象力和创造力。近一个世纪以来关于功能与形式、物质与精神、结构理性与形式追求等等之间关系的讨论，似乎越辩越糊涂，越求越无解，也越来越没意义。

与此同时，生产力水平的爆炸式释放极大地提高了人类的生活水平，并极大地刺激了人类的建筑需求。随着整个亚洲这个占世界人口 60% 的大洲的全面城市化和现代化进程不断加快，特别是中国全面小康的实现，全球人口中富裕阶层的比例将比一个世纪前得到极大提高，由此而产生的巨大建筑需求使亚洲已经成为并将继续成为全球建造活动最集中的区域，从而彻底改变了全球建成环境的空间轮廓。毫无疑问，无论是由于地理文化和生活方式的区别，还是时代的世纪性跨越，今天发生在亚洲等快速生长区域的建造活动，都不可能也不应该重复先前发达地区一个世纪甚至更久以前已有的经验。从这个意义上说，当代的建筑需求是全新的、不同以往任何经验的需求。

再者，随着人类总体经济水平的提升，当代建筑的审美需求亦有越来越大众化的趋势，建筑的精神功能变得越来越普及化。不同的历史文化传统、不同的教育背景、不同的年龄和性别、不同的社会环境和生活环境，都会带来不同的审美情趣，使得建筑的审美倾向趋于多元化。建筑审美既作为业主价值观的载体，又作为社会公共审美的诉求对象，建筑个性张扬与公共空间形象的协调问题，建筑专业眼光与公众喜好之间的审美差距问题，比历史上任何时期都显得更为突出。建筑师的专业审美变得越来越难以把握，要解决这个问题，就需要建筑师的专业属性更多地从工程技术转向文化艺术。

另一个值得注意的方面是，经济全球化更进一步加强了国际交往，使得源于不同地域的建筑审美走向国际化。原来由于地理阻隔而形成的“地域化”建筑价值取向和审美取向，越来越多地成为全球建筑舞台同台表演的一部分。今天的建筑设计行业已几乎完全“全球化”，建筑设计业务的国际化已无任何技术障碍。甚至关于建筑“地域化”的追求本身，也实际多为在“全球化”背景下所完成，所谓 Glocalization 就是这个意思。

二、建筑教育必须融入时代进步

时代的快速变化不仅带来了新的建筑需求，当代科学技术的突飞猛进也为建筑的新需求的实现提供了越来越多的可能。因此当下及未来的建筑师又必须保持着对于科技进步的极大敏感。

首先是建造技术的飞速发展。今天的建造活动比起以往任何历史时期都更为复杂；人类为克服重力和建筑材料受力局限而做出的创造性工作也从来都没有像今天这般易于实现。可以说，建筑创造所能够达到的水平，从主要受制于建造技术越来越多地变成受制于建筑师的想象力。而这种想象力，又在很大程度上取决于建筑师对于建造技术及其所能达到的极限的熟练了解和灵活掌控。很难想象，一个对于建造技术（包括建造技巧）不敏感的建筑师如何能是一位真正有创造力的建筑师。纵观历史，唯有熟知他所处时代建造技术最新成就的建筑师，才有可能成为那个时代最伟大的建筑师。

今天各领域科学技术的发展都或多或少地影响着建筑活动和建筑师的创造力。日新月异的信息技术进步更是让传统的建筑学惊惶失措。正当云计算、大数据让建筑界不知所措之际，又有人工智能让人神魂颠倒。网络化通讯和越来越便利的自媒体让建筑师的“专业尊严”丧失殆尽，以致于不弄点“鬼鬼怪怪”就不足以显示其“专业”水平。对于建筑界之外而言，似乎建筑师做不到与众不同就无法相信你是个真正“有水平”的建筑师。

但与此同时，科学技术究竟能让建筑创造活动的极限得到多大程度的突破，究竟能激发出什么样的建筑创造力，似乎并不为建筑界的主流所关心。电脑辅助建筑设计早已取代笔和尺，但数字化设计与建造的意义究竟是什么？除了扎哈和马岩松这样的少数“异类作品”，还有没有更多的新的可能性？从参数化设计走向数控建造是“前沿探索”还是未来建造活动的主流？BIM 会像当年 CAD 那样彻底改变建筑师的设计过程甚至建造过程吗？所有这些试图将最新科技成果引入建筑的努力会是昙花一现还是未来主宰？所有当下让人们兴奋不已的新技术是否更应该“统一”为一个综合的建筑“新技术”并从而走向一个“新建筑”？比起科技进步对其他领域（比如制造领域）的深刻影响，建筑界似乎仍过于麻木。

我们的建筑教育必须保持对时代科技进步的敏感，并及时将这种进步引入建筑学教育。否则我们培养的建筑师真的很难成为能够满足时代需求的新一代建筑师。纵观历史，从“布扎”到包豪斯，无不力图将当时的最新建造技术融入其教育体系。今天当我们谈论“一流学科”建设时，如果不能体现当代科学技术的最新发展及其对建筑的作用，这样的学科怎么可能是一流的呢？！

三、建筑教育必须体现时代责任

建筑师职业在大部分情况下并非为自己工作，而是为业主工作。但建筑作品一旦建成，其社会评价又会远远重于业主评价。建筑师不仅要对业主负责，更要对整个社会负责。由于建筑师职业的专业性，社会会对建筑师期于更高的道德要求，比业主承担更多的社会责任。

对于建筑师而言，在一项具体的设计项目中面对的仅仅是“甲方”，其作品直接服务的对象一定是很少一部分人。建筑设计作为服务行业，建筑师和“甲方”之间的关系是服务与被服务的关系。满足“甲方”的要求当然是建筑师的基本义务。但是，建筑作品一旦建成，其公共属性就会呈现，“甲方”为了追求局部利益甚至一己私利而对公共利益带来的消极影响甚至危害就会彰显，这时建筑师就成了损害公共利益的“同谋”。事实上，任何一个优秀作品也都是建筑师与“甲方”的共同作品，任何一个失败作品建筑师也难辞其咎。建筑师作为一个具有极强专业素养的职业，必须守住其职业道德底线。他在其职业道德底线被触碰时，也就是凭其专业知识认识到“甲方”的诉求有可能带来对公共利益的消极影响时，有责任进行抵制甚至斗争，以其专业知识说服“甲方”对其诉求进行必要的调整，这才是建筑师对其服务义务的真正尽职。在实在无法尽职时，建筑师至少还拥有拒绝项目的权利。如果我们的建筑教育中不能在未来建筑师的心中树立这条底线，那毫无疑问就是失败的。

建筑物对于城市、对于公共环境的影响巨大而又长远。一个城市的空间环境是由一座座建（构）筑物所构成的。建筑师对于城市整体品质的高低具有不可推卸的责任。当建筑师过于沉湎于自己作品的独特性而忽视城市的整体环境时，他就成了城市的破坏者。因此一个建筑师必须有着对其作品所处城市的深刻理解。一个优秀的建筑师一定会更加关注城市空间的整体关系，任何一个优秀的建筑作品都一定为城市整体环境增色并成为本时代为后人留下的历史文化遗产。因此一个优秀的建筑师一定会更加珍惜他的前人的优秀作品——城市现存的历史文化遗产。同样，也只有真正懂得历史文化遗产价值的建筑师才真正具有代表时代的创造性。这是一个真正优秀建筑师必然具备的专业素养。一个优秀的建筑师，必然既是文化的传承者，又是文化的创造者。

城市作为尺度最大、消耗资源最大的人造物，建筑在建造和使用过程中的绿色考量是考验一个当代建筑师职业道德的又一把尺子。我们这一代人正创造着比我们的所有祖先所创造的还要多得多的物质财富，我们这一代人也正消耗着比我们的所有祖先所消耗的还要多得多的自然资源。气候变化、资源匮乏、能源危机、环境恶化是当今世界所共同面临的巨大挑战。建筑师究竟是地球环境的呵护者还是破坏者？回答这样一个十分现实而又客观存在的问题，一个优秀的建筑师没有第二种选择。

我们生活在一个社会公平公正问题不仅没有改善甚至更为恶化的时代。建筑师的职业决定了一个建筑师在大多数情况下没有机会为社会底层和贫困人群直接服务，但这绝不意味着建筑师无须关注社会公平公正问题。事实上，热衷于为社会底层服务，试图用自己的专业特长，以一己之力改善社会底层居住水平的建筑师不在少数，但更多的建筑师似乎更加关心那些具有商业轰动效应的“重要建筑物”，甚至只关心设计费收入。“安得广厦千万间，大庇天下寒士俱欢颜”的道德境界远未成为建筑师的基本职业追求。

四、建筑教育亟须改革以适应时代需求

未来建筑师能否成功应对严峻的时代挑战，取决于我们的建筑教育面对时代的新要求是否做出了正确的调整。作为一门古老的学科，构成建筑学教育的大部分内容都被看成是不可逾越的“核心基础”，不少建

筑教育者只关心他们的受教育对象"基础"是否"扎实",似乎扎实的(传统的)基础可以永远以不变应万变。还有更多的建筑教育者将建筑教育仅仅看成是一种"职业教育",将建筑学教育变成了彻头彻尾的职业培训。未来建筑师对于其所从事职业的基本价值判断缺失是当下建筑教育最大的弊端。大学只在乎其毕业生的就业率,却忽略了他们所培养的未来建筑师是否是能够成功解决未来问题、创造未来建筑文化的人。

科学技术的突飞猛进和信息传播技术革命为当代教育特别是高等教育带来了巨大挑战。知识爆炸和信息易达使有限的课堂教学时间显得捉襟见肘。与此同时,各学科相互交叉和相互渗透,许多本学科传统核心知识无法解决的问题可以在通过其他相关学科的知识得到解决,从而催生了本学科核心知识不断向外延展。如果不对本学科的核心知识加以重新定义,要么就会因为不断的知识延展而使本学科的内涵越来越广,从而使教育体系的完整性越来越难以在学制内完成;要么就是本学科渐渐因为失去其核心知识而最终消亡。学科交叉与融合是大势所趋,经过交叉融合而重新定义本学科则是势在必然。

当代全球化趋势对建筑设计行业影响深远而又广泛。建筑文化的地域性特征的地理必然性正在逐步消亡已是不可抗拒的历史潮流,但地域性特征的文化必然性,亦即作为人类文化多样性存在的建筑文化特征,则不仅不应消亡反而应得到加强。或者换句话说,建筑的地域性文化特征不应消亡也不会消亡,而建筑师的地域性文化属性却必将逐渐淡化直至消亡。从这个意义上讲,建筑师更需要在其所受教育中懂得尊重和理解建筑的不同地域特征,从而在今后的设计实践中通过调查和学习了解和掌握不同地域文化特征,并创造新的地域建筑文化。

随着建筑设计甚至建造手段的数字化和自动化,建筑师职业存在的必要性正受到前所未有的挑战。作为一种掌握专门化技能(如绘图,如功能流线分析,如空间组合)的专业工作者,其专业技能也许终将因便利的数字化设计工具所取代,其在业主要求和建筑施工之间的"翻译者"角色也必定会很快失去其存在的意义。也就是说,建筑师凭"专业技能"吃饭的时代也许正在迅速走向末日。但作为人类建筑文化的创造者主体,建筑师职业不应也不会消失。毕竟,人类对于建筑的物质需求在相当长的时间内都不可能消失,人类对于建筑的精神期待则永远都不会消失。建筑学之所以存在的价值原本就在于人们对于建筑物的精神需求,这种精神需求随着人类掌握物质产品生产的手段不断走向自由而必定不断加强,建筑学也必然回归其精神价值本源。

问题是,我们准备好了吗?我们的建筑教育准备好了吗?

作者:伍江,同济大学 常务副校长,建筑与城市规划学院 教授

教学思想研究

Research on Teaching Thought

以文养质，知恒通变

——关于建筑教育新议程的几点浅识

常青

On a New Agenda for Architectural Education

■摘要：本文是2016年建筑教育国际学术研讨会暨全国高等学校建筑学专业院长系主任大会报告的扩充版。作者从当代建筑教育所面临的挑战出发，从"以文养质"、身份特色、专业功底和学位学制等四个方面，讨论了这一学科领域专业教育的问题和改革方向，强调了"知恒通变"的重要性，并对建筑教育体系三大教学板块的发展提出了个人见解。

■关键词：建筑教育　学科身份　教学特色　知恒通变

Abstract: This thesis is an expanded version of the address by the author in a national conference on architectural education held in 2016 Hefei. It meets the challenge of contemporary architectural education, discusses the issues and improvements of that from talent with accomplishment, discipline identity and individuality, basic training, degree and school system. It emphasizes especially the importance of understanding the relationship between constant and variability in architecture. In addition, it presents the author' s opinion about the development of three teaching sections history and theory, design studio and technology.

Key words: Architectural Education; Discipline Identity; Teaching Individuality; Constant and Variability

一、专业挑战

笔者曾在广东当面听到一位知名企业家这么说道："我们的项目要找一流的策划师、结构工程师和艺术家，但不需要建筑师。"从表面上看，这反映了社会对建筑设计行业人才总体上的不满意，而实际上却隐含着对高素质建筑师的渴求。其潜台词其实是在说，不需要在建筑策划、结构创意和艺术造诣方面均表现平平的建筑师。这就给建筑界提出了极具挑战性的问题，我们在学科身份、专业特色和社会认同方面是否需要深度反思？建筑师成长的第一站——大学的建筑学专业教育版本是否需要一定幅度的调整、修正和升级？

二、问题讨论

建筑学是跨越自然科学、人文社会科学、工程技术及艺术学科门类的高度综合性专业，建筑教育的培养目标就是塑造这种综合性很强的特型专门人才。与西方发达国家相比，我国建筑师数量及人口平均拥有率还很低，与前者有很大差距。能够学以致用，在各个层面服务社会的建筑师不是多了，而是太少。因此，问题不是社会需不需要建筑师，而是大学能培养出什么样的建筑师。若把对我国建筑教育问题的认知具体化，笔者以为主要有以下几点。

1. 关于“以文养质”

《论语·雍也》中认为，质胜文则野，文胜质则史，文质彬彬方为君子。笔者理解这里的“质”，即个体生命的特质，蕴含着某种天赋的潜能；而“文”，即涵养，是蔚成大器的前提，靠的是后天的修炼。一般而言，大学里培养不出“天才”，就好比温室里长不出野参，但那是针对稀有物种而言，没有普遍的讨论意义。天赋要靠涵养充实，即所谓以“文”养“质”。维特鲁威的《建筑十书》开篇就提出，作为首席工匠的“建筑师”，应是兼具能力和学问的人，这与孔子对君子的定义是类似的。所以“以文养质”也是一个很高的建筑教育境界。

在西方现代建筑教育史上，最具里程碑意义的一是学院派的古典主义，二是包豪斯的现代主义。虽二者都是适应时代的产物，但也并非互不相干，从原型进化的角度看，现代主义正是脱胎于浪漫古典主义的结果。将之放到中国的语境中来说，可以认为前者尚“文”，后者重“质”。

时至今日，“包豪斯”这个历史话语仍屡被提及，但现代主义所发展的一个核心建筑教育思想，是如何引导学生适应后现代社会对建筑瞬息万变的复杂需求，不再强调辨别对错和跟从“确定性”，而是侧重在矛盾性和“不确定性”中启发学生内在潜质的发挥。这样做的结果是学院派和现代派的教育体系均被解构，教学资源碎片化、价值判断模糊化和解析问题权宜化成为大趋势，从而也留下了一个大问号：建筑教育是否还需要一个学科身份鲜明的经典专业培养体系？

2. 关于身份与特色

所谓学科身份，就是一门学科区别于其他学科的特质，而专业特色即这种特质在专业训练中的不同呈现方式。建筑学作为一门强调逻辑思维与形象思维并重的特殊学科，以及培养特型专门人才的跨学科专业，确定教育主体的学科身份和专业特色至关重要，所谓“种瓜种豆，各有各用”。

从施教主体的建筑教育机构看，国际上，AA 突出先锋实验，ETH 和 PU 走经典路线，MIT 重理性创意，UCB 则强调社会功能……这些院校的学科身份和专业特色的识别性相对都比较强。检视一下国内建筑院系，就教学体系而言，无论是“老八校”“新四校”，还是其他实力较强的建筑院校之间，学科身份的特质大多不够强，专业特色的相似性普遍高于差异性。

从受教主体的建筑学专业生源看，可以说就综合的人格及素质培养而言，建筑学无疑是工科中比较理想的特殊专业，所以无论国内还是国际，大学本科选择建筑学专业本属上乘。但对拿建筑学职业学位（professional degree）的特型专门人才培养而言，长期以来，我们在培养的目标与对象之间有一定错位，相当程度上导致了“质”与“文”的脱节，比如许多数理化高材生进入建筑学专业后，实际上并未能充分展现出自己的内在潜质。

鉴此，现在是到了重新考虑如何强化建筑学的学科身份特质和专业培养特色的时候了。建议：第一，全国建筑学“专指委”宜列专题对我国建筑学教育的宏观发展战略做出顶层设计；第二，宜给有较强实力的建筑院系更大的办学自主权，明确强化专业特色是彰显学科身份的关键所在；第三，宜重新设计招生规则，设定进入专业序列的恰当时间和生源，让更多具备本专业潜质的学生能够如愿以偿，即先实行统招，再在合适的时间点双向选择专业和学生。以往事实表明，大二从外专业转入建筑学的学生，大都是毕业班的优等生。之所以有这样的结果，主要是因为这些学生将兴趣爱好与专业志向很好地融合了。

3. 关于专业功底

一般说来，建筑教育的主要内容有三个层面：对学科内涵、外延及其演进的认知，属建筑理论与历史范畴；对建筑实体与空间塑造及其工具操作的把握，属建筑设计范畴；对建筑物理性能、建造方式及环境控制的领会，属建筑技术范畴。教学体系涵盖理论、设计与技术三大教学板块，基本功训练亦贯穿其中。

回顾我国建筑教育历程，对于基本功训练，大致经历了学院派的构图原理及建筑初步，现代派的“功能—形式”逻辑及三大构成，以及今天教学体系趋同化、教学内容多样化及设计方法参数化等阶段。然而在我们这个似乎一切都在快速变化的时代，建筑教育的专业功底到底如何强化，至今仍未能形成共识，这也在相当程度上间接造成了建筑学专业及其毕业生的社会认同和评价标准问题，如本文开头所言。

在笔者看来，建筑教育应着重在如何使学生具备针对建筑事物的价值判断力、本质认知力和问题解析力方面下大功夫，可称之为夯实基础"三力"的基本功训练。这就需要在三大教学板块的培养环节及训练要点上更加精到紧致，使各课程知识系统更加关联融通，以便让学生扎实掌握那些经典的基本原理和关键技能，逐步养成见微知著和触类旁通的专业学习能力，不致局限于过度竞逐变化，急切变现创新的速成诉求，而是"知恒通变"，即领悟经典与创新、恒常性与变异性之间的辩证关系。

4. 关于学位与学制

我国建筑学教育有一个老问题至今尚未得到很好解决，此即学位和学制的设置问题。从国内院校长期的经验和效果看，一方面本科五年制建筑学学士学位的学制过长，与国际院校相比至少多出一年以上；另一方面建筑学学士又无法满足建筑师职业的基本要求。因此这样的学位设置用时长反而效率低。如再加上建筑学硕士学位的 2.5~3 年学制，差不多要用去 7.5~8 年时间，这在国际建筑教育学制中差不多是用时最长，而效果又不甚相衬的了。

一般说来，建筑教育必然要走"本科基础 + 工程实践 + 硕士提升"的两层次、三阶段学位设置和培养模式，因此建议在有建筑学硕士学位授予权的院校逐步取消五年制建筑学学士学位，而将建筑学硕士学位作为主要职业学位，将 3 年建筑学本科基础、1 年工程实践（非职业学位）与 2 年建筑学硕士学位作为职业学位的学制安排。此外还可考虑建筑学专业博士学位（doctor of architecture）设置的可能性，让高端建筑师博士成长，从脱离培养目标的学术学位向经世致用的职业学位回归。

三、发展思考

1. 教学体系层面

我国城乡建成环境正从高速发展的增量为主方式，向着稳步发展（常态化）的存量为主方式转化。建筑教育和人才培养不仅要适应这样的转化趋势，而且可以此为契机，推出升级版的建筑学专业教育及教学体系改革方案，在领悟经典的同时，探索"以文养质"和"知恒通变"的教学体系改革，并在高年级阶段增加城市有机更新、遗产保护、乡村重建等主题教学内容所占的比重。

2. 技术教学层面

从物质第一性角度，对建筑材料质地、性能和可塑性的认知，应是最为基础的教学重点之一。就像现代建筑革命始于材料革命一样，未来实质性的建筑革命，必然也会以材料革命为开端。所以从这一角度上，材料认知是建筑认知的一个前提。同济建筑系的历史建筑保护工程专业有材料病理学课程，而在建筑教学体系中怎样讲授建筑材料课，仍需要深度斟酌。因为紧随其后的就是建造技术和环境控制技术课程的升级需求，比如结构选型、建筑构造、绿色建造、数字建造等课程的提升，没有一个可以减弱与建筑材料的关联度。

3. 设计教学层面

笔者在《建筑学报》八载前的一篇建筑教育论文中提出，当今的设计教学在理念和方法上形成了"可生成性"和"可建造性"的矛盾范畴。前者借重数字技术，着力探寻形态构成的想象极限及其生成逻辑；后者依托建构方式，更强调建筑实体和空间的实现性及其建造逻辑。至少从目下看，身体和行为的适应性，建造体系的技术限度，以及经济的可行性等，使"可生成性"引导的这种建筑"革命"仍停留在个别实验的阶段，因此设计教学中"可建造性"的权重还是应大于"可生成性"。

4. 理论与历史教学层面

L·斯特劳斯曾说"建筑是人的另一层服饰"，而建筑确实与服饰可以类比，二者均具有历史文化属性，演化过程贯穿古今，所以传统与现代的关系在建筑学中无时不在，如影随形。也因为这一原因，帮助学生全面理解传统在不同层面的含义及与今天的关系，应是建筑理论与历史教学的重要内容。

笔者以为，建筑传统可以概括为四个层面。其一，作为习俗范畴（convention）的建筑传统：建筑是习性的产物，习俗是地域差异的内因，设计即在习惯和标准间找到平衡，创新即在某方面改变习俗。所以L·康说"形式唤起功能"，R·文丘里说"建筑师应是现行习俗的专家"。其二，作为文化象征（symbol）的建筑传统，通常表现为历史地标性建筑所承载的国家、地区、民族、社会等的历史身份和集体记忆。其三，作为历史形式（historical form）的建筑传统，常常用以表达对往昔时空的记忆或对文化消费的满足，在多年的城乡改造之后，传统建筑已大部消亡，模仿历史形式成为风貌重现及观光开发的普遍方式，尽管其与今天的社会事实基本上已不相契合。其四，作为原型意象（archetypal image）的建筑传统，任何建筑形态本质上都来自合目的性或合象征性的原型意象，因此一切原创皆蕴含原型，对原型理解的深度影响着原创的高度。即使是当代时尚的异形建筑，实际上多是在以拓扑变幻（topological transformation）演绎某种与原型相关的建筑意象，数字技术手段支撑了这一点。

总之，建筑教育在通识性的基础上，需真正践行因材施教理念，强化学科身份和教学特色，增加多口径培养渠道，加强三大教学板块的体系性关联，发展模块化教学规模和有指导的学生自主选课权。特别是应切实保障实践环节教学的有效性和可检验性，而这正是对包豪斯教育精神的实质性回归。

（本文据 2016 年 10 月在合肥工业大学举办的建筑教育国际学术研讨会暨全国高等学校建筑学专业院长系主任大会报告补充修订）

作者：常青，中国科学院院士，美国建筑师学会荣誉会士（Hon. FAIA）。现任同济大学学术委员会委员，城乡历史环境再生研究中心主任，《建筑遗产》和《Built Heritage》学刊主编

映射
——浅谈当代建筑热点与建筑教育新关系呈现

李翔宁　宋玮

Reflective Praxis: New relationship between Contemporary Architecture Hotspots and Architecture Education

■摘要：本文通过以同济大学为代表的国内院校基于当下建筑实践与理论热点对教学进行调整的几个案例，阐释了在新时期下建筑教育同热点的新关系，并以此为基础展开建筑教学在当代建筑学构建中是否依旧需要体现出先锋性等问题进行讨论。

■关键词：建筑教育　建造　参数化　城市更新

Abstract：This article introduces several Tongji cases of the education reforms which receives strong influence from contemporary architecture practices and main streams in architecture criticism. It explains the new relationship between architecture education and architecture hot spots. And it explores the discussion whether architecture education still need to have the character of being the frontier in the contemporary dialog?

Key words：Architecture Education；Build；Parametric Design

1648 年，法兰西皇家美术学院在巴黎成立，下属的建筑学院是世界上第一所从事专业建筑师教育与培训的专业机构。从社会角度上讲，17 世纪后半程的法国在路易 14 改革的刺激下，走向了国力的巅峰，现代城市的萌芽预示着城市发展与扩张的速度将以历史上前所未有的姿态出现，对建筑师的定位也从为上层阶级服务的艺术家，逐渐转为一种为全社会服务的职业人员。从学术角度上讲，学院的出现打破了更多基于师徒制的传统，最直接的反映在培训人员的数量上；以布隆代尔（Jacques—François Blondel）编写《建筑教程》的为代表，建筑教育开始逐渐进入教程化和系统化，相似的建筑教育内容和批量化的毕业人数，使得影响更大地理区域的建筑风格与特质成为可能：诞生于巴黎的布扎教育体系传到美国后，影响到以宾夕法尼亚大学为代表的教育，并直接地反映到以路易斯·康等人的实践层面上；同时，由于第一代中国建筑师多在宾大受其教育或者影响，故而国内建筑学在初设阶段，也有着明显的巴黎美术学院印记。对中国来说，这种教育体系的移植在一方面构建了一个全球语境下讨论建筑的知识平台，而在另一方面，直至 20 世纪 90 年代，舶来的建筑教育内容，相对于更为空白的国内市场状况和相对闭塞的信息来源，因前者更为成熟和经典，造就了在很长的一段时间里，学校作为知识输出的最大来源。然而伴随着国内市场的快速成熟、实践人员的国际化对接以及互联网时代的信息爆炸，校外俨然成为一个新的信息聚集点，新热点最终映射于当代国内教育的新趋势上。

1．"先受而后识"：同济大学国际建造节

2007 年，由弗兰姆普敦著、王骏阳译的《建构文化研究》一书正式出版。其原著在英语世界里已经引起了学术界的广泛讨论，中文版的出版则是把针对建造的讨论——恰如该书的副标题：论 19 世纪和 20 世纪建筑中的建造诗学，引入到国内。作为最先展开关于此话题讨论的高校，同济大学在同年组织了第一届同济大学建造节，并延续至今。2012 年起，该建造节成为全国高等学校建筑学专业指导委员会指导下的全国性实验竞赛。2015 年，同济大学建造节升级为国际建造节，近十所国际建筑院校也受邀派出代表队参加。2016 年起，考虑到活动开展时间的气候因素，建造节使用的规定材料从瓦楞纸板转换为防水易裁切的塑料中空板。从纸板建造到中空板建造，从校内实验教学课程作业到国际建造竞赛，从 10 栋纸建筑到 60 栋白色中空板建筑在同济大学建筑与城市规划学院的 ABC 广场上集体亮相，建造节的发展始终与"建构"研究在教学中的实践相关。在回归建筑本质要素的基础课程训练这个思路的指导下，建造节作为一年级第二个学期的"设计基础"课程中的必修环节，目的在于让学生熟知材料的特性，了解结构和建造方式，并训练现场解决问题和总结反馈建造问题和经验的能力。建造节是大学新生真正接触建筑设计的开始，而这个开始则是从建构的认识与亲身体验出发。在同济建造节的影响下，国内各个建筑院校衍生出了许多其他与建造、建构相关的实践课程，比如东南大学的竹构建造节和哈尔滨工业大学的冰雪建造节，虽然材料不同，但是"建造"这个核心的训练内容还是同样被融入基础教学环节中去了。

2．参数化设计与建造

参数化设计（Parametric Design）早在 20 世纪 70 年代末 80 年代初就被提出，最早是应用于工业设计和生产领域，但直至 1990 年代，借助更为成熟的计算机软件，参数化设计的概念方才进入快速发展和广泛运用。

2006 年，全国高等学校建筑学学科专业教育指导委员会成立了建筑数字技术教学工作委员会，同年同济大学建筑与城市规划学院建筑系建筑设计方法学科组建立了建筑数字化设计实验教学小组，开展以建筑数字化设计为主体内容的教学探索。20 世纪 90 年代初关于参数化主义（Parametricism）的实践开始在全球范围内涌现，十多年后与之相关的讨论才进入国内的高校。但是从 2006 年到现在的又一个十年间，与参数化设计与建造相关的课程在国内各大建筑院校内快速兴起。2017 年举办的同济大学"数字未来"（Digital Future）夏令营已经是第七届，共有 146 名学员参与，他们分别来自 55 所国内外高校以及 12 所建筑设计机构，其中包括南加州建筑学院（SCI-ARC）、建筑联盟学院（AA）、加州大学伯克利分校（University of California, Berkeley）、伦敦大学学院（UCL）、法尔茅斯大学（Falmouth University）、普瑞特艺术学院（Pratt Institute）、伊利诺伊大学香槟分校、多伦多大学（University of Toronto）、纽约州立大学布法罗分校（University at Buffalo）、美国罗德岛设计学院（Rhode Island School of Design）、爱丁堡大学、康奈尔大学、利物浦大学、美国雪城大学等海外先锋院校，以及同济大学、清华大学、东南大学、华南理工大学、天津大学、浙江大学、四川大学、哈尔滨工业大学、中央美术学院、中国美术学院、重庆大学、湖南大学、西安建筑科技大学等国内高校。苏黎世联邦理工学院的 Philippe Block 教授、德国斯图加特大学的 Achim Menges 教授和 Martin Alvarez 教授、南加州大学的 Behnaz Farahi 教授、欧洲研究生院的 Neil Leach 教授等担任指导教师。共有 8 台机器人、2 台 CNC 计算机数字控制机床、5 台无人机、UWB 室内定位设备、热成像仪、多台 3D 打印机等设备支持。在此行业内的先锋同济大学教授袁烽的策划与组织下，"数字未来"夏令营能收获这样规模与质量的产出，让这个每年只在暑期举办的教学实践活动拥有了很高的国际影响力。

3．城市更新

2017 ～ 2035 上海总体规划明确规定了上海建设用地的总规模上线，这意味着在存量经济时代，粗放的大拆大建将被小尺度的更新模式所取代，所以城市更新（Urban Regeneration）便成为 2015 年上海城市艺术空间季的主题。2015 年上海市政府推出《上海城市更新实施细则》，2016 年 5 月上海市规划与国土资源管理局启动"行走上海——社区空间微更新计划"，2014 年 7 月改造类节目《梦想改造家》登陆东方卫视。无论是自上而下的策略引导还是自下而上的民间参与，无论是全民踊跃参观的双年展还是"全中国都在看"的电视节目，围绕"更新"所展开的讨论已经成为上海市特有的热点话题。城市、建筑和设计大

类的热点当然也很快地进入到教学课堂，其中的成果有在 2017 年举办的第二届上海城市艺术空间季中都市范本板块展出的同济大学的本科生教学刷新张桥微空间复兴计划、研究生阶段的设计教学北外滩基础设施空间研究，还有东南大学的研究生阶段设计教学着眼现实音乐谷地区微空间复兴计划。教学中，现实的问题成为学生自定设计任务书的唯一准则，现实的问题自然涵盖了建造、社会、经济等多个方面。在以更新为主题的设计教学里，学生不会再收到如分解图一样分步走的教学计划，取而代之的是让他们在一开始就要面对这个复杂系统的全貌，随后再学会抽丝剥茧地梳理头绪，从中找到问题的关键，并尝试提出"一招致命"的解决办法。

除去前文提及的建构理论、数字化与城市更新等热点外，我们还不难发现诸如王澍获得普利茨克奖后对园林方面的讨论；在日本 super flat 一代的建筑师对学生风格的影响，并随之联动引出了对筱原一男、坂本一成等建筑教育家在教学方式上的研究等。当然任何的热点都不是独立存在的，2007 年起，对建构的关注从某种程度上建立了基于坂本一成教学研究后进行新教学实验的基础；而参数化意识的普及更是直接体现在最近几年的建造节作品上。所有的热点在经历了一段时间的消化后，正逐渐同各个高校现有的教学体制相融合，以期让学生在传统素质的基础上更具有时代特性。

这种基于热点市场甚至是未来需求来调整当下教育模式的做法，本就是无可厚非的，仅教育层面来看，建筑教育的基本目的，就是培养适应于当下环境的各种建筑设计能力，一如 400 年前法兰西皇家学院创立之目的。然而这种态度背后有着另一个需要我们警惕的逻辑，如果接受教育应该随着校外状态而进行相应调整，那也就意味着我们将建筑教育本身视为建筑师职业养成链条中的一个节点，甚至是商业体系上的一环。然而，在今天我们去讨论建筑教育与实践的关系，其前提一定是"建筑师是不是一个完全的职业工种"，换句话说，市场在多大程度上可以指导教学的方向？同样的逻辑，也适用于理论和技术热点。

同时，我们还需要看到，热点之所以成为热点，首先是因为它激起了更多数人感兴趣，也符合了多数人的认知与评价体系。当然，市场更看重普通人的接受能力，而理论与技术的受众人群更多基于专业内部人士。换句话说。热点本身是一个基于现有事实平均化后产物的客观事实。而学校基于热点的应对和同现有系统的融入本身更是需要时间，这也就导致学校一直面临着虽对校外信息做出反应但最终依旧跟不上校外热点变化的风险。是随之调整，还是岿然不动，更或是如当年包豪斯一般，保持先锋的勇气，这对于当代建筑教育来说，并不是一道容易的选择题。

作者：李翔宁，同济大学建筑与城市规划学院 教授，博导；宋玮，同济大学建筑与城市规划学院 博士后（在站）

科教结合与国际合作对建筑教育和学科发展的深层意义

孙彤宇

The Impact of Integration Scientific Research and Education in International Cooperation for the Architectural Education and Development af Discipline

■摘要：本文总结了同济大学建筑学硕士研究生专业教学将科学研究与国际合作作为创新教学内容的切入点，在面向全英文建筑设计国际课程的教学设计中充分运用学科前沿研究的成果，通过以中国城市、建筑的具体问题、案例和现场作为设计研究和实验对象，结合国际教师和国际学生的合作研究和探索，把教学过程作为体现研究与教学互动、国际师生不同文化背景融合的实验，在提升教学水平的同时又促进科学研究的成果产出，探索出一条将科研、教学、设计实践与国际合作相结合的良性互动发展模式，同时也为促进学科发展开辟了一条有效途径。

■关键词：设计教学　科教结合　国际合作

Abstract：This article addresses the main idea about how to integrate scientific research and architectural professional education program with international cooperation in the graduate education in CAUP Tongji University. It involves the scientific research frontier outcomes strongly in the international design courses. The design courses also take the main focus on Chinese urban issues and the subjects of architecture. The process of architectural education becomes the interaction of scientific research, teaching, practice, and the communication between different culture backgrounds of professors and students. In this process, not only the quality of education improved, and also the scientific research outcomes pushed forward. This is a virtuous cycle mode of scientific research, education, practice and international cooperation, and also one of the effective approaches of improving the architecture discipline.

Key words：Design Education；Integration of Scientific Research and Education；International Cooperation

在全球化背景下，当代中国建筑师必须具备国际化视野和学科前沿的理念，才能自如地应对来自各方面的挑战，在竞争中取得先机；与此同时，在我国决战全面实现小康社会的新时代，高密度的城市环境、可持续的城市发展、低碳绿色的建设目标、信息化、高科技等多样化的外围条件，都对当代建筑教育提出了特定的要求，需要我们培养出具备卓越创新能力和实践能力的专门人才，以解决国家经济社会发展中的各类重大需求。因而建筑专业教育必须在人才培养理念、培养标准和培养方式等方面进行系统性的深度改革和创新。同时全球化的外部环境和我国持续的城市发展也为建筑专业教育和学科发展创造了极好的机遇，丰富的建筑实践机会、新需求和新问题对科研的要求以及全面的国际交流，使我们有可能利用全球资源和中国条件使建筑学科的发展站到世界的前沿。

一、科学研究、设计实践与建筑专业教育

许多从事建筑教育的同仁在与其他工科专业的比较中都有一种同感，建筑专业的教师们对于教学的热衷远远超过对于科研的热情，自然地，建筑学科的科研一直以来不如同属工程材料学部的土木、环境学科那么具有优势，而且科学研究究竟对建筑教育有多大的影响和作用，大家的看法也不尽相同，这种现象在国际范围内也很类似。然而，建筑设计实践对于学科发展及专业教育水平提高所具有的意义大家都有较高的共识。王建国院士认为，教建筑设计的老师应该有一定的建筑工程实践经验，当然他更强调高校教师应该做研究性的设计（王建国，张晓春，2017）。关于建筑设计教育和研究及实践的关系在建筑教育界一直是一个广泛讨论的话题。早在1970年，在美国匹兹堡召开的ACSA（Association of Collegiate Schools of Architecture，建筑院校协会）教师论坛上，关于"是否能够有效地将研究与设计教育和设计实践相结合"的议题就作为主要讨论问题被提出来，虽然当时与会者大多正式或非正式地表达出"不太可能"（William R. Ellis Jr.，1971），但是威廉·埃理斯认为三者之间存在着一定的关系，并将这种关系描述为三者之间的"元语言"（Meta-Language）（图1），他认为当设计教师同时是一个教育者、研究者和实践者时，这三者的关系就必然能够产生，并从他自身社会学研究的背景如何结合设计教学和实践阐述了将三者结合的成效。他在文中指出，当教师这个角色将三者很好结合起来时，其作用就大大超越了元语言的联系作用。

设计实践是将成熟的知识体系和专业技能应用于实际项目的过程，而设计教学则是将知识体系和专业技能传授给学生的过程，教师在设计实践中所获得的经验，可以通过教学的过程传授给学生，因而这两者的关系不言而喻，但这两个过程都不涉及或者很少涉及新知识的生产，而科学研究则主要是生产新知识的过程，因而通过研究将研究成果作为新的知识运用到实践领域，在实践中取得成功经验后再结合到教学过程，就能很好地实现三者的结合，这个过程难度比较大，对教师的要求也比较高，因而一直以来，在建筑教育界，三者结合得很好的情况相对比较少，更主要的是在认识上并没有对此给予较高的肯定。而且在某种程度上，严格的专业教学规范和专业评估对知识点的要求及课程体系的标准化和完整性要求，对于新知识并非完全张开怀抱，即便是在

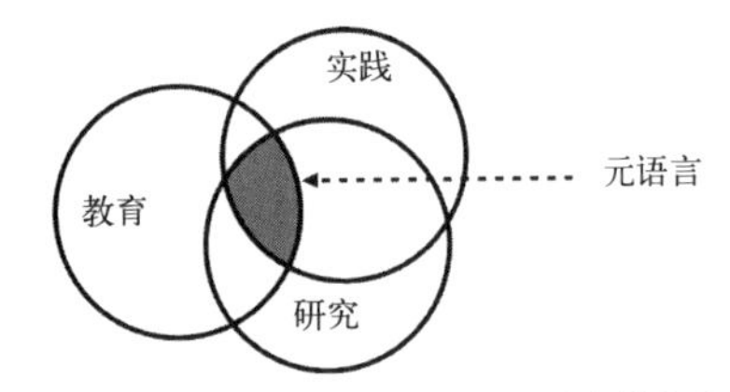

图1　设计教育与设计实践和研究之间的关系示意图

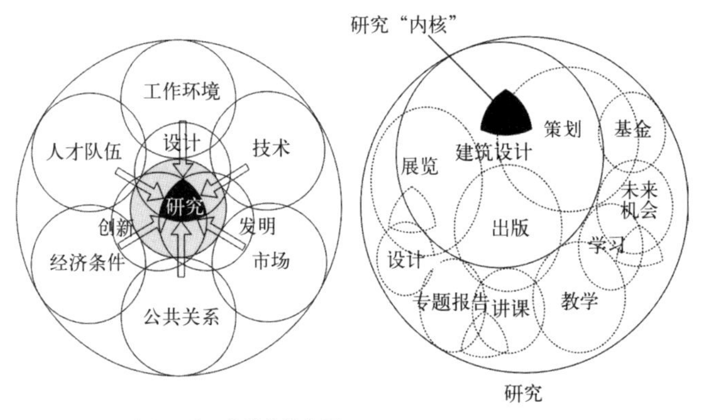

图2　研究在建筑设计及教学中的位置

美国，也有教授抱怨设计课程体系中关于研究能力培养和将研究成果应用于教学的培养计划安排太缺乏，这也正是宾大教授史蒂芬·基兰（Stephen Kieran）和詹姆斯·汀布莱克（James Timberlake）在 2000 年决定在宾大建立设计研究实验室的原因（图 2）。他们以设计研究为基础，以设计实践为研究的应用和检验，在绿色建筑领域取得了显著的成果。史蒂芬教授认为研究的过程将科学引入到艺术领域，帮助增强建筑设计过程中对于形式的直觉，应该将研究能力的培养放到建筑教育的核心位置，这样才能帮助学生建立一种持续地进行反思、学习和改善的螺旋上升的循环过程（Stephen Kieran，2010）。

可见，科学研究作为一个知识创新的核心，将给学科发展带来动力，只有持续不断地为专业教育加入新的知识和内涵，才能使专业教育的水平处于学科的前沿，因而科教结合对于学科发展和专业教育意义深远。

大学教师面临四大主要工作任务——人才培养（教学）、科学研究、社会服务（专业实践）及国际交流。如果每个方面的工作都是分别开展，那么要面面俱到几乎不太可能；但是从另一方面看，这四个方面的工作给教师带来了极大的机遇，如果通过教师这个主体将其进行一定程度的结合、融合，那么对于教师本身的成长也是非常积极有效的。关键看如何将各项工作盘活、盘整，使之成为一个良性发展的体系（图 3）。

同济大学建筑与城市规划学院一向注重建筑创作产学研的协同发展，以同济大学建筑设计研究院和城市规划设计研究院作为教师开展创作实践的平台，积极参与国家重大项目，如 2010 上海世博会、汶川地震灾区重建、2008 北京奥运会、2022 杭州亚运会等，将注重实践、服务社会作为建筑学科发展的基本导向和人才培养的根本要求，将研究与实践结合到专业教育之中（吴长福，2012，2015），形成了开放多元、扎根实践、应对社会、联系国际的特色。近年来，在建筑创作产学研协同的基础上，更是积极推动科学研究和国际合作，把学科建设和专业教育紧密结合，取得了良好效果（李振宇，2016）。

二、以科教结合促进研究型设计课程建设

建筑学科的未来发展除了建筑学专业本身的核心知识体系以外，科学研究将是拓展知识外延和深度的极为重要的增长点和突破口。同济大学建筑与城市规划学院一贯倡导“博采众长、兼收并蓄”的学术精神（郑时龄，2012），形成了学术思想开放、理论与实践相结合的优良学风，近年来学院积极组织教师结合国家经济社会的重大需求，对学科前沿的科学问题进行探索，确定了以可持续城市发展、绿色建筑、数字设计和遗产保护四大主要探索领域（吴志强，2007），并在这些领域中借助国家自然科学基金、科技部重大项目等的资助，全面提升科研能力，并有了长足的进展。目前学院大部分的学科带头人都有在研的国家级科研项目，研究方向逐渐聚焦，并结合国家经济发展和新型城镇化的进程，积极参与国家重要的建设项目进行专业实践，在为国家重大需求作出积极贡献的同时，也使得建筑学科前沿研究水平不断提升。

另外，建筑学教育并非一成不变，教学水平的提高在很大程度上与学科前沿的研究水平有着紧密的关联。近年来，尤其是在研究生的专业教育中，我们不断进行科教结合的有益尝试，同时结合研究生双学位的英语课程建设，将学科前沿的研究成果与教学内容相结合，

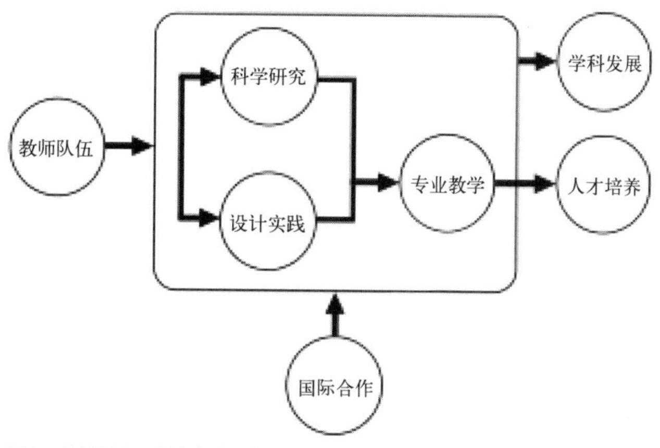

图 3　科学研究、设计实践、专业教育、国际合作与学科发展、人才培养的关系图

带动研究性的设计教学，这在国际交流中为我们赢得了极好的声誉。许多与我们合作的国外高水平大学的教授也对我们的新型教学内容和方式充满兴趣。另外，国际学生能够深切感受到来中国进行研究生学习受益匪浅。来自美国、欧洲等地的国际学生由于参加了我们具有研究性的设计课程，在回国就业竞争中的竞争力大大加强。

开设国际双向双学位，对于学科建设和教学水平是一个极大的考验，对于教学的促进也是实质性的，由于需要与国际高水平大学进行学分互认，必须要建设高水平的全英语课程，同时也需要有自己特色的课程。而科教结合给这样的要求提供了巨大的潜力，因为科研本身就需要聚焦国家重大需求，站在学科前沿，因而以科研为支撑进行教学设计，一方面将教师科研的最新成果作为课程的内容，另一方面以新的方法让学生参与到相关的研究之中，使教学活动带有深厚的研究积淀。同时，在课程学习过程中，将研究的视野、研究的方法、研究的成果运用到设计实践之中，充分体现带有中国特点的专业教学内容和教学特色。近年来学院组织教师结合国家级科研项目，进行全英语建筑设计课程平台的建设。目前建设的课程群主要包括以下六类：(1) 基于深度研究及合作的跨校国际设计课程；(2) 基于国际联合实验室的研究性设计课程；(3) 基于非营利机构的校企合作国际课程；(4) 基于学科前沿探索实践的国际工作坊；(5) 基于国内热点研究话题的国际夏令营；(6) 基于国际顶级竞赛的跨学科合作课程（表1）。

2013–2016年代表性研究型全英语设计课程信息表 **表1**

类型		
类型A：基于深度研究及合作的跨校国际课程	课程名称	领衔教师
	超级步行街区国际联合城市设计 (2013，2014，2015，2016)	本校：孙彤宇，许凯； 国外：Klaus Semsroth，Mladen Jadric，Marco Razanto
	相关科研	合作单位
	国家自然科学基金项目："TOD模式下步行系统与城市公共空间及交通的耦合模型研究"； 国家自然科学基金项目："基于自组织理论的城市大街区步行模式空间拓扑模型研究"； 国家自然科学基金项目："基于网格聚类法的小微产业城区产、城关联用地模式研究"； 国家重点研发计划"绿色建筑及建筑工业化专项"："目标和效果导向的绿色建筑设计新方法及工具"一级课题"南方地区城镇居住建筑绿色设计新方法与技术协同优化"	维也纳工业大学建筑系；布鲁塞尔自由大学建筑系
类型B：基于国际联合实验室的研究设计课程	课程名称	领衔教师
	中美生态城市联合设计 (2014，2015，2016)	本校：王一，黄林琳，许凯； 国外：Ellen Dunham-Jones，Richard Dagenhart，Perry Yang，林中杰，Subhro Guhathakur，Catherine Rose，John Crittenden，Ben Schwegler
	相关科研平台	合作单位
	高密度地区人居环境生态与节能教育部重点实验室； 教育部生态化城市设计国际联合实验室； 上海市城市更新关键技术重点实验室； 同济大学人居环境生态与节能联合研究中心（重点项目：城市高密度地区生态城市设计技术研究）	美国佐治亚理工设计学院（GT）；美国北卡罗来纳大学夏洛特分校（UNCC）； 迪士尼研究中心（中国）
类型C：基于非营利机构的校企合作国际课程	课程名称	领衔教师
	超高层综合体建筑概念设计 (2013，2014，2015)	本校：王桢栋，谢振宇，李麟学，汪浩； 国外：Antony Wood，Peng DU，David Malott，Samuel Luckino，Sherri Gutierrez
	相关科研	合作单位
	高密度人居环境下的城市综合体协同效应研究（国家自然科学基金）； 高层建筑形态生态效益研究（国家自然科学基金）	世界高层建筑与都市人居学会（CTBUH）；伊利诺伊理工学院（IIT）； SOM建筑事务所；KPF建筑事务所；ARQ建筑事务所
类型D：基于学科前沿探索实践的国际工作坊	课程名称	领衔教师
	数字化建造暑期国际联合设计工作坊 (2013，2014，2015，2016)	本校：袁烽，谢亿民，徐卫国，李飚，吉国华； 国外：Antoine Picon，Neil Leach，Achim Menges，Behnaz Farahi，Gwyllim Fiacha Jahn，Ezio Blasetti
	相关科研	合作单位
	基于机器人建造平台的可持续建筑性能化设计方法研究（中德科学中心国际合作项目）； 基于传统材料的数字化设计与建造新工艺研究（国家自然科学基金）； 上海建筑数字化建造工程技术研究中心（上海市科学技术委员会）	"高密度人居环境生态与节能教育部重点实验室"数字设计研究中心（DDRC）；上海市科学技术委员会；省部级工程技术中心："上海建筑数字化建造工程技术研究中心"

续表

类型E：基于国内热点研究话题的国际夏令营	课程名称	领衔教师
	设计应对雾霾：热力学方法论在中国（2015）	本校：李麟学，谭峥，周渐佳，苏运升等； 国外：Inaki Abalos，张永和，刘少瑜，Walter Haase
	相关科研	合作单位
	基于生态化模拟的城市高层建筑综合体被动式设计体系研究（国家自然科学基金）	哈佛大学GSD；斯图加特大学；米兰理工大学；凡尔赛建筑学院；清华大学；东南大学；天津大学，等等
类型F：基于国际顶级竞赛的跨学科合作课程	课程名称	领衔教师
	中国国际太阳能十项全能竞赛（2015—2017）	本校：曲翠松 国外：Professor，Dipl.-Ing.Architekt Christoph Kuhn，FG Entwerfen + Nachhaltiges Bauen（enb）
	相关科研	合作单位
	南方地区城镇居住建筑绿色设计新方法与技术协同优化（科技部十三五国家重点研发计划）； 2018 中国国际太阳能十项竞赛产学研一体化项目	同济大学高密度人居环境生态与节能教育部重点实验室；德国达姆斯达特大学

六大类型的设计教学都在很大程度上结合了学科的前沿研究，同时又具有广泛的国际合作背景，让参与设计课程的中外学生能够学习和运用最新的研究方法，能够进入国际一流的科研实验平台，能够与国际一流院校的教师一起探讨，再加上所选择设计项目大多是最具热点的实际项目和课题，使学生大为受益，极大地提升了研究生设计课程的教学效果和品质。

三、以国际合作强化教学效果与成果产出

同济大学建筑与城市规划学院在过去的十多年中，已经完成了教学的全面国际化框架的建构，目前已建设有本科、研究生全英语课程80门左右（其余课程也在不断地进行国际化升级），目前学院双向双学位硕士研究生项目20个，我院学生取得国外高水平大学硕士学位的学生有600多位，国外学生取得同济大学硕士学位的学生有400位。但是，为了实现国际一流人才培养的目标，我们意识到国际化办学并不能仅仅满足于双学位建设的学分互认和课程共建，真正想要建设国际一流学科，必须引领国际学术前沿，逐渐从前期“跟跑”“并跑”，并逐渐实现“领跑”。而面向国际学科前沿并体现我国发展特色的科教结合发展途径对于提高人才培养水平而言具有深层次的意义，国际协同的发展模式则能有效利用各方资源，将学科建设提升到更高的层次。学院在研究生建筑设计课程的布局和组织中通过科教结合促进研究型设计课程的建设，以国际合作强化教学效果与成果产出，并有效地将教学、科研与国际合作紧密结合，利用一切有利资源提升学科建设水平。

传统的设计课程教学注重专业教学的知识点，而随着信息化的不断发展、知识的迅速增长、科技的不断进步，对于专业教学而言，知识点将会不断累积，已经不太可能在各个教学环节中完成所有的知识点教育。因而如何引导学生建立一套学习知识的能力体系，对当代建筑教育来说极为重要。以科教结合为特点的设计课程，由于带有强烈的研究色彩，又有国内热点项目和课题为支撑，面对的都是新问题，学生必须通过课程的各个环节去建构自己的知识体系，运用新的方法来进行研究，这种方式极大地激发了学生的学习热情和兴趣。而设计课程的国际合作对于促进和强化教学效果，提升学生培养学习能力效果显著，同时教师和学生的共同探索也强化了教学和研究的成果产出。

由于近年来双学位建设已形成规模，每年学院接收的来自欧洲、美国、日本等双学位合作学校学生60~80名，每个国际设计课程的组成大致是本校和国际学生各占一半，不同文化背景的学生在一起针对中国特定的城市、建筑相关问题进行研讨，在思路上会有很大的冲撞。来自不同国家的教师也会在讨论中提出许多不同的观点和思路，因而经常碰撞出思维的火花，经常会有非常出人意料的想法和独到的解决方案，这对于开阔视野、激发想象力和学生主动获取知识的欲望有非常大的触动，尤其是在建立批判性思维模式方面会有很大的帮助。对于学术前沿的相关问题而言，这样的碰撞经常能够激发出非常有价值的想法，进而经过进一步的研究和讨论，形成有价值的学术成果。例如，基于深度研究及合作的跨校国际城市设计课程“超级步行街区——未来宜步行城市模式探索”以及基于国内热点研究话题的国际夏令营，每年都有与相关热点研究问题相结合的主题，如“设计应对雾霾：热力学方法论在中国”“数字化建造国际工作坊”“亚运村生态社区国际工作坊”等。大多设计课程由国家自然科学基金和重大项目等相关课题为基础，以教师的前沿科研成果作为教学设计的内容，选择典型项目或案例，结合国际相关研究领域领衔教授为教师团队，汇聚国际国内知名高校学生团队进行联合设计或强化训练的工作坊，不仅教学效果引人注目，而且后期结合教师团队的研究和课程设计成果出版了一系列研究专著，取得了丰硕的成果（图4~图8），使科学研究、设计实践与教学过程在国际合作的氛围下有了很好的互动。

图 4　2017 年 8 月进行的“2022 杭州亚运村生态社区国际城市设计工作坊”教学现场照片

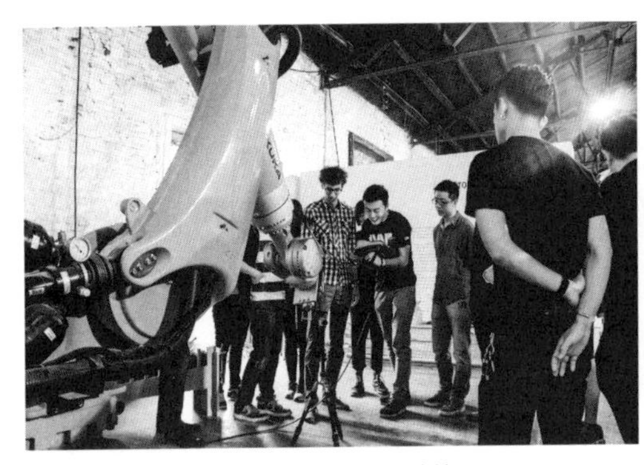

图 5　2016 数字化建造国际联合设计工作坊

图 6　2015 设计应对雾霾国际联合设计工作坊

图 7　2015 年崇明生态岛联合设计（佐治亚理工设计学院）

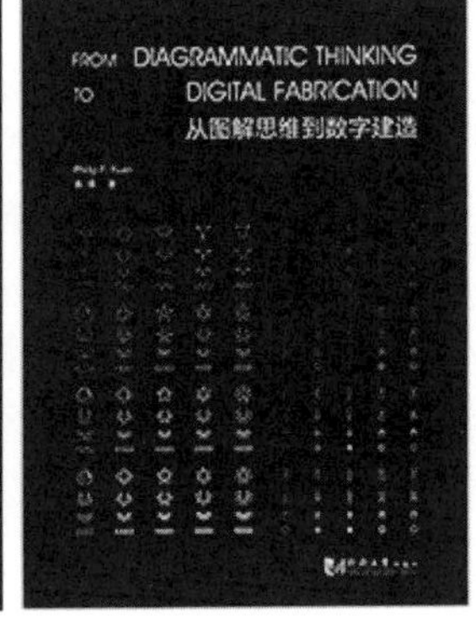

图 8　部分科教结合和国际合作成果出版物封面

四、以教学、科研、国际合作的紧密结合打造国际化师资队伍

在教学、科研、实践三者关系中，教师是非常重要的主体，无论是教学效果、人才培养还是科研成果产出都依赖于教师的作用，因而打造一支具有国际学术前沿水平的教师队伍十分关键。学院以搭建科研平台为基础、国际合作科研和实践为抓手，以双学位项目建设和国际化全英语设计课程体系建设为途径，将国际交流与合作全方位融入教学、科研、设计实践各个环节。通过多年的努力，已逐渐形成一支国际化、重研究和具有丰富设计实践能力的中青年骨干教师队伍。

（一）建立科研平台和多元互补的合作网络

以全球化的国际视野，瞄准我国经济、社会发展中的重大需求，凝练重大科学问题，建设国际合作科研平台，推动和国际一流院校、机构及企业的长期合作，充分发挥合作单位的不同学科特点和优势，形成多元互补的合作网络。近年来，建立了一批代表性的国际合作科研平台，包括：教育部生态化城市设计国际联合实验室；上海市城市更新关键技术重点实验室；中美生态城市联合实验室；世界高层建筑与都市人居学会（CTBUH）亚洲总部办公室；"高密度人居环境生态与节能教育部重点实验室"数字设计研究中心（DDRC）；上海建筑数字化建造工程技术研究中心等。在推动科研国际合作的基础上，充分发挥合作高校、合作机构和企业的优势，将研究成果、研究方法等融入国际化设计课程体系，推动全英语设计课程建设，产出高品质教学成果，为人才培养建立了一套开放性的、以研究型为特征的课程群；同时锻炼教师队伍，逐渐形成稳定的、开放的、具有全方位国际合作的教师队伍。

（二）完善运作机制，保障国际化师资队伍建设

基于国际长期科研合作，借助学院学科前沿及上海城市地域优势，吸纳合作院校、机构及企业中的国际顶尖人才参与课程教学，有效补充和拓展学院稳定的国际化师资队伍。充分利用"模块化专家""引智计划"等学校和学院的各种人才引进计划，结合课程合作中涉及的高校、企业和机构的学者、专家和行业人士，不断引进和充实师资队伍，提升国际化师资队伍的水平。

建立常态化、体系化的国际课程运作机制，由学院外办、教务科、学术发展部协同分工，使教学体系各个环节有章可循。对具体课程从师资聘任、教学经费到成果总结、提升，形成全方位的管理和保障。

(1) 形成了由院长领导，分管院长负责，学院外事、教务和学生工作（研工办、学工办）多部门协同，各系教学和外事负责人协作，课程负责人具体操作的研究生全英语设计教学管理组织体系。

(2) 形成了国际联合全英语设计教学课程项目选择、洽谈到立项审核的完善流程，保证了项目操作的效率，以及合作项目的质量。

(3) 除"模块化专家""引智计划"等学校和学院的各种人才引进计划以外，学院对联合设计课程的师资聘任、教学出访及成果总结发表等各个方面均形成了行之有效的经费支持、审批、管理制度。

(4) 参照国际上建筑、规划、景观院校的教学模式，从知名设计企业聘请知名建筑师参与设计教学、设计评图、论文评审等教学环节。

总之，在科教结合和国际合作的教学过程中，以多种形式开展国际化的科研合作、设计教学合作，建立了开放式、可持续的全英语研究型设计教学体系，不断锻炼和打造一支既能设计实践又具有科研能力、善于教学的国际化师资队伍，为建设国际一流学科、培养国际一流人才开辟一条有效途径（图 9）。

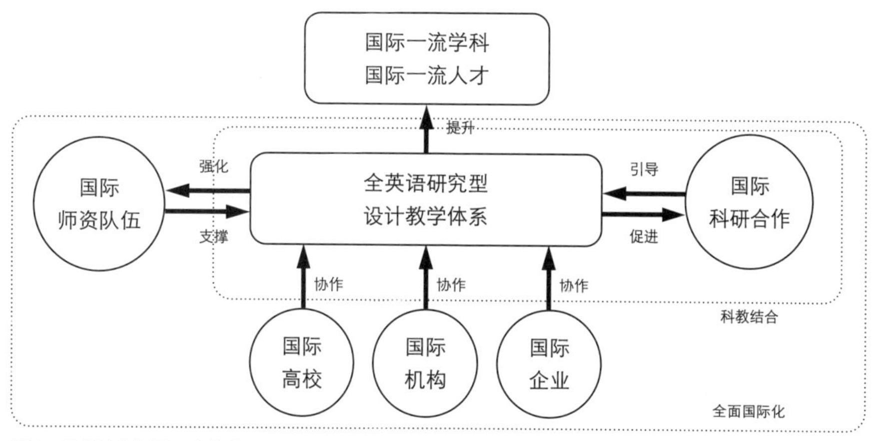

图 9　科教结合与国际合作建设研究型设计教学体系模式图

结语

近十年基于科教结合的国际化人才培养深度合作，极大促进了学院人才培养理念、培养标准和培养方式的提升，实现同国际一流院校平等对话，并逐渐在某些方面、某些课程主动引领，在人才培养上取得了显著的优势。我院培养的中外学生，无论是专业视野、专业素养还是语言能力等方面，都得到显著提高，受到用人单位青睐。

基于科教结合和国际协作的全英语研究型设计教学体系建设真正融合了合作各方的特点与优势，并体现了国际标准，这一点已经是众多合作院校、机构和企业的共识。更多的国际一流院校、机构和企业正在主动与我们磋商建立合作课程的可能性，这也使得我们在国际一流学科建设的过程中，合作资源不断拓展，从而为学科建设和办学水平的进一步提升发挥更加积极的作用。同时，这个过程还推动了持续不断的成果产出，为建筑学科发展探索了一条将教学、科研、设计实践与国际合作密切结合的有效途径。

注：本文所述内容为学院获得 2017 年同济大学教学成果奖一等奖的教改项目“基于科教结合与国际协同的研究生全英语设计课程体系建设”的主要思想，成果完成人：孙彤宇、王一、王桢栋、袁烽、许凯、曲翠松、黄林琳。同时对参与国际化全英语设计课程建设的其他各位指导教师也一并表示感谢！

参考文献：

[1] 王建国，张晓春．对当代中国建筑教育走向与问题的思考——王建国院士访谈 [J]. 时代建筑，2017 (3)：6-9.

[2] William R. Ellis Jr. Re-Designing Architects:Education, Research and Practice[J]. Journal of Architectural Education (1947-1974), 1971, 25 (4)：85-92.

[3] Kieran S. Research in Design：Planning Doing Monitoring Learning[J]. Journal of Architectural Education, 2010, 61 (1)：27-31.

[4] 吴长福．整合发展 转型突破 同济大学建筑与城市规划学院的办学理念与发展策略 [J]. 时代建筑，2012 (3)：20-23.

[5] 吴长福，汤朔宁，谢振宇．建筑创作产学研协同发展之路——同济大学建筑设计研究院(集团)有限公司都市建筑设计院十年历程 [J]. 时代建筑，2015 (6)：150-159.

[6] 李振宇．百川归海，博采众长——同济建筑学人与同济风格 [J]. 世界建筑，2016 (5)：16-19.

[7] 郑时龄．同济学派的现代建筑意识 [J]. 时代建筑，2012 (3)：10-15.

[8] 吴志强．同济建筑规划设计学科的未来发展 // 同济大学建筑与城市规划学院编．历史与精神 [C]. 北京：中国建筑工业出版社，2007.

图片来源：

图 1：William R. Ellis Jr., 1971

图 2：KieranTimberlake Associates LLP, 2010

图 3：作者自绘

图 4：许凯提供

图 5：袁烽提供

图 6：李麟学提供

图 7：王一提供

图 8：许凯，孙彤宇，Klaus Semsroth 等著．步行与换乘的交集 [M]. 同济大学出版社，2015；孙彤宇，许凯著．步行与干道的合集 [M]. 同济大学出版社，2017；袁烽．从图解思维到数字建造 [M]. 同济大学出版社，2016；李麟学，周渐佳，谭峥．热力学建筑视野下的空气提案：设计应对雾霾 [M]. 同济大学出版社，2015.

图 9：作者自绘

作者：孙彤宇，同济大学建筑与城市规划学院　副院长，教授

作为学科记忆的建筑史教学

卢永毅

Teaching Architectural History as a Disciplinary Memory

■摘要：建筑史教学如何成为“有用”的知识，能否为建筑设计创新提供启示？本文以同济建筑系西方建筑史课程的部分内容为例，介绍任课教师对相关问题的理论思考与实践探索。论文分析了新时期建筑史教学对知识形式和教学方法的新要求，以引入关于记忆的理论展开深入讨论，并提倡在开放的史学中融入历史的多种叙述，使建筑史教学成为构建学科记忆的过程，成为连接传统与创新的不竭源泉。
■关键词：建筑史教学　知识形式　学科记忆　传统与创新
Abstract：How can architectural history perform as a more “useful” knowledge for architectural design? Based on the history course of western architecture for architectural students in Tongji University, the article presents some thinking and teaching experiments of the teacher in response to the relative changing conditions and new requirements for the form of knowledge in our architectural education. By introducing and developing the theories on memory, the author tries to prove that teaching architectural history should be, embracing open ended history studies and multiple narratives, recognized as the form of a disciplinary memory and the way of continuously bridging the design innovation and the architectural tradition.
Key words：Teaching Architectural History；Form of Knowledge；Disciplinary Memory；Tradition and Innovation

建筑史课程在建筑学教育及其专业人才培养中应起什么作用，是一个被持续追问和探讨的议题；历史知识是否能转化为设计资源和灵感启示，又是这个议题中的焦点。

在学院派（布扎）体系主导下的建筑学教育中，建筑史和建筑设计曾经关系密切，不论是西方的还是中国的，经典历史作品分析往往构建了学科知识的核心内容，形式阅读及其渲染练习成为学习建筑要素、构图原则和比例关系的基本操练，并直接服务于设计实践[1]。当西方现代主义思想和实践传入中国后，关于建筑反映技术发展、社会需求、文化进步及时代精神的观念在我们的教育中也得到了响应。虽然中国传统建筑仍在文化身份的重塑中被反复转译，但在整体上，这个阶段的建筑史与设计教学日益疏离，现代之前的历史甚至都被视为创新发展的羁绊。这样，当现代主义带来普遍的文脉断裂和文化危机后，西方各种后现代批判思潮的出现再次引起我们的共鸣，重构了我们关于传统与创新这一“老问题”的思考与认识。在过去的 20 多年里，新的理论学说无不认同历史价值的回归，建筑史与设计教学之间的冷漠关系已完全转变。

可以看到，近年来设计课教师和建筑师对建筑史的兴趣日渐浓厚，且大致表现出两种倾向：一种是从某一建筑议题出发探访历史，将相关历史素材转化为建筑批评和理论重建，以此助推新的设计实践，并也最终带动了理论化的历史（Theorized History）[2]；另一种是对微观史的青睐，以一种流派、一位人物甚至一件作品，聚焦个案解读，通过观念的投射或手法的类比，形成设计的直接参照或启示，如从 19 世纪拉布鲁斯特（Henri Labrouste）的光与建造，维奥莱－勒－迪克（Eugène-Emmanuel Viollet-le-duc）的结构理性主义，到 20 世纪的路斯（Adolf Loos）的空间组合（Raumplan）等，历史的当代解读因此而源源不断。

作为一名建筑史教师，笔者积极投入到推动教学转型发展的努力中，同时也对各种激进的主张或实用主义的态度保持谨慎，并认为历史教学需在个案研究、微观历史和宏大叙事之间，在以理论带动历史的深度解读和对真实历史中的复杂性和独特性的认识之间，保持一种平衡和开放，让历史活起来，以丰富思想、培育创新。下面以意大利文艺复兴建筑的教学为例，介绍笔者在同济建筑系本科高年级建筑史教学中的相关思考与实践探索[3]。

一、阿尔伯蒂们继承古典的途径

在以往社会发展史和风格编年史的框架中，关于文艺复兴建筑师对古典文化继承与创新的叙述总有些似是而非的意味。一方面是人文主义者与中世纪神学观念及其哥特风格的“对抗”，而另一方面，建筑师的创新是通过向古典建筑的学习来实现的[4]。就是说，如果伟大的文艺复兴建筑终究是由古典建筑派生出来的，那么它到底是创新，还是模仿？它与 18~19 世纪的新古典主义有何不同？进一步的疑惑是，既然人文主义建筑师将理想教堂的设计探索置于如此重要地位，那么，这与基督教信仰之间究竟是一种怎样的对立？基于人神同形论（Anthropomorphic）的教堂建筑及其和谐秩序是一种创新，还是一种“向神学让步”的表现[5]？

我们以问题的形式开始深入学习，并将鲁道夫·维特科尔（Rudolf Wittkower）的《人文主义时代的建筑原理》（以下称《原理》）一书作为扩展阅读，“请”历史学家帮助进一步解惑[6]。尽管这部建筑史的经典之作即使对于教师来说也不易读懂，然而努力走进它，可以为学生们展开一幅更为宏阔而精深的历史画卷，在新的高度上解读阿尔伯蒂和帕拉第奥们的继承和创新途径。

《原理》的第一部分正是对集中式教堂（the Central Planned Church）形式与意义的追溯。维特科尔从质疑“集中式教堂已是文艺复兴异教倾向和尘世性作品的代表”的流行观点出发[7]，重新论证了这种“理想形式”的实质源于人文主义（Humanism）将古典文化与宗教神学相融合的理论创新，阿尔伯蒂无疑是这一创新的先驱者。在对古典文化的重新发现中，阿尔伯蒂坚信完美的圆形是宇宙万物的根本秩序，因而也是理想建筑的根本形式；既然教堂是奉献给神的最尊贵的建筑，那么教堂就应该是圆形或由圆形演变出来的集中式，只有抵达如此完美，才能显现人类对上帝的虔诚[8]。作者还以丰富的史料做细密追踪，以证明文艺复兴时代建筑师对这一观念和理想形式的普遍认同，继而也重新阐释了“维特鲁威人”这个汇集人文主义时代智识的宇宙图式的深刻寓意（图 1）。

相比风格史，维特科尔的图像学方法（Iconography）不仅关注古典建筑“复兴”的文化意义，还要追溯其更丰富的形式渊源和形塑过程。《原理》告诉我们，在建构理论的同时，阿尔伯蒂还从古罗马建筑遗存中去“论证”集中式教堂是融合古典文化与基督教神学的理想形式。于是，他选择罗马万神庙的穹窿与藻井，将其类比为最高贵的教堂原型，而君士坦丁大帝时期的建筑更是对他“有着特殊的吸引力”，因为在像圣康斯坦扎（Sta. Constanza，330）这样的早期圆形基督教建筑身上，阿尔伯蒂看到了“异教徒的古代传统跟早期教会的纯洁性和信仰精神结合了起来”（图 2）。有意思的是，对于古罗马的另一种早期基督教堂的典型形式巴西利卡，阿尔伯蒂则解释为上帝将公正恩赐于此的施法场所，但这种形式却已经“从神圣性被放逐到了世俗”[9]。

维特科尔对集中式教堂的历史研究，显然能帮助大家重新认识圣彼得大教堂设计过程中人文主义与教会间的深层矛盾，并且也让我们看到，迈向古典的途径（Approach to Antiquity）其实是一番煞费苦心的理论重构和形式探新，这在作者接下来对阿尔伯蒂四个教堂立面设计的细读中也充分展现出来：对于佛罗伦萨新圣母教堂的立面改造，阿尔伯蒂不仅使这座建筑脱离了中世纪的

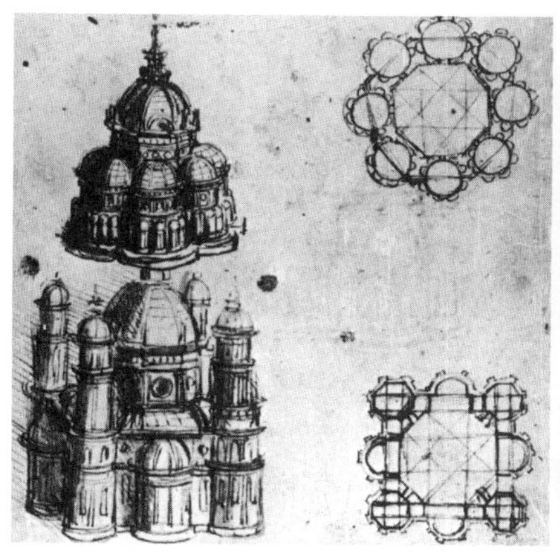

图 1　达·芬奇构思理想教堂的草图

图 2　古罗马早期基督教建筑圣康斯坦扎

性格，而且实现了“使它成为代表古典比例均整性（Eurythmia）的文艺复兴建筑中的第一个伟大的实例”。在曼托瓦，阿尔伯蒂将古罗马的神庙立面和凯旋门立面叠置在圣安德烈亚教堂（S. Andrea, Mantua）立面上，成为之后几个世纪西方教堂设计的原型（Archetype），而这一“将两种古代根本无法匹配的体系融在一起的做法（其实已经）是彻底非古典的做法”了[10]，文艺复兴后期的手法主义（Mannerism）就从这里起步（图 3）。

《原理》一书对帕拉第奥的“古典途径”着墨最多，也更丰富地呈现了文艺复兴建筑师的无穷创造力。作者从帕拉第奥的老师、人文主义者特里希诺（Gian Giorgio Trissino）和巴勃罗（Daniele Barbaro）所营造的智识环境及思想影响中，详细追溯了他如何成为博雅之士（Uomo Universale）的成长轨迹，这使得学生们理解一位文艺复兴建筑师的思想形成不再流于空泛或抽象。作者接着对帕拉第奥设计的别墅、府邸、公共建筑以及教堂分别阅读，以展现古典建筑如何在建筑师手中转换成为无限开放的形式语言。作者甚至指出，古典神庙的立面形式在被建筑师误读为私人住宅的原型后，却用以创造出了典雅高贵的文艺复兴别墅形象，最杰出的无疑是圆厅别墅。此外，建筑师还从古罗马广场及住宅的类比中，演绎出丰富的立面和柱式构图，成就了另一种兼具城市性格和内在秩序的府邸建筑（图 4）。

然而对维特科尔来说，这些形式分析仍未触及文艺复兴建筑的实质，只有探入建筑、数学与音乐的和谐比例问题，才能真正揭示人文主义建筑深藏的文化含义，以及它与几个世纪后的新古典主义的根本区别。《原理》最有历史意义的学术贡献，就是对于文艺复兴和谐比例理论的详尽论述。作者以渊博学识作深度挖掘，呈现了帕拉第奥们如何成为维特鲁威理想“宫殿”（Palace）秩序的护卫天使（Guardian Angel），并将比例理论大大拓展，使得建筑类型及空间组合的各种可能最

图 3　阿尔伯蒂将古代神庙和凯旋门叠置成教堂立面

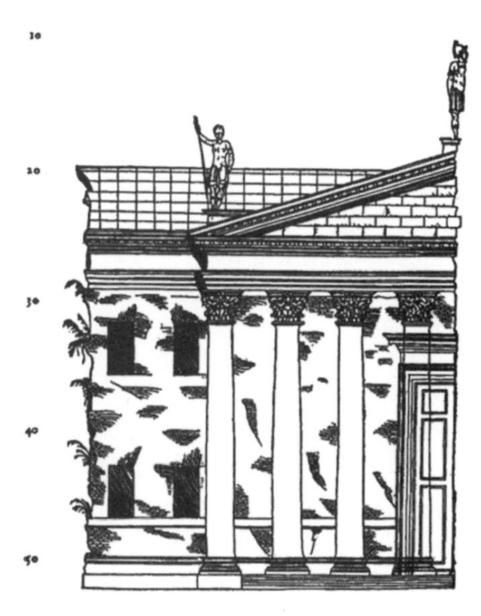

图 4　帕拉第奥在对古典神庙立面的“误读”中重构了古代住宅原型

终都能归入数的和谐之中[11]。沿着这条线索，课程还将维特科尔为帕拉第奥11个别墅设计所总结的平面秩序，直接延伸到了他的学生柯林·罗（Colin Rowe）对于勒·柯布西耶现代建筑的"新"发现——"理想别墅的数学"[12]。

二、从原理到实践，从绘图到建造

柯林·罗的研究无疑揭示了西方古典建筑形式秩序传统的强大生命力。那接下来的问题是，帕拉第奥的"理想别墅"是否能在建造过程中真正实现和谐比例的数学？它们又是如何从图纸到实施，在厚度、重力和独特的基地上被建造起来的？对于来自学生的提问，教师一方面给予充分的鼓励，另一方面也以此作为倡导开放学习的又一个契机，寻找更多史学著作，展开深化学习。为回答上述问题，这次引入了史学家詹姆斯·阿克曼（James Ackerman）的著作《帕拉第奥》（*Palladio*，1976）[13]。

阿克曼在其书中并没有关于马康坦塔别墅（Villa Malcontenta，1560年）如何建造的叙述，或者圆厅别墅实施过程的描写，但他对帕拉第奥维琴察巴西利卡的设计分析，却从特殊角度让我们认识了建筑师将"建筑原理"落实到具体场地设计的实践能力。阿克曼引入了这样一张陌生的维琴察巴西利卡平面图（图5），这是作品建成后的实测平面，与我们原本熟悉的帕拉第奥《建筑四书》中的那张平面图非但相去甚远（图6），而且看起来还很不"和谐"。不过这就可以再次引发同学们的好奇心，让大家带着"理想别墅"的图式进入"现场"，对这一文艺复兴的佳作做一番考古式的阅读。

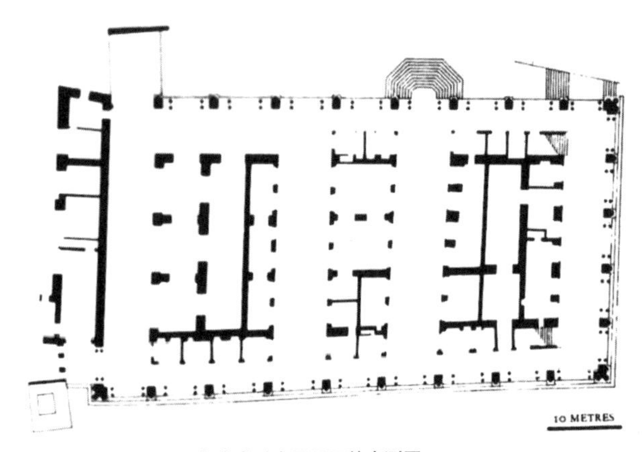

图5　维琴察巴西利卡建成后底层平面的实测图

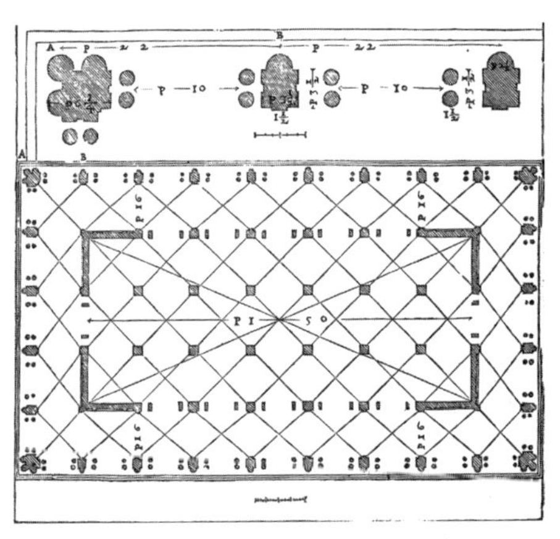

图6　帕拉第奥维琴察巴西利卡底层平面设计图

帕拉第奥设计的维琴察巴西利卡，实际是一个环绕一座建于15世纪的中世纪大厅的外廊加建项目。因为要与既有的建筑结构开间呼应，又要保持立面的两层楼形式，如何在近乎方形的开间里安排古典建筑的元素就很有挑战。建筑师最终以券柱式的巧妙组合，为文艺复兴建筑创造了最经典的构图——帕拉第奥母题。这个史实自然包含在阿克曼的叙述中。但作者要进一步告诉我们，当时建筑师的首要任务，是要完成为这个中世纪大厅的结构加固设计。起支撑作用的外廊其实之前也曾建过，但落成后不久又塌了。这样，帕拉第奥着手设计时所面对的，一边是这个凌乱的建筑空间和结构系统，另一边是地方议会提出的、为议事大厅城市立面树立一个古典形象的诉求，其中最棘手的是，"每一结构开间的宽度都不相同"。因此，帕拉第奥母题的手法主义策略，不仅回应了各开间近方形尺寸的客观条件，还将这种双层券柱式的构图作为独特要素，"使其能够根据任何一跨结构的宽窄情况收放构图尺寸"。柱间壁的宽窄不一，也为底层立面檐壁装饰的有序排列增加弹性，许多三陇板和陇间壁就可以有压缩，有伸展，而建筑师的"收放"策略在应付建筑转角的难题时，以双柱的处理手法又完成了一次古典构图的精彩演绎（图7、图8）[14]。

阿克曼的叙述并非否认前人的史学研究，而是让我们更切实地看到文艺复兴建筑师运用"原理"的创造能力。因此，面对这个帕拉第奥绘制的中世纪大厅改造方案与实际建造之间的距离，我们不仅不会失望，而且感到震撼。借用埃文斯（Robin Evans）的话来说，这是"绘图具有能动性力量的后果"，而且，这种能动性力量的呈现，"不是绘画跟事物之间的相似性的认识，（而）竟然会是绘画跟它表现的事物之间的不相似性和差别性的认识"[15]。在这种差别性中我们所看到的，是帕拉第奥操作传统记忆和重构形式秩序的超凡才能。

图 7 维琴察巴西利卡转角处立面设计图

图 8 维琴察巴西利卡起结构支撑作用的拱廊

三、作为学科记忆的建筑史

当年，包豪斯的教育家们认为历史是设计创造的羁绊，因而将建筑史课程从学生培养计划中彻底删去。阿尔伯斯（Joseph Albers）直接表示，要让学生“从做中学（Learning from Doing）”，而“历史多了，创造就会减少”[16]。不过，即使象莫霍利－纳吉（Laszlo Moholy Nagy）这样的先锋派艺术家，在基础课程的训练中不断引导学生探寻事物的新视界（New Vision），其视觉设计作品中几何、空间和光的塑造，仍然与人类最基本的建筑记忆和建造经验有所关联。

在当代，尊重历史、延续历史并相信历史可以成为设计创造的不竭源泉，已是建筑界普遍认同的价值观念和实践立场[17]。问题是，让历史活起来，使其真正能够丰富思想和培育创新的途径何在？虽然理论多元，学说纷纭，但其中一个共同趋向是明显的：历史不是用来直接模仿，而是用来作为一种记忆的延续，使建筑传统不断焕发生机。为此笔者认为，以追溯历史记忆的延续和转变，以呈现“建筑原理”的不断建构和重构，来替代传统教学中的作品罗列和风格识别，是推动建筑史课程向启发性教学发展的根本策略，上述对文艺复兴建筑历史的追问式阅读，就是这样一种尝试。

论及建筑记忆，我们回到拉斯金（John Ruskin）的《建筑的七盏明灯》（*The Seven Lamps of Architecture*），其中的第六盏就是“记忆之灯”（Lamp of Memory），他强调建筑作为历史见证的持久价值。不过在建筑史学家安德森（Stanford Anderson）看来，拉斯金更忠实于建筑内含的时间性和社会稳定性，在这一点上他是趋于保守的，因为历史的延续仅止于如画的呈现。与其相比，李格尔（Alois Rigle）对记忆的阐释更接近现代人的精神特质。李格尔提出了“无意为之的纪念物（Unintentional Monuments）”这个概念，既精辟又有穿透力，揭示了记忆和纪念物根本上都是我们自身关于过去的建构（Our Own Construction）。安德森因而指出，对于传统（Tradition）的认识，是历史如何在新事物中得以延续的关键，传统“意指瞻前而不是顾后，因为它使社会的种种设想能被带入共同认知中，并由当下事物的必然需要加以评判和改变”[18]。所以说，文艺复兴建筑师们连接古代的途径，不是对过去的模仿或再造（Reproduction），而是让古典文化的记忆和价值在构筑人文主义理想的创造性探索中被重新唤起，使一个新时代的建筑再现勃勃生机。

安德森关于记忆、传统与历史的观点与意大利建筑理论家罗杰斯（Ernesto Rogers）二战后的连续性（Continuità）理论比较相近。罗杰斯认为建筑不能与历史、社会和文化的演化过程分开，现代建筑应该具有吸收历史的能力。他继而十分关注实践方法，同样指出历史记忆在创作中的关键作用，因为记忆“指向过去，将已经消化的经验通过意识和潜意识来形成新的创作”。因此，记忆所唤起的传统在结合现实的需要中延续，其包含的创造性也成为今后发展的动力源[19]。帕拉第奥们的贡献及其对后来几个世纪的影响，无疑是强有力的例证。

罗杰斯的继承者罗西（Aldo Rossi）所建树的类型学理论，发展出了集体记忆（Collective Memory）的思想，旨在为传统连续性的认知铸就更坚实的基础。但对于安德森来说，建筑记忆的复杂性还需要进一步剖析，为此他提出了建筑中的学科记忆（Disciplinary Memory）和社会记忆（Social Memory）这一组概念[20]。学科记忆指的是在建筑学内部的记忆（Memory in Architecture），按笔者的理解，就像阿尔伯蒂和帕拉第奥们在继承古典建筑过程中所重新确立的"原理"，是对古典建筑所有知识的系统性组织和重构，并是要在创新设计的实践过程中才能显现的。而社会记忆是指建筑承载的记忆（Memory Through Architecture），关联着建筑在特定时代中的意义表征和社会认同。两种记忆是建筑记忆的两个面，从中可以不断测量建筑师的自主创作与其所处社会的距离。那么毫无疑问，学科记忆是建筑学的本体所在，是保持建筑学生命活力的知识形式，也是依靠于学院的智识环境得以传承的记忆形式。从根本上说，建筑史教学首先应该担负起这一延续学科记忆的历史使命，换言之，建筑史学习在建筑学教育中仍有不可替代的独特作用。

学科记忆在延续与创新中让传统彰显活力，而社会记忆往往会随着时代和社会的变化而更迭。文艺复兴的集中式教堂呈现了人文主义者的理想追求，而帕拉第奥在遵循"原理"的基础上，又将其转换到世俗的郊区别墅设计中，到了17～18世纪的英国，新帕拉第奥（English Neo-Palladian）的建筑师逐渐把圆厅别墅的中心格局和典雅形式转向了与如画园林的结合，使其成为更适宜英国乡村生活的住宅形式[21]。到了20世纪，"原理"又有新的转换，如路易斯·康将集中式"原理"转换打造成了一个既有怡人阅读环境又唤起古典仪式感的图书馆空间（图9）。

可以看到，超越了作品罗列以及风格辨识的传统学习方式，建筑史课堂可以为学生打开一幅更宽阔的画卷[22]，来阅读历史上无数作品的创造过程，来呈现各个时代建筑师们操练学科记忆的精彩表演，无论是从帕拉第奥到波罗米尼，还是从勒·柯布西耶到路易斯·康。比如带着历史记忆重访朗香教堂（图10），我们可以沿着那些不可思议的曲面外墙"走进"室内，找到轴线、祭坛和小祷告室的巴西利卡格局，体验神秘的光和浑厚的声学效果，并很快从这怪异的形象回到熟悉的仪式空间和宗教传统氛围中，同时还能唤起地中海的乡土记忆和原始洞穴意象，而返回到建筑师的平面设计图后，又可以读出这件异想天开的作品背后所隐藏着的秩序的诗学——贯穿柯布建筑思想始终的古典传统。虽然这是一个独特的案例，但笔者希望以此说明，一种古老的建筑类型，可以以这样一种最富冒险性的创造，将社会记忆、学科记忆和个人想象成功地连接起来。

毫无疑问，过于个人化的创新语言，或当代学科日益自主化的倾向，都会导致设计作品与社会记忆的分离[23]。因而，批判的历史是必不可少的。比如我们可以继续追问：帕拉第奥的理想别墅成为被后人持续青睐的原型（Archetype），是因其数的精确，还是因其成功地为郊外生活提供了最优雅的住宅形式？我们还可以追问，罗西颇具启示性的建筑学理论，为何到了实践中却变得干瘪且毫无表情？相比之下，他的学生们为何在深谙其老师的理论思想后，却更成功地将历史记忆在建筑的各种尺度、空间和肌理中得到了精彩的再现[24]（图11）？需要强调，学科记忆永远是在转换到真实的生活世界中，回到人对空间、光、材质和使用的最深切的感知、体验和意义联想时，才被真正唤起。为此，笔者还要再次强调建筑史课程中引入多种史学文本的意义，因为多维度、多情境（Total Context）中的历史阅读本身就可以形成批判的历史，撬动任何凝固的思维和固化的理论，使学科记忆成为丰厚而包容的知识宝库。

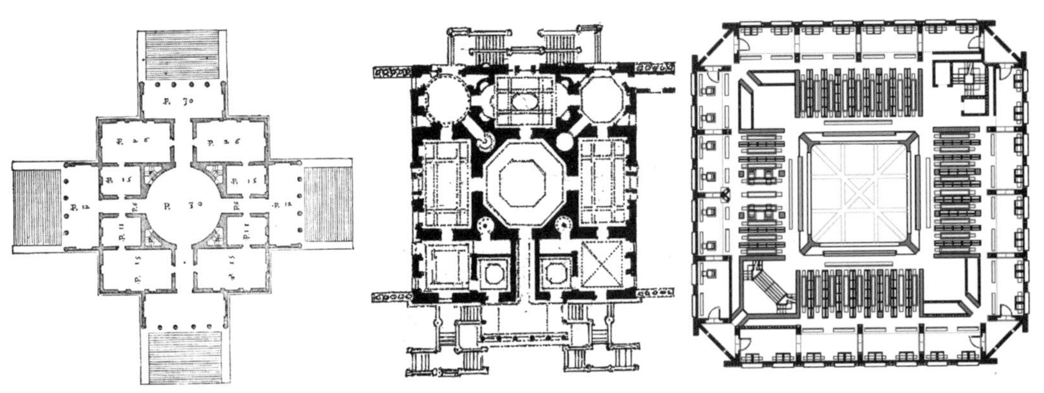

图9　自左至右：帕拉第奥设计的圆厅别墅平面、英国新帕拉第奥别墅平面和路易斯·康的耶鲁大学图书馆平面

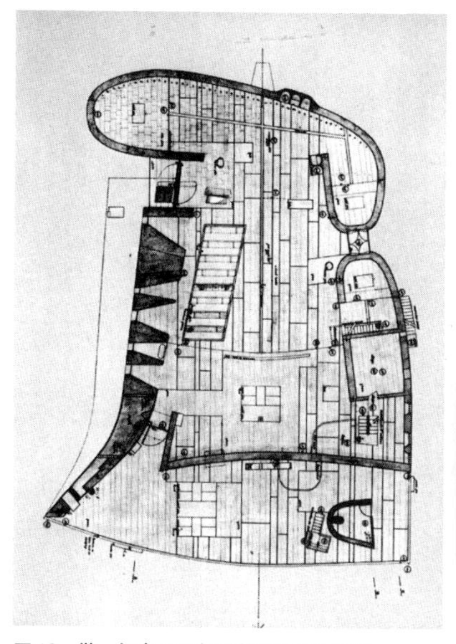

图 10　勒・柯布西耶朗香教堂的平面设计

图 11　帕拉第奥设计的维琴察府邸建筑的立面（左、中图）及赫尔佐格和德·梅隆仓库设计的木板墙设计所唤起的石砌墙体及其比例的记忆（右）

最后，学科记忆无疑是建筑文化的重要组成，因此，文化差异这个持久的话题必然会被再次提及。对此笔者仅补充一个观点：学科记忆既在继承中延续，也在开放的文化交流中不断重构。就是说，持续一个多世纪的西方建筑的传播和影响，无疑已化作我们学科记忆和建筑传统的组成部分。因此在笔者看来，象上海龙美术馆西岸馆之所以成功，正是缘于建筑师操作和转换学科记忆的能力——方格网的混凝土框架，工业建筑结构形式的主导，现代建筑的自由平面，古典建筑的纪念性表达，或许还有中国传统园林空间的曲径和通幽。与维琴察巴西利卡似有异曲同工之处，龙美术馆的建筑师通过学科（记忆）的再发现（a Disciplined Discovery）[25]，将要素重组，并将它们锚固在这个有工业遗迹、未完成构筑物以及滨江景观相互交织的、充满偶然性的基地上，为这座城市成功地打造了一个连接过去又面向未来的新的艺术殿堂，带来了一种令人难忘的场所体验（图 12）。

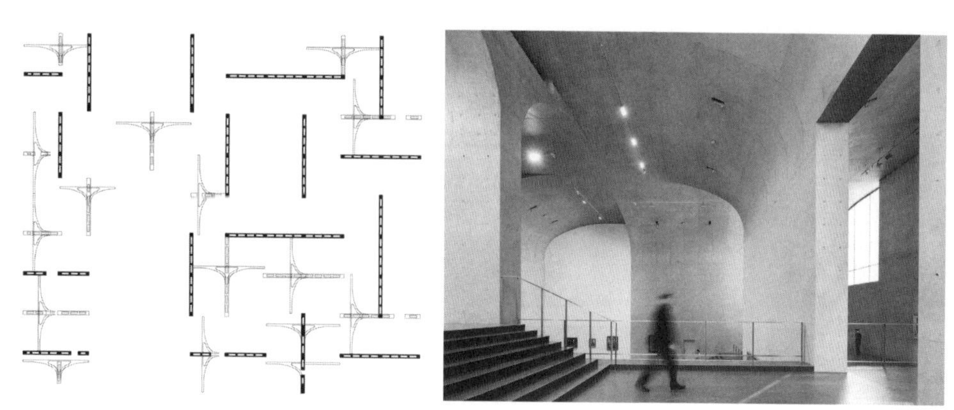

图 12　龙美术馆西岸馆的平面设计构思（左）和建成空间效果（右）

（基金项目：国家自然基金，项目编号：51478316）

注释：

[1] 笔者在对建筑史学家罗小未的访谈中了解到，1950～1960 年代，部分有西方学院派建筑教育背景的教授认为，西方建筑史教学只要让学生学习 100 个优秀建筑案例就可以了。但罗小未先生并不赞成这个观点。

[2] 例如，诺伯格－舒尔茨（Christian Norberg-Schulze）基于建筑现象学的历史著述《西方建筑的意义》，弗兰姆普敦（Kenneth Frampton）基于建构学理论的现代建筑专题史《建构文化研究》等。

[3] 这里指的是笔者主持的同济大学建筑系本科高年级阶段的西方建筑历史与理论课程，是学生基于低年级通史课程基础上的深化学习。

[4] 这是高校建筑学专业指导委员会规划推荐教材《外国建筑史（19 世纪末以前）》中关于文艺复兴建筑认识的基本框架。见：清华大学 陈志华．外国建筑史（19 世纪末以前）（第四版）[M]. 北京：中国建筑工业出版社，2010：143-144 ．

[5] 同上：178。

[6]（德）鲁道夫· 维特科尔著．人文主义时代的建筑原理 [M]．刘东洋译．北京：中国建筑工业出版社，2016．

[7] 同上：15。

[8] 同上：16–19。

[9] 同上：17–18。

[10] 同上：51，56。

[11] 帕拉第奥，即 Palladio，是其老师为他取的名字，意指宫殿的护卫天使，而这宫殿庭院的数的比例，则是对维特鲁威和谐比例的"诗意复述"。由此可见老师对帕拉第奥的深切期望。见：（德）鲁道夫· 维特科尔著．人文主义时代的建筑原理 [M]．刘东洋译．北京：中国建筑工业出版社，2016：60–67．

[12] 科林·罗的"The Mathematics of the Ideal Villa"，见：Collin Rowe．The Mathematics of the Ideal Villa and Other Essays[M].The MIT Press，1987：2–27．

[13] James Ackerman．Palladio [M]．Penguin Books，1966．

[14] 同上：91。

[15]（英）罗宾·埃文斯著．从绘图到建筑物的翻译及其他文章 [M]．刘东洋译．北京：中国建筑工业出版社，2017：109．

[16] Rainer K．Wick．Teaching at the Bauhaus [M].Hatje Cantz Verlag，2000：174．

[17] 20 世纪后半叶起产生普遍影响的建筑现象学、类型学、新理性主义、批判的地域主义等诸多建筑理论，在建筑设计与历史的关系上，有共同的基本价值观。

[18] Stanford Anderson．Memory in Architecture//Kenneth Frampton，Arthur Spector，Lynne Reed Rosman (eds.)．Technology，place & architecture：the Jerusalem Seminar in Architecture[M]．New York：Rizzoli，1998：228．

[19] 张洁．埃内斯托·内森·罗杰斯思想小像 [J]．建筑师，2016 (182)：60–61．

[20] 同注释 [18]：228–229。

[21] 安德森的文章和阿克曼的书中都提到英国新帕拉第奥住宅设计对帕拉第奥别墅的转化，阿克曼还详细分析了帕拉第奥的别墅为何尤其受到英国人喜爱并传向美国的历史文化原因。见：James Ackerman．Palladio[M]．Penguin Books，1966：75–80．

[22] 笔者并不认为风格史就是一种过时的史学方式，相反，它仍然是认识建筑历史，尤其是培养学生建立艺术形式及其变迁特征的敏感性的基本途径，而且，如果不是风格史的史学基础，那么空间论、图像学和技术史等视角的历史研究也无法完整。

[23] 同注释 [18]。

[24] 笔者认为，在实践上，曾为罗西学生的赫尔佐格和德·梅隆的多样化设计，是连接记忆和创新的更出色的设计实践。

[25] disciplined discovery 的概念引自建筑理论家 David Leatherbarrow 于 2017 年 11 月 22 日在东南大学建筑学院建院 90 周年院庆学术会议上的发言，笔者认为这与安德森所赞成的、以"学科记忆"的不断转化作为连接传统与创新的设计实践是一致的。

参考文献：

[1] 陈志华．外国建筑史 (19 世纪末叶以前)（第四版）[M]．北京：中国建筑工业出版社，2010．

[2]（德）鲁道夫· 维特科尔著．人文主义时代的建筑原理 [M]．刘东洋译．北京：中国建筑工业出版社，2016．

[3] James Ackerman．Palladio[M]．Penguin，1966．

[4] Stanford Anderson．Memory in Architecture//Kenneth Frampton，Arthur Spector，Lynne Reed Rosman (eds.)．Technology，place & architecture：the Jerusalem Seminar in Architecture[M]．New York：Rizzoli，1998．

[5] 张洁．埃内斯托·内森·罗杰斯思想小像 [J]．建筑师，2016 (182)：60–61．

图片来源：

图 1：Rudolf Wittkower．Architectural Principles in the Age of Humanism [M]．Academy Editions，1998：27 (局部)．

图 2：https：//www.pinterest.com/pin/539306124104829328/．

图 3：Rudolf Wittkower．Architectural Principles in the Age of Humanism [M]．Academy Editions，1998：58．

图 4：同上：70。

图 5：James Ackerman．Palladio[M]．Penguin．1966，1991：87．

图 6：Andrea Palladio，translated by Robert Tavernor and Richard Schofield．The Four Books On Architecture [M]．The MIT Press，2002：204．

图 7：Rudolf Wittkower．Architectural Principles in the Age of Humanism [M]．Academy Editions，1998：74．

图 8：https：//commons.wikimedia.org/wiki/File：Palladio_Palazzo_della_Ragione_upper.jpg．

图 9：左：Andrea Palladio，translated by Robert Tavernor and Richard Schofield．The Four Books On Architecture [M]．The MIT Press，2002：95；中：https：//www.pinterest.co.uk/pin/564849978242411837/；右：https：//en.wikiarquitectura.com/building/phillips–exeter–academy–library/．

图 10：Jean–Louis Cohen，Tim Benton．Le Corbusier le Grand [M] New York：Phaidon，2008：591．

图 11：左、中：Rudolf Wittkower．Architectural Principles in the Age of Humanism [M]．Academy Editions，1998：83；右：Rafael Moneo，Theoretical Anxiety and Design Strategies in the Work of Eight Contemporary Architects．[M].The MIT Press，2004：374．

图 12：http：//www.ideamsg.com/2014/10/long–museum/．

作者：卢永毅，同济大学建筑与城市规划学院 教授，博导

高度与深度双向拓展的建筑学培养体系探索

蔡永洁

Height and Depth Expanding Training System in Architectural Education

■摘要：针对建筑教育中存在的培养定位不够清晰以及重复训练的问题，面对变化的未来，探讨一种高度与深度双向拓展的建筑设计训练体系。通过建筑设计和专题设计两种不同类型的课题组织，扩大建筑学人才的培养跨度，从而使培养变得多元，并期待从中发展出能重新定义行业未来的领军人才。这是对高质量建筑学人才培养的另一种理解。
■关键词：建筑教育　同济　训练体系　高度　深度
Abstract：Directed against common unclear objectives and repetitive training in architectural education，and toward the changing future，a design training system of two-way expansion in height and depth will be discussed. Based on two different training types of architectural project and topic design，the span of training can be increased and the education can become pluralistic. In expectation the leading talent，who will redefine our profession in future，can be developed consequently. This is an alternative understanding of high quality education in architecture.
Key words：Architectural Education；Tongji University；Training System；Height；Depth

一、建筑教育现实与面临的挑战

在 2017 年 2 月《时代建筑》关于“直面当代中国建筑师的职业现实”的讨论中，作者曾以“补课同步转型”为主题，简要分析过中国建筑教育中自身文化基因以及科学元素不足的现实，并认为这是阻碍学科长远发展的瓶颈[1]。当时的讨论是对当前整个中国建筑教育所面临的挑战做出的分析，总体上停留在宏观层面。本着同样的认识，本文尝试更具体地讨论在培养体系层面建筑教育的一些基本问题，并以个人视角分析同济大学建筑系在过去三年时间里进行的和目前正在进行的培养体系改革的一点思路与举措。这里以一种基本认识为前提，即建筑学培养的整个周期是相互关联的，应该有一种原则贯穿，这个原则就是方法训练。因此本文的讨论尽管以建筑师培养为主线，但将涉及本科、硕士、博士这三个不同而又相互关联的阶段。

作为基础，有必要对中国建筑学培养体系的某些基本问题进行分析，以建立起较为清晰的相互关系，使后面的讨论更具有针对性。

（一）通识不足

中国的建筑学教育在1990年代基本上改成了本科五年制，完成了向专业学位培养的转型。如果加上2~3年的硕士阶段，这是一个异常漫长的培养周期，无论从任何角度看，都是必须再思考的，更不用说如果我们认定培养中方法训练比知识传授更加重要的基本前提了。遗憾的是，长的培养周期却并没有带来充裕的时间给学生提供修炼身心的通识课，以建立起学生们在未来长远发展潜力的基础。如果我们对中国建筑学校的课程体系与内容进行一个调研，一定可以发现，成系统的通识课基本缺失，少量与专业密切相关的、具有人文色彩的专业课或者技术类课程一般被当作通识课来解释。这其实不只是建筑类学校的现象，中国几乎所有的工科色彩强烈的高校都没有能力建立起自己的、像样的通识课程体系。

衡量一个高校的办学水平应该观察毕业生二十年后在社会中的影响力，特别是他们在引领社会发展方面的深刻思考。然而在现实面前，"能力"培养理念被狭隘地理解并贯彻到教学中去了，它被简单地解释为知识点的掌握及其应用，代表着解决问题的技能，对建筑师培养而言即合理地完成设计任务书；而"我们需要什么样的建筑"以及"为什么"这些更重要的问题则常常被忽略了。中国的建筑学教育基本照搬西方，但由于其开端与普及正好是现代主义观念盛行之时，国人只看到了专业技能培养在西方工业社会发挥的积极作用，而西方高等教育的基础，独立思想与批判精神，自觉或不自觉地被遗忘了。

教育之高体现在发现技术层面之上的普遍科学规律（问题）的能力上，这一理念同样而且尤其适用于转型中的中国的建筑学教育。精英大学应该培养未来的引领者，需要的是观察问题的高度，发现问题的能力成为培养的关键，这种能力引向创新。按照巴尼特的观点，工科人才培养中哲学与社会学知识（这二者应是构成通识课的基础）是达到培养高度的唯一途径，因为这两种学科"能够最有效地揭示学科存在的依据"[2]，培养批判性思维，从而走向发现问题的能力的培养。发现问题者将引领社会，解决问题的能力再强，最后也将只能成为发现者的助手。因此，高质量建筑学人才的培养目标不是流水线上的建筑师，而是引领学界探索建筑学前沿问题的人才。"能力"的概念必须进行重新审视，首先要让学生思考"应该设计什么样的建筑"以及"为什么"，其次才是"如何设计"。这样的训练需要学生对文化、历史以及一般科学规律有一定的认识与理解以及哲学思辨能力。而在对"能力"概念重新定义的基础上，才能探讨如何引导学生获得这种"能力"。

（二）漂浮在中间的训练

包括同济在内，中国大部分建筑学校在过去近二十年来都进行了不同程度的设计教学改革探索，一个焦点问题就是落实设计训练的深度。为达到深度训练，传统的半学期设计课题有些被延长到一个学期。然而，仔细观察立即可以发现，任务书的设计始终未能摆脱知识传授的传统意识，就是要求学生学会完成一个从方案构思到深化设计的完整内容，甚至在半个学期的设计课题中也要求学生画节点大样。结果常常是，不论学生还是教师都没有把这部分要求当回事，学生到了最后几天抄袭一个节点，教师评分常常也不评估这部分内容，因为知道学生不可能在这么短时间内做出像样的成果，于是进入一个莫名的死循环。这种高频率、高强度（但并非高度和深度）、重复性的设计训练驱使着可怜的学生疲于奔命。可怜，是因为他们丧失了独立思考与自主工作的时间和意识，建筑设计中最为本质的东西——空间组织的逻辑，常常被忽略。因为在短暂的半个学期里，学生还来不及真正理解设计规律，交图时间便到，于是只能用美妙的表现图来弥补和掩盖设计的不足。教学中的这种情况显然也直接导致了当今中国建筑设计实践过分注重外表的现象，这其实是设计者不自信的表现。[3]

不同的训练目标应该采用不同的训练手段。因为追求表面的成果完整性，重复性训练带来的一个致命弱点就是训练的高度和深度的双重缺失。一方面因为基础阶段通识修炼的不足，另一方面因为以知识点传授为目的的类型学教学思路阻碍了方法训练，设计训练无论从批判精神与创新能力还是扎实的设计基本功来讲，均未能得到良好的平衡，因为我们一直试图用一种训练模式实现这两个训练目标。结果是高不成、低不就，导致设计训练中的高与低之间跨度太小，使训练漂浮在深度的技术根基与高度的批判与创造之间。

（三）硕士的尴尬定位

硕士专业学位培养开展以前的矛盾是硕士与博士两个培养阶段因共同的学术性训练而导致的定位纠纷，现在变成了硕士与本科因共同的专业训练而导致的定位区分问题。现实情况是，五年制本科专业学位教育基本上围绕专业训练展开，导致的结果有两个：一是专业学位硕士生培养难以定位，因为缺少通识训练，5年的本科已完成建筑师培养目标，硕士阶段还能做什么？二是本科培养过度专业，视野不够开阔。

专业学位为导向的5年本科及2~3年的硕士都围绕建筑师培养展开，区别到底在哪里？现实中，传统的学校以本科为重，认为本科是立校之本，投入最多的精力，专业评估中也是重中之重。正因为评估的指挥棒驱使，看不见富于个性的训练体系，更不会有人胆敢将通识训练系统地引入基础教育，哪怕是一年也好！因为大家担心毕业生会输在起跑线上，却忘了毕业生的长远发展和未来。5年下来，被反复训练的毕业生的确能开始在设计院当"学徒工"[4]了，然而到了硕士阶段做什么，这个问题还始终是个未解之谜。人们肯定尝试借鉴国外优秀建筑学校的硕士生培养模式，但常常失望而归，因为别人不会有我们这样的五年制本科，许多美国的精英大学还专门为本科非建筑学的生源专门设计了三年制的硕士课程体系。这其实意味着，拥有了良好的本科通识教育，建筑师培养只需要三年。显然，这个简单的结论一直没有得到中国建筑教育界的正视。

由于模糊的定位，今天的专业学位硕士大多被理解为本科的提高班，在该阶段修炼一些作为优秀建筑师的基本素养，包括补充通识课和理论提升等，鲜有在硕士阶段严格的设计训练，相信中国绝大部分专业学位的硕士生学位论文都没有采取毕业设计的形式。这又带来另一个问题，就是专业型学位如何与学术型学位进行区分？的确，按照常规的理解，5年本科下来，为何还要进行设计训练？反过来的问题是：凭什么授予硕士专业学位？

（四）行业的多元需求

中国的城市建设正逐步从大拆大建走向城市更新。由于强大的惯性使这个转型看上去比预想的缓慢，然而不争的事实是，小微项目逐步增多，并将慢慢取代大项目成为市场主体。另一个变化趋势是毕业生的主动选择，许多接受了国际国内最好建筑教育的毕业生放弃建筑行业工作，专向他业。这两种变化是我们建筑教育工作者必须正视和主动面对的。

行业转型对建筑教育意味着多元的需求。毕业生的传统首选——大型设计院，将不得不逐步面对小型项目经营，过去的人海战盈利模式将不再有效，这将导致大型设计院的转型甚至分化。毕业生之所以选择大型设计院，主要是因为担心自己没有足够的工程经验，认为大型设计院管理规范、项目类型多，可以作为再学习的平台。这也是教育界没有系统反思的一个大问题：中国的建筑学校一直吸引了中国最好的生源，大部分毕业生没有勇气选择自主创业，这应该被看作是中国建筑教育的最大失败，因为我们没能让这些最优秀的年轻人走向自己的道路。大建设之后，行业分工将会更加精细，市场将不再需要这么多传统类型的建筑师，这意味着建筑师的工作将变得多元。我们的建筑教育呢？

二、培养体系的重新审视：回归规律与面向未来

面对不太确定的未来，有必要重新审视我们的教育思路与教学手段。从前面的分析可以很自然地引导出修正的路径：加强本科的通识教育，将专业教育的重点适当后移至硕士；用方法训练取代知识点传授，针对不同的训练目标采取不同的训练手段。只有这样，我们才能理清本科、硕士乃至博士各个阶段的关系，为培养创造性人才打下基础。

（一）培养规律的再认识：专与广的统一

培养体系的建立应该基于培养规律的认识，问题的关键在于认识的准确性。西方文明给我们一个富有意义的启示就是他们始终对自身的文化进行不间断的自我批判，实现螺旋式的上升，从而发展他们的文化，使欧洲文明经久不衰，并影响全球。这种自我批判精神在西方的教育中也得到贯彻，单从西方上千年的高等教育历史来看，关于大学理念的讨论就一直没有终结过，即使洪堡为西方现代大学建立了一个参照模型，这种讨论也从未终止。直到今天，许多的探索依然是改革的动力源泉。[5]

首先看专业训练，如何使专业训练更加专业？

培养目标的清晰定位是第一步，专业型学位与学术型专位必须得到有效区分。课程体系的科学建立是第二步，专业学位的培养必须更加专业。课程的针对性是第三步，即面向未来的建筑师技能训练的重新审视。

如果上述三个环节都能准确抓住，相信我们距离一个有效的培养体系就不遥远了。要做到这一点，关键是不能继续折中。在现阶段的实践中，从各种地方的或者教育部的正式或非正式的相关指导性文件中可以看出，对于专业学位硕士研究生的毕业论文始终采取了一种宽容灵活的态度，不敢或不愿意全面推行毕业设计（或称研究性设计）。[6]因此，硕士生培养的重头戏——毕业论文从选题开始就距离专业的要求甚远。另外，因为各校始终坚持以本科为本，由于人力、物力的因素，硕士阶段的设计训练相比本科明显不足。这两个问题如果不从根本上解决，我们的硕士专业学位培养不可能专业。

同济计划在2018年秋恢复学术性硕士学位培养，这并不是怀念学术型学位，而是为了让专业学位教育办得真正专业。通过学术型学位的再设置来保证与专业学位的有效区分，使专业学位的基本要求和课程能落到实处，避免在二者之间"走钢丝"。在即将启用的2018专业学位培养方案中，我们新设了全系统筹的"建筑设计"课，通过统

一的命题、统一的辅导和统一的评价标准来加强设计训练，并且将建筑设计的方法训练和技术能力训练作为目标；与此同时，继续保留传统的由十个学科组负责、学生可以自主选择的"专题设计"，在此基础上扩充多元性，保证开放性。改革的关键举措当然是毕业设计，新方案明确了所有学生必须从选题到成果全过程自主完成一个具有研究性质的毕业设计要求，并以论文和设计成果的形式同步呈现。

再看专与广的辩证关系，如何做到既专又广？

只有做到了专，才能保证广的空间；而做到了广，才能找到专的方向。这二者显然互为前提，就像建筑要造得高必须基础深一样的道理。常常有这样的误区，认为专与广难以共存，这是因为人们没有注意到广为专确立方向，而只有实现了专才能体现广的价值。以建筑设计训练为例，我们计划中的"建筑设计"课以设计的系统性和深度为目标，围绕设计方法展开，不强调创造性能力训练；而由学科组负责的"专题设计"课则导向广度，通过多元的选择保证活力与创造性。当广度与深度的跨度不断加大时，我们期待的训练的张力将会显现，学生将会在更大的空间里找到自己的位置。

（二）各培养阶段关系的重新定位：独立与贯通

十年前推动的全日制专业学位硕士培养引发了关于各培养阶段目标定位的讨论，尽管没有形成共识，但引导我们重新思考。纵观建筑学教育的全周期，最大困惑显然是本科和硕士两个专业学位的矛盾，这个问题不澄清，永远无法理顺我们的培养体系。

同济的本科培养目前分为四年制（工学学位）和五年制（专业学位），这是一种被动的折中。由于五年制的存在，本科的培养必须保证一定的独立性，否则专业学位培养无法成立，但这种独立性又显然与专业学位硕士生的培养产生矛盾。同济目前实际上执行"4+2.5"的思路，将4年工学本科与2.5年的专业学位硕士两个阶段作为建筑师培养的整体进行贯通考虑，即将四年制本科看作是培养主线，附加1年的五年制本科作为本科教育的分流。只有这样才能给自己的培养体系以一个理论上的圆满解释。

但如何实现建筑师培养的本硕贯通？

在刚刚完成的本科和研究生培养方案改革中，根据要求，本科学分被极大消减，目的是留给学生更多自主学习的空间（这是一个积极的信号）。贯通的举措体现在两方面：一是重心的适当后移，加大硕士阶段的建筑设计训练；二是明确区分了两种类型的建筑设计训练，即上文已提及的全系统筹、侧重方法训练的"建筑设计"和十个学科组负责的多元选择的"专题设计"课题。另一条同样贯穿本硕的"专题设计"训练则以多元的选择为特色，提供前瞻性、批判性的设计课题，甚至鼓励学科组提供一些设计色彩不强的选题，力图扩大学生知识视野，为未来的不定性做好准备。

侧重方法训练的思路还决定了两年前完成的博士生培养方案的改革，在深入调查分析国内外一些重要建筑学校的博士生培养模式后，发现研究方法训练是中国建筑学博士生培养的薄弱环节，于是我们把决定博士生培养质量提升的突破点定位在科学研究方法训练上。当时的关键举措就是将专业学位课全部改成了研究方法训练的课程，全新设置了"科学哲学研究""批判性阅读""建筑学研究方法""研究计划制定"4门新课，并在一年后增补了"论文选题与写作"。[7]通过方法训练这一主线，这次改革突出了博士生培养的鲜明个性，又串联起本科和硕士两个阶段的方法训练逻辑，展现了整体思路中的阶段化差异。

（三）培养目标的重新定义：面向现实与未来的多元挑战

回到本文开头谈到的人才培养的基本问题：什么是高质量的人才培养？大学里应该首先培养学生什么样的能力？

这两个问题决定培养的手段，也决定办学特色，即办学质量。现在讨论这两个问题，估计答案还不会统一。如果我们的培养目标是未来二十年引领行业发展的领军人物，我们显然就不会在乎毕业生是否能立即找到现实的工作，而是关注毕业生的发展潜力。这种定位同时也清晰地回答了第二个问题，即高质量的办学关键是培养学生终身学习的意识和能力。那么，前面谈到的人文通识是必备的基础，方法训练是不二的手段。遗憾的是，至少从专业评估的要求显示出，我们还始终纠结于学生在学校里学到的基本知识和操作能力，认为教师一定比学生的知识多，忘记了好的教师就是与学生一起探究大家都不懂的重要课题，忘记了学生应该用学到的方法去探究未来面临的所有新问题。

我们常常迫于现实压力而缺少改变的勇气，只需看看每个学校对毕业生就业率及就业走向的关注就能明白这一点；另外，专业评估的紧箍咒也常常成为我们的借口。长此以往，中国的建筑学教育真的会掉进一个死循环。当前行业的转型已经预示——未来充满了不定性，我们还能教给学生什么？如果连什么样的知识点都不肯定时，我们就别无选择，方法训练必须取代知识点传授。知识点的角色也必须重新审视，让知识点成为方法训练的载体，而不是训练的目的。只有这样，我们才不会在不确定的未来丧失自我，不会赢了起跑线，却输掉未来。

三、结语

最后，回到人才培养的第一要素上来，即培养目标问题。关于培养目标的重要性，早在 20 世纪 30 年代，当密斯初到伊利诺伊时就指出，学校的培养方向决定了学校的教育质量。[8] 现实中，培养目标肯定都得到各学校的重视，但却难得看到培养方案中清晰的定位。其实，与培养目标直接相关联的是办学特色，就是用什么方法训练什么样的人。在方法训练没有成为最重要的训练目的时，定位不清晰也就不难理解了。

我们可以将当今国内外建筑学人才的培养分成三类：适应行业的人，能改变自己适应行业发展的人，重新定义行业的人。能适应行业的人是培养的最低层次；从第二种类型的培养开始，我们就需要训练意识和方法；而能重新定义行业发展的人是需要批判精神和创造力的。

我们试图在第二类人才培养的基础上更进一步，把培养的最高标准定位在批判与创造能力的培养上。无论如何做，通识基础和贯穿始终的方法训练是基本策略。目前的改革是在加强通识教育的基础上，将"两条腿走路"的建筑设计训练作为人才培养的基本策略，成为高度与深度双向拓展的培养体系，在加强方法训练的同时，大幅增加面向未来的元素。培养的高度指的是学生的思想高度，即视野、价值观、抽象能力、批判能力与创新能力这类能力，这类训练应该与现实保持足够的距离；培养的深度指的是看问题的准确性，学生对建筑设计和建造技术的系统理解和操控能力，这类训练应该足够地结合现实。思想高度的修炼需要的是社会学和哲学基础以及批判精神；技术深度的修炼需要的是科学元素的支撑。在教学组织上也有所不同，体现高度的训练由十个学科组同步提供多元设计课题，由学生根据兴趣自主选择，同时营造出学科组间必要而健康的竞争氛围；体现深度的训练则由全系统筹，学生必选，因为这是建筑师的基本能力训练。此外，在课题周期、辅导力度、成果要求等方面都各有侧重，目的是拉开两种训练的距离，让训练整体上充满张力，从而保证足够的跨度。我们期待，通过分布在本科和硕士总共三次的"建筑设计"训练，从简单、综合到特殊类型的设计课题选择，层层递进地解决建筑设计的系统性、深度和方法问题。换一句话说，通过这三次训练就应该让学生掌握建筑设计的基本技能，能尽快应对设计院的日常工作。我们更期待，"建筑设计"和"专题设计"这两种不同类型的训练有助于不同兴趣的学生在更大的空间里找到自我，找到学习建筑的乐趣。同时，这种以不同目标和手段为导向的差异性训练能减少重复，可以被理解为深度与高度的拓展（图 1、表 1）。

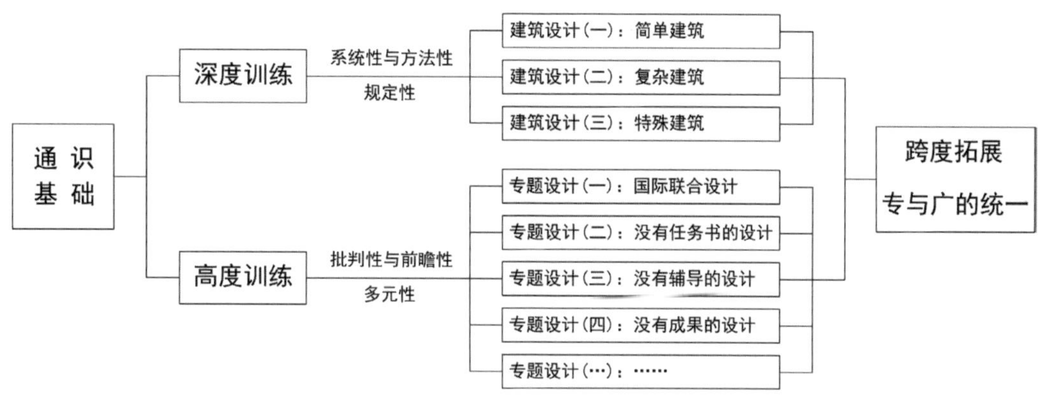

图 1　高度与深度双向拓展的建筑设计课程体系

高度与深度双向拓展的设计训练课程比较　表 1

特点 \ 名称	建筑设计（Architectural Project）	专题设计（Topic Design）
训练目标	设计深度拓展	思想高度拓展
训练导向	系统性、准确性、深度、现实性	视野、价值观、批判性、前瞻性
训练手段	从简单、复杂到特殊，三次重复	多元选题、多元手段，多次平行训练，
支撑元素	技术、方法	社会学、哲学
成果要求	单色平、立、剖面图 + 单一材料手工模型	自由选择成果表达方式
组织方式	全系统筹，一个课题	10 个学科组分别出题，多个选题
选课方式	必选	多题选一
课程时间	本科二年级下、本科三年级下、硕士一年级上	本科二年级上、三年级上、四年级上、硕士一年级下
课程时长	一学期	半学期为主
辅导频率	每周一次	每周两次

这种体系的目的并非培养全才。恰恰相反，我们希望改变一个模子的设计训练方式，广专并举，使我们的学生能根据自己的兴趣和特点，在扩大了的空间里找到自己的位置，尽情发挥自己的不同特点，将自己发展成为不同类型的人才。如果我们相信，未来将会是多元和不确定的，我们就必须培养不同类型的人。在培养过程中，这些不同特点的人的取长补短与思想冲撞将会是学习过程中最激动人心的场面。行业只有不断变化才能生存下来，而变化在哪里，必须有人去思考！我们最大的期待就是通过这种多元训练体系，可以发展出能够重新定义我们行业未来发展的领军人才来。

（基金项目：同济大学教学改革研究与建设项目"高度与深度双向拓展的多元化建筑教育体系建设"，项目编号：0100104231/005）

注释：

[1] 蔡永洁．补课同步转型——现实驱动下的中国建筑教育 [J]．时代建筑，2017（2）．

[2] 巴尼特也特别担忧 20 世纪 80 年代的西方高等教育只是成为"国家和各所院校利益互动的结果"（中文版序 p.2），他将批判性的自我反思看作是回归自由高等教育的第一个策略（译序 p.9，p.208），并从而导向创新。罗纳德·巴尼特．高等教育理念 [M]．北京：北京大学出版社，2012：215．

[3] 12 年前，作者就相关问题进行过初步探析。蔡永洁．大师·学徒·建筑师？——当今中国建筑学教育的一点思考 [J]．时代建筑，2005（3）．

[4] 同上。

[5] 同注释 [2]。

[6] 上海市学位委员会办公室 2017 年 4 月正式推出的《上海市硕士专业学位论文基本要求和评价指标体系》以及 2014 年进行的《教育部建筑学专业学位研究生教育指导委员会的建设项目》均未对专业学位的硕士研究生学位论文做出明确要求，理论研究性论文、调研性论文以及研究性设计都作为选项被列入。

[7] 蔡永洁等．突出研究方法训练的建筑学博士课程改革探索——基于五所国际知名建筑院校的案例研究 [J]．建筑师，2016（8）．

[8] Chicago，Illinois Institute of Technology："Mies van der Rohe：Architect as Educator"，1986，49–68 页，笔者编译。

参考文献：

[1] 蔡永洁．补课同步转型——现实驱动下的中国建筑教育 [J]．时代建筑，2017（2）．

[2] 罗纳德·巴尼特．高等教育理念 [M]．北京：北京大学出版社，2012．

[3] 蔡永洁等．突出研究方法训练的建筑学博士课程改革探索——基于五所国际知名建筑院校的案例研究 [J]．建筑师，2016（8）．

[4] Chicago，Illinois Institute of Technology："Mies van der Rohe：Architect as Educator"，1986．

[5] 蔡永洁．大师·学徒·建筑师？——当今中国建筑学教育的一点思考 [J]．时代建筑，2005（3）．

[6] 王飞，丁峻峰 编．交叉视角——欧洲著名建筑与城市规划院校动态访谈精选．北京：中国建筑工业出版社，2010．

[7] 郑时龄．当代中国建筑的基本状况思考 [J]．建筑学报，2014（5）．

图片来源：

图 1：作者自绘

表 1：作者自绘

作者：蔡永洁，同济大学建筑与城市规划学院　建筑系主任，教授

多元融合的建筑专业基础教学

徐甘　张建龙

Multi-Element Integration in Teaching of Architecture Foundation

■摘要：为了培养学生建立持续的自觉学习能力和创新能力，同济大学建筑与城市规划学院的建筑设计基础教学在继承和扬弃的基础上，从教学思想理念、教学方法手段、教学课程结构以及国际化等方面进行了数十年持续探索，通过多元学科的交叉融合、多元能力的综合培养、多元门类和平台的复合共创、多元文化的包容共生，以及多元师资的互为补充等多个方面的强化建设，建立了多元融合的国际化建筑设计基础实验与实践教学体系。

■关键词：多元融合　建筑　专业基础　知识体系　课程建设

Abstract：In order to enable to students to study and innovate consciously and persistently, the architectural design foundation teaching team of Tongji University has been exploring for decades in terms of teaching idea, teaching methods, curriculum structure and content-internationalization on the basis of inheriting and sublating. By constructing and strengthening fields such as integration of multi-discipline, the comprehensive cultivation of multi-ability, compounded creation of multi-range and multi-platform, commensalism of multi-culture and supplement of multi-teaching stuff, the teaching team has set up a basic experimental and practical teaching system of multi-culture fused internationalized architectural design.

Key words：Multi-Integration；Architecture Foundation；Knowledge System；Curriculum Construction

为了培养学生建立持续的自觉学习能力和创新能力，同济大学建筑与城市规划学院的建筑设计基础教学在继承和扬弃的基础上，通过数十年持续不断的教学改革与研究，从教学思想理念、教学方法手段、教学课程结构以及国际化等方面进行了大量探索，建立了多元融合的以创新能力培养为目标的国际化建筑设计基础实验与实践教学体系。

多元融合是同济基础教学最为重要的一个特点。相关课程从素质的提升与整合、知识的拓展与深化、能力的培养与提高等方面多向展开，并逐渐形成了三大基本模块——基本观念、基础理论和初步技能，分别应对了观念的形成、知识的积累、建筑表达技巧和初步设计能力培养，完善了建筑设计基础教学框架及核心课程建设——史论系列、原理系列、艺术造型和设计系列，打造了由“理论课程、研讨课程、技术课程、实践课程”有机组成的“建筑设计基础（专业基础）”公共教学平台；同时还建立了满足国际本科双学位的设计基础国际化教学体系，创立了“生活先导、历史人文、创新实践和国际视野”的教学特色（表 1）。

同济大学建筑设计基础课程序列 表 1

培养目标	持续的自觉学习能力＋创新能力			
教学板块	基本概念	基础理论	初步技能	
			基本表达	建筑设计基础
教学要点	观念的启蒙与形成	知识的积累与拓展	建筑表达技巧和初步设计能力的培养与提高	
核心课程	史论系列	原理系列	艺术及造型系列	设计系列
	艺术史 当代艺术评论 建筑史 城市阅读	设计概论 建筑设计概论 建筑生成原理 建筑设计原理	艺术造型 艺术造型工作坊 造型与材料	设计基础 建筑设计基础 建筑生成设计 建筑设计 设计周
特色模块与教学单元	艺术造型实践；当代人文艺术前沿引论；当代建筑前沿引论 同济大学国际建造节			

一、多元学科的融合

同济大学的设计基础教学，是建筑与城市规划学院建筑学（包括室内设计方向）、历史建筑保护工程、城乡规划和风景园林等专业的共同专业基础平台。因此，打造一个多学科、宽视野的通识课程体系就显得尤为必要。

“通识教育不是文科学生学点理工科的课程，或者理工科的学生学点文科的课程”，而应该是培养学生正确的思维方式和各方面的素养，使学生可以成为一个完整的人[1]。同济大学的设计概论和建筑设计概论两门基础通识课程，正是基于这样的教学目标而设置。课程坚持多元文化观点，强调文、理、工相互交叉渗透，积极容纳多科目知识和不同认知方式，通过知识的基础性、广博性和综合性，打破各个专业的界限，鼓励学生以更广博的知识充实自身，以更开放的态度审视专业，以更宽阔的视野认识世界。

一年级第一学期的设计概论课程，是与同济大学土木学院、人文学院，以及上海音乐学院、上海戏剧学院、上海美术学院、中国美术学院等单位交叉合作，根据“知识、能力、人格”三位一体协调发展的人才培养模式进行建设，课程由设计基础（包括观念建立、形态基础、空间认知与体验、文献阅读方法）、人文艺术前沿引论（包括当代艺术、戏剧、舞蹈和文学）和设计技术前沿引论（包括生态、结构与建筑）三个模块组成，从观念教学、知识教学和技能教学三个方面，通过人文艺术和设计技术的多元交叉，帮助学生了解关于设计的基本概念和专业特点，以及当代设计思潮概况，熟悉和掌握形态、色彩和空间设计的基本原理，培养设计的基本思维方法和基本意识，建立观察世界、认识世界和研究世界的正确价值观（图 1）。

一年级第二学期的建筑设计概论课程，则充分利用了学院健全的学科优势。除了建筑和空间的基本专业概论之外，还开设了总计 8~10 个单元“设计前沿”模块，由学院的各个学科团队责任教授主讲，从建筑历史出发，向学生呈现了涵盖城市规划与城市设计、建筑设计和环境设计等多个学科领域的最新动态和学术成果，拓展学生的知识视野和专业边界，激发学生专业探索的欲望。已有的课程包括：中国传统建筑简史、行为与空间、行为调查方法、城市设计、历史建筑保护、住宅设计、公共建筑设计和室内设计等等。

图 1　张献老师讲授身体与空间

二、多元能力的融合

在同济大学，建筑设计基础学习的目的不止于专业知识和理论的获取，更注重真实的设计意识和专业实施能力的[2]建构，包括理性思考的能力，善于通过感受与体验建立起对建成环境的敏锐的直觉能力，以及获得多维知识体系在具体情境中灵活运用的能力，等等。随着知识更新速度的加快，大学的任务并非灌输某种特定的知识，而应该是使学生学会独立思考，学习获取知识能力的场所。与此相呼应的则是包括“真实建造”在内的一系列实践教学的开展。

真实建造其实是同济基础教学的一贯传统。早在 1979 年的“文具盒设计与制作”（图 2），就要求学生根据建筑专业绘图需求和个人需要，设计并制作一个 1 ：1 的文具盒：“这个作业先要画图设计……然后从一整块三夹板开始，从锯、刨、胶粘榫拼、打磨油漆到蜡克上光。从功能到造型、从空间到尺度、从制作工艺到材料特性，同学们学到的是一个完整的‘建造’过程”。[3]

目前，这一启蒙从新生入学第一天就已开始。一年级第一周的设计课程，就是在没有任何专业积淀的前提下，由学生通过测量其自身的人体基本尺寸及行为空间尺度，用规定的材料，通过分工合作设计制作一个能承载和满足所设定人体姿态的纸板椅（图 3）。这一基于身体、行为、材料、功能的形式和建造，是学生必须通过自我体验去尝试和探索的。而此后逐步展开的一系列建造实验活动，包括超级家具、流浪者之家、木构桥、纸板房等，均突破与拓展了早先的空间与形态构成教学，强调亲身体验，倡导将空间与人

图 2　王伯伟老师制作的文具盒（1979）

图 3　纸板椅制作

体尺度和材料特征相关联，并进一步与场所情境、加工方式和建造手段进行叠加，让学生理解只有人的介入、行为的发生、事件的持续才是空间获得的真正意义，从而在感性实践中逐步形成个人清晰的理性认识。开始于 2007 年的同济大学国际建造节[4]（图 4），可以说是这一特征的最佳注脚。每年有来自国内外近 30 所建筑院校代表队同场竞技：每个参赛队需要在规定的时间里，利用规定数量的板材，通过对材料性能的充分认识和挖掘，综合考虑防水、抗风以及起居和交往活动的各种可能性，建造出具有可使用内部空间的充满想象力的板材建筑。通过这个建造实践，学生们可以获得关于材料性能、建造方式及过程的感性体验及理性认知，初步认识建筑的使用功能、人体尺度、空间形态以及建筑物理、技术等方面的基本要求。

除了狭义的专业能力之外，对学生素质培养

图 4　同济大学国际建造节

至关重要的还有综合能力的培养，包括自我学习能力、个人管理能力、交流与合作能力等。开始于 2010 年的设计导读课程单元就是致力于自我学习能力的建构。该课程完整贯穿了设计基础教学的三个学期：第一学期是聚焦身体与空间的“关于同济”，以本学院老师的经典著作为主，引导学生建立身份认同，体现同济学术文化的传承性；第二学期以“空间与社会”为主题，书单涵盖国内外城市规划、风景园林和艺术设计不同领域，跨越传统与当代，鼓励学生以更宽广深邃的视野审视世界，建立“大设计”的概念；第三学期“关于成长”，通过分享大师的成长历程，引导学生懂得坚持的意义，明晰自己的人生方向。在每次导读课程的研讨环节，则邀请注重理论研究和深入设计实践的点评嘉宾，为学生呈现不同观点的碰撞，生动地揭示学术的开放性。这种“启发 + 思考 + 辩论三位一体”的教学方式，对专业初学者建立正确的价值观念、开阔的专业视野、良好的文化品位和独立的学术精神产生了积极的作用 [5]。它鼓励学生通过广泛阅读，对权威话语与经典文献进行自我消化后的再诠释，以此进行主动的知识建构，建立批判的思维能力。

建筑设计主要是为“人”塑造从事各种活动的空间环境，工作对象与“人”的需求、历史文化和现实环境密不可分。正是这种与真实世界的关联性，需要创作主体具备在复杂环境中发现问题并创造性地解决问题的能力 [6]。因此，让学生有更宽广的途径接触了解社会，通过专业学习确立正确的价值观念，明晰社会职责，掌握分析、研究和解决问题的能力，就成为必然选择。一年级第二学期的设计课程全面围绕上海里弄展开，通过“里弄街区空间社会实录、微更新转译”“里弄空间自主建造”和“上海里弄居空间设计”（图 5）这样一个完整的课程序列，从田野调查入手建立关于日常生活行为与空间真实的亲身体验，然后基于材料特性进行空间设计和材料叙事，再进而根据文学文本进行特定场景下的空间叙事。教学鼓励同学关注平民的现实生活，关注与地域生活形态相对应的建筑空间原型研究；鼓励以现实民居空间和社会群落空间为样本，了解基于生活所需的空间诉求，梳理材料建造的逻辑，进而寻找可以推动建筑空间发展的可能性，最终引导学生探索建筑空间的核心价值——蕴藏在各种表象后面的，与环境关联、与生活形态关联、与材料与建造方式相关联的文法 [7]。

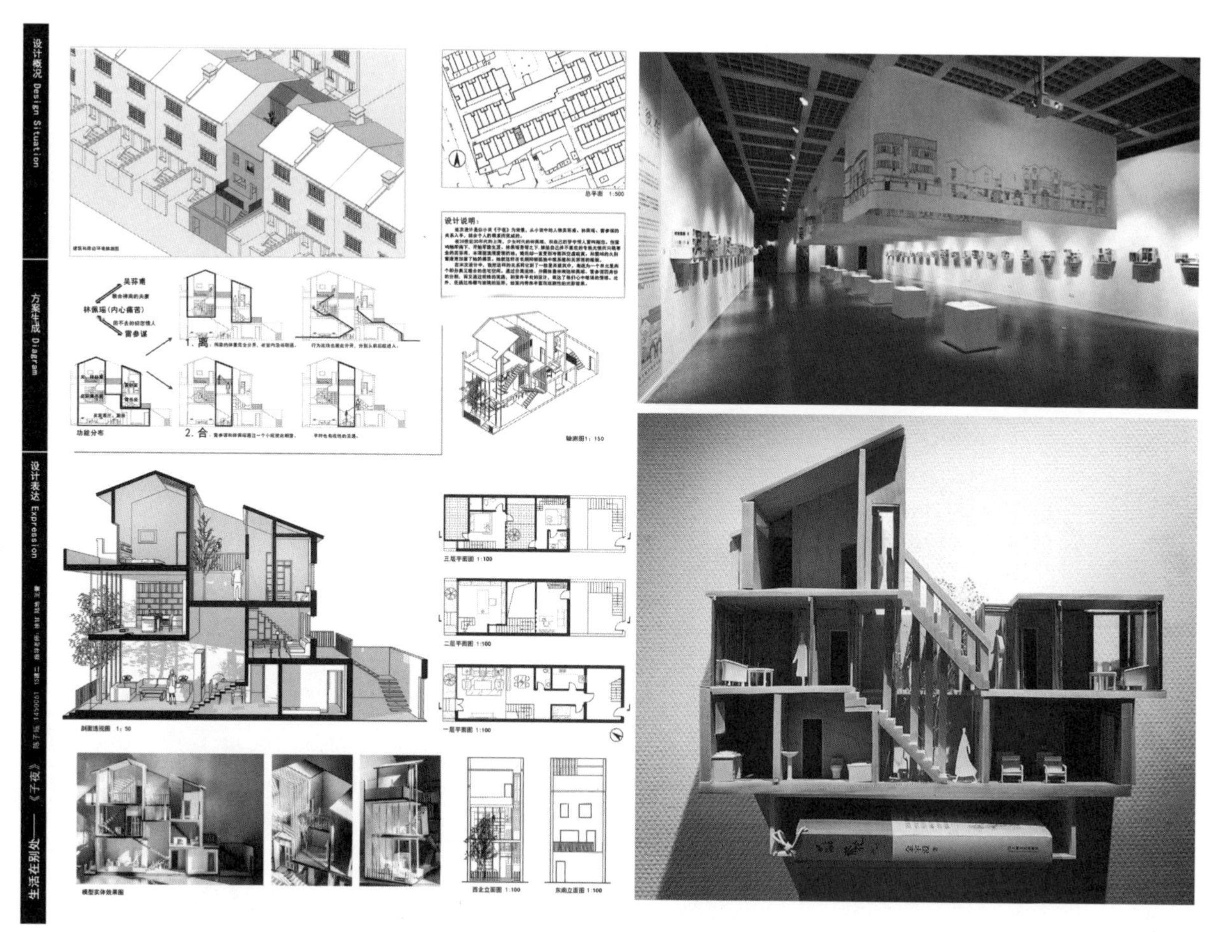

图 5　上海里弄居空间设计——上海城市展示馆

三、多元门类和平台的融合

建筑是一门综合学科，是技术、文化和艺术的统一，加强对学生的感性认知和人文素养培育至关重要。而基于传统美术和构成训练的造型课程模式，已越来越无法满足专业基础教学阶段对学生观察思考和创新能力培养的复合需求。

造型教学应摆脱单纯技能训练的定位，关注审美能力与创新思维的提升[8]。自 2000 年起，由阴佳老师领衔开设的“艺术造型工作坊”（图 6）陆续开设了系列艺术拓展课程，目前已涵盖了陶艺、琉璃、砖雕、木刻、纸雕、编织、蚀刻、影像等众多艺术门类，通过多样性的艺术实践教学，拓展学生的艺术视野，触发基于内心的基本审美和艺术创造能力。不仅于此，其教学空间也已不限于教室课堂，还先后建立了宜兴田申陶业实习基地、上海松江民间艺术实习基地、安徽歙县砖雕木雕实习基地等一系列校外实习基地，以此建立起了一个广义的艺术联盟。学生得以直面民间艺术家和工艺师，看到活生生的传统文化和艺术造型能力的呈现。更为重要的是，建筑设计基础的专业老师也参与到艺术造型训练课程的教学中，从建筑的角度去探讨造型、材料以及技术，避免了该课程陷于泛艺术的操作而导致的对专业特征的忽略。2004 年学院教学创新基地建立，建筑基础教学又拥有了包括艺术教学创新基地（艺术造型实验室）、设计基础形态训练基地（模型实验室、数字模型实验室、媒体实验室）等在内的一系列实验和实践场所。

同时，通过教学资源的整合与拓展，我们和上海城市规划展览馆等机构建立了紧密联系，并通过这个社会公共平台，多次举办了学生作业成果展，呈现了学生们在全球化背景下以及中国快速城市化进程中对城市公共空间以及城市公共生活的感知与发现，表达了对历史文化传统的思考和态度。而开始于 2011 年的同济海外艺术实践（由福美基金会高崎、杨立田校友赞助），则突破了传统的美术写生，尝试将艺术创作与城市阅读相结合，让学生亲历西方人文、艺术和建筑环境，再结合自身东方的传统与认知习惯，做到真正意义上的跨文化交流，激发学生的自主思考能力与创新潜力[9]（图 7）。

图 6　艺术造型工作坊

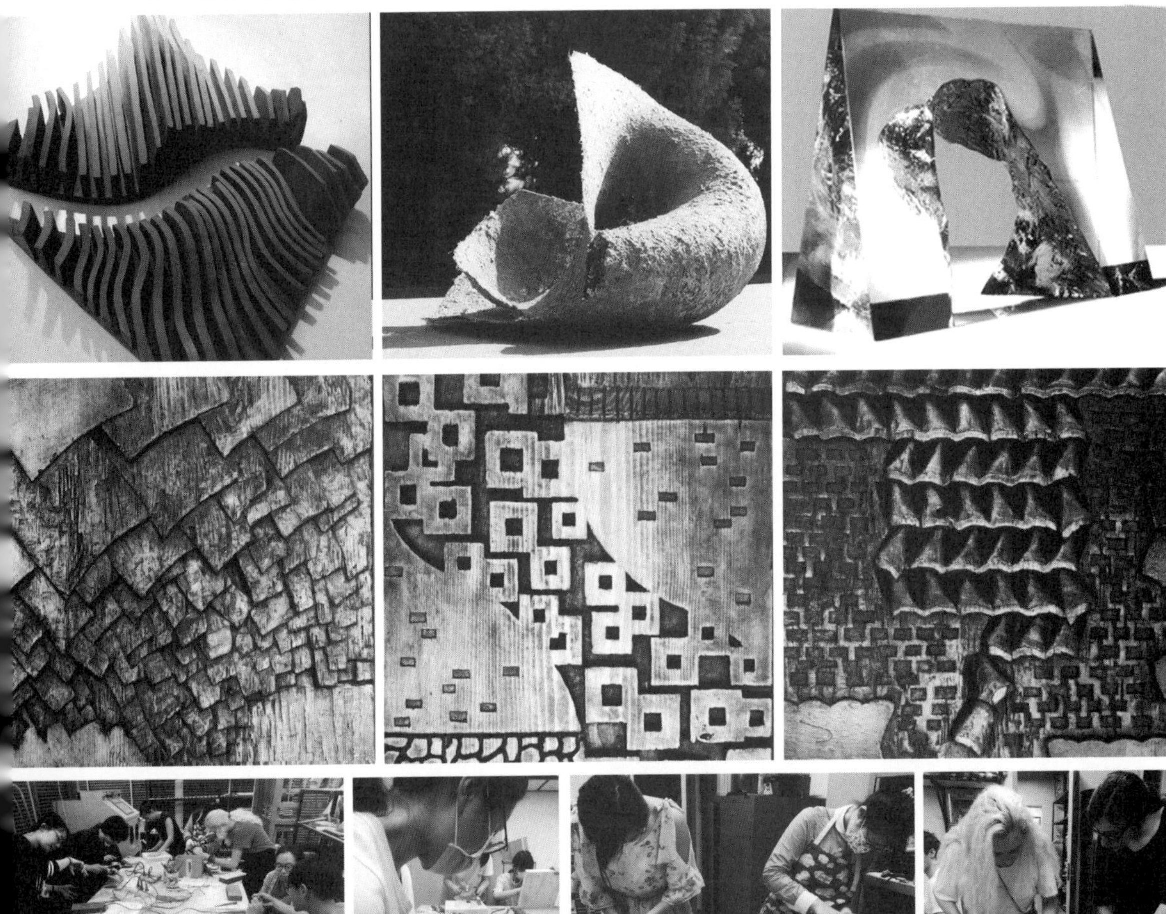

图 7　2017 福美海外艺术实践（威尼斯）

这些海外课程活动和本土艺术实践课程相得益彰，在经典美术、现代艺术以及当代艺术等层面呈现出百花齐放的丰富状态，为培养学生对美的感知力、判断力以及创造力做出了极大贡献。学生通过艺术实践这一触媒，"激发出了参与者对各类艺术形式、艺术活动及艺术思潮的敏感性和艺术创作热情。对各种艺术形式的感悟力，会促使建筑师在复杂的情况下，保持应有的审美理想"[10]。

四、多元文化的融合

同济还逐步建立起了多元文化融合的国际化设计基础课程教学体系。通过广泛的国际联合教学，无论是课程体系还是师生构成，均强调文化差异下的理解、包容和欣赏，强调全球视野下文化构成的和而不同。

国际化是同济大学与生俱来的特点，1981~1986 年，德国达姆斯塔特工业大学的贝歇尔教授夫妇（Max B　cher & Nina B　cher）和 Juergen Bredow 教授曾先后来到同济大学并参与主持了一系列教学活动，其中贝歇尔教授的"负荷构件设计"和 Juergen Bredow 教授的"展览空间设计"，成为同济建筑设计基础教学中两份经典作业。而目前由戚广平老师主持的二年级第一学期完整的"建筑生成原理和建筑生成设计"基础课程序列，则起源于 2004 年来访的德国伍伯塔尔大学 Norbert Thomas 教授的一份"网格渐变"作业。

近十多年来的建筑教育交流更是日益频繁，除了大量的讲座和短期交流外，先后在同济设计基础教学团队从事具体教学工作的教师，就有来自德、法、意、美等不同国家的 Wolf Reuter、Peter Berten、Moritz Hauschild 、Jérémy Cheval、Giorgio Gianighian、Ulrich Loock、Siegfried Irion、John Gamble 等教授，他们不但为学生带来了更广泛的资讯和更为全面的视野，更增添了全球化背景下的文化交流与互动机会。

更为可喜的是，同济大学设计基础的国际化已经突破了单方面的"迎进来"，逐步做到了"走出去"和"大融入"，实现了真正意义上的多元文化的融合。不但学生可以通过暑期海外艺术实践，亲身体验不同文化背景下的建成环境和人文风采；我们的老师也开始参与国外建筑院校的设计教学[11]；国际建造节更是每年吸引十余所来自美洲、欧洲、大洋洲和亚洲的国外建筑院校共襄盛会，展现不同文化和教育背景下的思维及行动模式差异。

在生源方面，每年都有十余位来自亚洲、欧洲和非洲等不同地区的留学生和国内学生共班学习，接受中文专业教育。2014 年，同济大学建筑与城市规划学院与新南威尔士大学城市建筑环境学院还共同设立了本科建筑学国际学生双学位项目（英语课程），根据双方的教学优势和特点，学生的设计基础阶段（共三个学期）学习就被安排在同济大学完成。该项目由张建龙和岑伟老师负责，俞泳、赵巍岩、田维佳、李彦伯和王珂等老师共同参与，采取全英语授课。在教学过程中，国际学生和中国学生相互影响和促进，不同文化之间有碰撞更有耦合；同时，也极大地锻炼了和提升教师素质，加强了师资队伍建设。

五、多元师资的融合

多元融合的教学，离不开多样共生的师资。从历史上看，同济大学建筑基础教学的多样性最早可追溯到 1952 年建系初期，当时是属于不同师资迥异的教育背景所带来的观念以及教学方法上的自然差异；而此后的 1986~2008 年，余敏飞（郑孝正）和莫天伟（张建龙）老师分别（先后）领衔的两个基础教研团队，则借助多元的师资优势，展开了主动的教学探索。

2008 年以来，以张建龙为责任教授的同济大学建筑设计基础教学团队，统合了 18 人的设计专业基础教学和 18 人的美术基础教学两个分团队。美术基础团队的教师，特别是阴佳和于幸泽两位老师的艺术拓展教学实践，为同济大学设计基础教学的丰富多元性做出了积极的贡献。设计专业基础教学团队教师的学术及教育背景也更趋多样化，有的具备海外学历背景，有的来自国内兄弟建筑院校；有的深耕本土传统建筑，有的沉醉当代建构教学；有的潜心理论研究，有的在建筑创作领域成绩斐然。在保证基本教学目标和教学体系的前提下，团队鼓励教师对具体课程基于自身学术背景，进行各具特色的教学组织设计和教学方法实验。这种对差异化的主动寻求，使得各种观念和教学方法在互动与互相审视的过程中，得以不断完善与发展，由此形成了一个包容、开放、多元的建筑基础教育环境。

在基础教学团队之外，学院的院士和责任教授们也积极参与基础教学以及建筑设计概论中的系列讲座；丰富了学生在设计领域的前沿知识；而建筑历史团队和技术团队的部分教师也长期参与基础教学，多元学科教师的加入，激发了学生在相关研究方向的敏感性。与此同时，我们通过院际合作、校际合作和社会合作邀请的多方向教授和专家学者、资深艺人，引领学生进入精彩纷呈的不同领域，而每年引进的国外建筑院校教授，更为学生打开了一扇通往世界的窗户。所有这些，都使得同济大学的建筑基础教学建立在了一个更为广阔而深厚的平台之上。

六、未来展望

对于同济大学的设计基础教学，一个新的时代正在悄然来临。

基于国家战略发展新需求、国际竞争新形势和立德树人新要求，我国提出了"新工科"建设的工程教育改革方向，其主要途径就是继承与创新、交叉与融合、协调与共享[12]。在此背景下，同济大学启动了新一轮本科生培养方案修订。在新的培养计划指导下，设计基础教学也必然将迎来新的挑战与机会。

同济大学的建筑基础教学活动从 1952 年建系开始，就以多元融合为其鲜明特征，而当下的基础教学活动，更是秉承这一理念，不断努力地营造着开放、敏锐和富有活力的多元环境。我们有充分的理由相信这一线索伏脉千里的渊源沿承和薪火相传。

注释：

[1] 吴妍娇．上海纽约大学校长俞立中：教育的长远之计在这三个词 [Z]．外滩教育．2016-10-17.

[2] 赵巍岩．同济建筑设计基础教学的创新与拓展 [J]．时代建筑．2012 (3)：54-57.

[3] 伍江．"兼容并蓄，博采众长；锐意创新，开拓进取——简论同济建筑之路" [J]．时代建筑．2004 (6)．

[4] 该活动在 2007 年时是同济大学设计基础教学的一个实践课程，自 2012 年起成为由全国高等学校建筑学专业指导委员会主办、同济大学建筑与城市规划学院承办的全国性实验邀请赛，2015 年在上海风语筑展示股份有限公司李晖校友的赞助下，成为国际性竞赛。

[5] 华霞虹．启发＋思考＋辩论三位一体——专业基础阶段"设计导读"教学初探 // 全国高等学校建筑学学科专业指导委员会、福州大学主编．2012 全国建筑教育学术研讨会论文集 [C]．中国建筑工业出版社，2012：503-506.

[6]（英）布赖恩·劳森 著．设计思维——建筑设计过程解析（原书第三版）[M]．范文兵 范文莉 译．北京：知识产权出版社，中国水利水电出版社，2007：24-37.
[7] 张建龙，徐甘．基于日常生活感知的建筑设计基础教学 [J]．时代建筑．2017（3）：34-40.
[8] 于幸泽．建筑造型基础教学研究 [D]．中央美术学院，2013：385.
[9] 赵巍岩，田唯佳，阴佳．画境之外：同济福美海外艺术实践 [M]．上海人民美术出版社，2017：31.
[10] 赵巍岩．同济建筑设计基础教学的创新与拓展 [J]．时代建筑．2012（3）：54-57.
[11] 2015~2017 年，赵巍岩、张雪伟和俞泳老师先后赴美国夏威夷大学实施整个学期的教学实践；张建龙老师在威尼斯建筑大学开设建筑设计课程。
[12] 钟登华．新工科建设的内涵与行动 [J]．高等工程教育研究．2017（3）：1-6.

图片来源：

表 1：作者自绘
图 1：张建龙摄
图 2：王伯伟摄
图 3 ~图 5：作者自摄
图 6、图 7：阴佳供稿

作者：徐甘，同济大学建筑与城市规划学院、同济大学建筑规划景观实验教学示范中心　副教授；
张建龙（通讯作者），同济大学建筑与城市规划学院、同济大学建筑规划景观实验教学示范中心　教授

本科阶段专题建筑设计的课程特色和教学组织

谢振宇　汪浩

Course Features and Teaching Organization of the *Architectural Design of Special Topics* of the Undergraduate Education

■摘要：专题建筑设计是同济大学建筑学本科阶段教学中备受关注、持续探索且充满活力的重要课程设计教学板块。文章着重从课程特色和教学组织两个方面，介绍课程自主性、多样化、专门化的教学定位，突出研究专长的师资配置和课程选题，注重实际操作的课程组织和选课方式，以及全过程的教学辅助和教学成效把控；并结合长期的课程组织实践，探讨了专题课程设计的未来趋势和导向。
■关键词：课程设计　专题建筑设计　课程特色　教学组织　成效把控
Abstract：The course, *Architectural Design of Special topics*, is an important module of architecture curriculum system for undergraduate teaching in Tongji University, which has received significant attention, needs continuously exploration and is always full of vitality. By focusing on the course features and teaching organization, this paper illustrates the autonomy, diversification and specialization of teaching orientation, highlights the research specialty of teaching resources allocation and topic selection. It also pays attention to the operational practice of course organization and selection approach, with teaching assistance and effectiveness control during the whole teaching process. Furthermore, it discusses the future trends and orientation of the course combining with long-term implementation of the course organization.
Key words：Design Curriculum；Architectural Design of Special Topics；Course Features；Teaching Organization；Effectiveness Control

一、强调自主性、多样化、专门化的教学定位

同济大学在建筑学专业教学的长期研究、探索和实践中，一直以来其本科阶段设计类课程的阶段性目标清晰而坚实，四年级第二学期的专题建筑设计是其中非常富有特色和活力

的课程设计教学板块之一。从教学目标、教学组织方式、师资配置、课题类型等方面都充分反映了课程其导向明确、选题自主、类型多样、训练专项的教学定位和特色。

以能力培养为目标，课程体系将五年的学习过程分为：一年级的启蒙与初步，两年级建筑设计入门，三、四年级的深化与分化，以及五年级的综合训练共四个阶段。专题建筑设计板块设置在深化与分化阶段的四年级第二学期（表 1），更为明确地说，就是分化阶段的课程设计；虽然在课程建设的过程中其名称各有差异，如自选题设计、建筑设计专门化等，都是建立在完成深化阶段以学习设计方法和解决设计问题为主线的 6 个课程设计基础上，配合学生能力培养拓展分化的可自选课程。同时，相比较全年级统一命题和组织的课程设计，由任课老师根据专业研究方向各自组织的课程：选题数量多，通常全年级同步进行有十余项选题；类型多样，如体育建筑、交通建筑、观演建筑、集群建筑、领馆建筑、医疗建筑、创意建筑等各种建筑类型；知识学习和设计技术与方法上专门化特点明显，如室内设计、生态节能技术、数字化方法、环境行为、建筑更新、装配化技术等。另外，每个学期的选课内容由于师资调配、学生数、课程建设阶段的不同，具体的选题变数较大，进一步呈现了课程的多样化和因需择学的分化和专门化程度。如果把前置的 6 个课程设计理解为教学中的“规定动作”，那么分化阶段的课程就是教学中的“自选动作”，其蕴含的价值显而易见，它为激发学生的学习主动性，发展学生各自的兴趣潜力与选择日后的专业研究方向创造条件。

高年级课程设计布局

表 1

阶段	年级		课程设计名称	教学关键点	参考选题	组织方式
深化与分化	三年级	上	建筑与人文环境	城市环境、功能、流线、形式、空间	民俗博物馆	年级统一选题集体指导
			建筑与自然环境	自然地形、功能、流线、形式、空间	山地体育俱乐部	
		下	建筑群体设计	空间整合、城市关系、空间组织、调研	召开商业综合体、集合性教学设施	
			高层建筑设计	城市景观、结构、设备、规范、防灾	高层旅馆、高层办公	
	四年级	上	住区规划设计	修建性详规、居住建筑、规范	城市住区	
			城市设计	城市空间、城市景观、城市交通、城市开发的基本概念与方法	城市设计	
		下	专题建筑设计（1）	各专题类型建筑设计原理与方法的拓展与深化	环境行为、交通、体育、数字方法、建筑节能、集群、观演、室内环境等	指导教师自主选题、学生选报、按选题小组组织教学
			专题建筑设计（2）			
综合提升	五年级	上	设计院实习	社会适应性、职业认知		
		下	毕业设计	综合设计能力		

二、突出研究专长的师资配置和课程选题

在课程设计中，能长期给学生提供多样化专门化的课程选题，完全依托于学院深厚的学术积淀和学科研究方向的优势，其中学有专长、科教相长的师资是课程持续具备吸引力和影响力的重要保障；同时，学院开放的办学教学理念不断吸引着业界有专业影响力的学者以模块教席的方式参加自选题教学。教师们结合自己的研究领域、设计实践积累、对学科发展的敏锐，通过具体的课程选题，以擅长的方式和研究的导向向学生传授知识、方法和价值观，已成为专题建筑设计的主要特色。

专题建筑设计一般以上、下半学期各 8.5 周作为教学单元，其中 8.5 周的作为短题，17 周的作为长题，课程的长短由教师决定。对学生而言，可在上、下学期中各选一个 8.5 周的短题或只选一个 17 周的长题。按学生人数、基本师生比、长短题的不同组合，每个学期通常有 12~18 位教师参加自选题的教学，可选题目 9~15 个不等。从近五年专题建筑设计的课程信息上可以发现（表 2），有些选题出现的频率较高，如体育建筑、交通建筑、室内设计、数字设计、装配式公共建筑节能设计、环境行为方法、热力学建筑等，形成相对稳定的专题课程题库，反映了各位课程主持教师在其研究领域的长期坚守，在同样的选题上，通过不同的设计任务，向学生传授其在研究专项的积累和探索；有些课程选题名称相同和相似，而主持的教师各不相同，体现了同样研究领域里教师的不同专长，如袁烽、郭安筑、龚华、石永良等老师都独立主持过数字设计方法课程；有些老师在不同的学期，开设不同研究方向或类型的选题，如李振宇老师的领馆建筑、相亲建筑、共享建筑等类型学探索；袁烽老师在观演建筑、数字设计方法、数字建造等方向的研究拓展；包括“千人计划”张永和主持的自选题在不同学期呈现新城市主义、基础设施等不同话题。此外，校外师资的开拓已成为自选题中较为瞩目课程建设方向，如柯卫等人的参与给自选题注入新的活力和吸引力。

近五年专题课程设计选题与任课教师

表 2

学 年	课程选题与任课教师														
2013～2014	课程选题	环境行为方法	体育建筑	交通建筑	观演建筑	集群建筑	数字方法	装配式住宅（1）	装配式住宅（2）				公共建筑节能设计	动物馆建筑	
	课　时	8.5 周	8.5 周	8.5 周	8.5 周	8.5 周	3.5 周	8.5 周	8.5 周				17 周	17 周	
	指导教师	李　斌 李　华	钱　锋 徐洪涛	魏　崴 徐洪涛	袁　锋 周友超	王伯伟 江　浩	石永良 龚　华	孟　刚 胡向磊	孟　刚 杨　峰				陈　镌 赵　群	林大钧	
2014～2015	课程选题	环境行为方法	体育建筑	交通建筑	观演建筑	集群建筑	社区综合体	数字设计方法（2）	领馆建筑	室内设计（1）、（2）	热力学建筑原型	数字设计方法（1）	公共建筑节能设计	社区城市建筑学	创意建筑
	课　时	8.5 周	8.5 周	8.5 周	8.5 周	8.5 周	8.5 周	8.5 周	8.5 周	8.5 周 +8.5 周	8.5 周	8.5 周	17 周	17 周	17 周
	指导教师	李　斌 李　华	钱　锋 徐洪涛	徐洪涛	袁　锋 周友超	王伯伟 江　浩	徐磊青	龚　华	李振宇	阮　忠 冯　宏	李麟学	袁　烽	陈　镌 金　倩	张永和 谭　峥	曹庆三
2015～2016	课程选题	环境行为方法（1）	体育建筑	交通建筑	环境行为方法（2）	集群建筑	数字设计方法（3）	数字设计方法（2）	相亲博物馆	室内设计（1）、（2）	热力学、建筑	数字设计方法（1）	公共建筑节能设计	Chinese New Urbanism	
	课　时	8.5 周	8.5 周	8.5 周	8.5 周	8.5 周	8.5 周	8.5 周	8.5 周	8.5 周 +8.5 周	17 周	17 周	17 周	17 周	
	指导教师	李　斌 李　华	钱　锋 徐洪涛	魏　崴 徐洪涛	徐磊青	王伯伟 江　浩	郭安筑	龚　华	李振宇	阮　忠	李麟学 周渐佳	袁　烽	陈　镌 赵　群	张永和 谭　峥	
2016～2017	课程选题		体育建筑	交通建筑						室内设计（1）、（2）	热力学建筑	数字设计与建造	社区更新场所营造	Chinese New Urbanism	活动中心设计
	课　时		8.5 周	8.5 周						8.5 周 +8.5 周	17 周	17 周	17 周	17 周	17 周
	指导教师		钱　锋 徐洪涛	魏　崴 徐洪涛						阮　忠	李麟学	袁　烽	姚　栋	张永和 谭　峥	柯　卫 汪　浩
2017～2018	课程选题	环境行为方法		交通建筑				城市设计（步行街区）	共享建筑	室内设计（1）、（2）	热力学建筑	数字设计与建造	社区更新场所营造	New Mall City	文化活动中心
	课　时	8.5 周		8.5 周				8.5 周	8.5 周	8.5 周 +8.5 周	17 周	17 周	17 周	17 周	17 周
	指导教师	李　斌 李　华		魏　崴 徐洪涛				孙彤宇	李振宇	阮　忠	李麟学	袁　烽	姚　栋	Max Kuo	胡　滨

三、注重实际操作的课程组织和选课方式

专题建筑设计成为年级规模组织的常态性教学，其组织方式与统一命题、集体推进的全年级规定性选题大不一样。难以预判的选课结果，不以班级为单位的独立小组授课形式等，都将成为课程前期统筹性组织工作的难度和挑战。具体组织工作通常包括确认师资和选题、组织选题宣讲、协调选课结果以及配置教学空间；同时，选课过程更是一项技巧性的工作，无论是人工选和电脑选，都是在不断的探索中加以完善。

每学年的专题课程数量和开课教师有许多不确定因素，是课程准备前期必须面对和确认的。其一是选课人数，参加专题建筑设计的都是五年学制的四年级下学期阶段学生，他们是在完成四年级第一学期学业后分化形成的；有些学生已分流到四年学制的毕业设计，有些学生参加海外的课程交流计划，也有直至开学后才能注册确认的外来交流等；其二是开课教师，不少教师长期参加专题教学，是课程能长久运作的关键，但部分老师的选择性参与，包括外部师资的灵活性加盟，都需要协调与反复确认；其三是课程长短，开课教师对课程内容和长短题型拥有自主权，半学期选题还是全学期选题，也是课程组织需要考虑的。组织集中宣讲是师资和选题确定后重要的课程推介环节，通常教师们都会向学生们介绍课程的背景、任务、计划和要求，类似招募的演讲，总是激情洋溢、招数各显，对激发学生的学习热情和兴趣的作用显著。

坦诚地说，专题建筑设计在学生选题环节上并不彻底，有其相对性。既要保证学生有课上，又要顾及教师被选上，是课程组织中难以突破的顾虑。具体选题中的人数设限、人工填报中的多志愿统筹都是权宜之计，即使是电脑选，其公平性也是难抵抢刷的速度，而老师自主选学生的可能性也被谨慎地降低。这正是我们在课程组织中经常纠结而又稳妥化解的常态，虽然总是获得较好的选课满意度，但一直在寻求更完善的方法。

四、全过程的教学辅助和教学成效把控

虽然专题建筑设计的教学过程由开课教师具体负责，教学内容、教学进度、作业指示书和成果要求等由教师按照学生的前置课程的情况独立制定；但在教学质量、教学秩序和课程建设方面，一直以来在系或年级层面有完善的引导、辅助、把控机制。除了选题组织，教学中的交流评图、独立评分和集体平衡是重要的把控环节，对新开或外来师资执教的课程，采用全过程的助教协助，并且通过教案交流、参评，学生作业选优乃至后续选题的取舍等方面促进课程建设和成效提升。

从近五年来的自选题信息中不难发现，多样化课程选题中出现的高频度和基本选题，体现的是对建筑类型研究的引导，如体育建筑、交通建筑、观演建筑等；体现的是对环境的关注，如生态节能技术、装配化节能技术；体现的是对设计方法的重视，如数字化方法、环境行为等；体现的是对专业研究方向的分化，如各类室内设计选题。教学系主任、高年级课程教学主管和秘书作为课程目标落实的执行小组，通过基本选题引导和探索性选题的实验，在其课程常态化、多样化的基础上注入了活力和生机。在教学秩序的把控方面，对同时进行的十余个自选题教学组，独立且空间分散的授课状态，比较有效的方法是加强交流评图，一般在中期和课题结束集中组织公开评图，既促进交流又能掌握节点成果和改进教学状态，并且在评分结果上采用了年级平衡和修正办法，统筹评分标准和比例，减少开课老师在打分过程中感性因素。

更重要而积极的成效提升办法是，以教案建设为抓手加强教学研究。在 2015 年底建筑系编著出版的《同济建筑设计教案》，三、四年级收录的 15 份课程教案中，除 5 份规定性选题集体教案，超过半数的是专题建筑设计教案；同时，积极鼓励和推选专题课程参加全国高等学校建筑学科专业指导委员会组织的建筑设计教案和优秀评选，已有多个选题获评优秀教案和优秀学生作业。

五、专题建筑设计课程的未来趋势和导向

我们在设置课程的过程中总是希望更系统、完整地把知识点、问题、方法等传授和灌输给学生，以至于规定性的设计课程在有限的设计课时中一直占有较大的权重。然而这种高强度、快节奏的课程设计训练所需要的持续投入和激情并没有如愿出现，学生连思考的时间都没了，哪来学习的自主性？如何提高学生自主学习的能动性，已成为现阶段教学研究中备受关注的问题。而专题建筑设计课程可能更能适应未来建筑学专业学科发展和知识体系更新的需求，并在以后的课程设置中进一步得到拓展和加强。

近期学校正在启动和落实 2018 年的本科培养方案的修订，关键的调整内容是减少必修课的学分和课时，让学生有更多的自主支配时间挖掘和发展各类潜质和创新能力。建筑学专业的设计课程是其中学分和课时收缩的主要板块之一，按课时调整的目标，通常是由设计和原理组成的设计课程系列的学分和对应的学时将减少 1/4。这项工作不是简单地减掉几个课程设计可以应对的，需要对专业课程体系作谨慎的构建，对原先的设计课程作重新的定位和配置，并需要一段时间的探索和实践。目前基本确定的调整思路是，从二

广谱城市的新邻里单元（研究型设计）

THE NEW NEIGHBORHOOD UNIT IN THE GENERIC CITY

中国社区城市建筑学系列一　　The New Urbanism in the Chinese Context I

建筑设计课程总体框图

	学习阶段	专题设置	教学重点	选题内容
一年级	建筑设计基础	基础训练	构成性分项训练	设计构成、环境认知、建筑表达、建造实验等
二年级		设计入门	生成性综合设	社区茶室、假日花市、幼儿园、大学生活动中心等
三年级	建筑设计	公共建筑设计	功能与流线	社区图书馆、社区文化馆
		建筑与人文环境	形式与空间	民俗博物馆、展览馆
		建筑与自然环境	场地、形态与构建	山地俱乐部
		建筑群体设计	空间秩序与环境整合	商业综合体、教学集合建筑
四年级		高层建筑设计	城市景观、结构、设备与防灾及技术规范	高层酒店、高层办公楼
		住区规划设计	修建性详规与居住建筑及技术规范	城市住区规划
		建筑设计专门化	研究性和实践性设计的拓展与深化	观演建筑、医疗设施与交通建筑等
五年级	毕业实践	工程实践	施工图实习与社会适应力	设计院
		毕业设计	综合设计能力	教学团队

广谱城市的新邻里单元（研究型设计）

年级：四年级下学期　学制：五年　时间：17周（2015年3月3日——2015年6月26日）　学生人数：6人　上课时间：周一（8：00-11：40）；周四（13：30-17：00）

教案的目标定位

同济大学的本科生教学目标是培养职业素质与创新精神兼具的复合型人才。随着同济大学建筑系的国际协作与交流不断深入，高年级本科生能够极大的接触国际上各种纷繁复杂的建筑思潮与多样的设计方法。在这一背景下，四年级专题设计课（五年制四年级下）的设立目标是通过小班化的专题训练，培养高年级本科生形成独立的建筑观与适合自身的设计方法。

四年级专题设计的师生比达到1:3，教师将能够对学生进行从理论到实践的全方位指导。

"社区城市建筑学"是建立在新都市主义（the New Urbanism）方法体系上的研究型课程设计专题。它贴近最迫切的中国当代城市问题，围绕"中国的当代城市性"这一主题，训练学生在复杂社会与经济条件的背景下提出合理的城市空间设计导则的能力。它兼顾城市设计与建筑学两部分学科内容，试图在学科建设的层面重新定义并厘清城市设计的方法、内容与目标。

研究与设计的结合

研究型设计已经是国际一流建筑学院校的主流授课模式。建筑设计教学越来越多的为可以普遍化、理论化的设计研究服务。作为研究型设计课程，"社区城市建筑学"专题课的成果不是一个传统的限定基地的设计方案，而是一整套城市设计导则与空间准则（urban design guideline and spatial code）。在教学中会穿插有文本关键词研究、信息化图解、案例研究、讨论会与研究报告等研究类课程的教学形式。

双语教学

本课程采用中英双语教学：采用原版参考资料与文献；作业以英文表达为主结合部分中文翻译；邀请外籍专家参与评图指导；学生使用中英双语汇报作业。

本教案的立场

从公共利益与人本主义（humanist）理想出发，反思大资本介入下的投机性的社区营建，提倡一定范围内的步行生活与多样的社区功能混合，反对支持公共交通系统与城市的进一步融合，构建当代中国的新邻里单位。

本教案的背景

1. 历史背景

自1988年中国制度改革后，中国的社区空间发生了巨大的变化。近三十年的中国高速城市化在都会区的近郊形成了库哈斯所谓的"广谱城市"（Generic City）地带。中国的"广谱城市"以巨大的板式与塔式塔楼群为特征，摒弃了窄街密巷为代表的邻里空间，代之以快速干道、类型化住宅、门禁式社区与购物中心为元素的"现代"城市意象。然而，在无差别的外表下，每个广谱城市社区其实有各自的形成机制，肌理与空间，需要我们以一种积极介入（urban intervention）的态度来加以进一步研究。

2. 学科背景

"都市主义"（Urbanism）是西方建成环境研究中一个独立的领域。以卡尔索普与杜安尼为代表人物的"新都市主义"就是近二十年发展起来的颇具影响力的城市研究流派。张永和老师认为，"都市主义"应该翻译为"城市建筑学"。它是一门以形态学、类型学、现象学与社会学为基础，研究"都市性"（urbanity）的空间与形式条件的学科。作为一门"研究+设计"的专题设计课程，本课题确定以城市建筑学的方法、立场与态度为基础，以案例研究、自选址设计与设计导则编制为分项任务，提出修复邻里空间、重构社区的空间营建指导原则与范例。

教案的训练目标

1）方法论——理解社区城市建筑学暨新城市主义的基本概念及操作方法。

新城市主义不仅是一种针对当代城市现象的理论，而且有整套的可操作的方法，这包括图解分析方法，社区调查方法，公交发展区分析法，邻里单位分析法，设计导则编制方法，渐进式空间策划等等各种方法。学生应该选择性的采用这些方法，并在特定的基地条件下创造性的运用方法。

2）知识与修养——具备基本的城市设计的学科知识。

掌握城市设计的基本假设，问题与研究对象。理解从城市美化运动与花园城市运动，到现代主义城市理想，再到城市更新运动，最后到当代的新城市主义运动的历史演变。理解"城市设计"这一概念在战后的西方发生发展的背景条件，以及"城市设计"与广义的"环境设计"之间的关系。

3）跨文化视野——熟悉中美邻里规划及设计的差异。

本课程要求学生逐渐培养跨文化的看待问题方法。"花园城市"和"邻里单位"原则是在西方工业化摧毁了传统的城市肌理的背景下提出的。"新城市主义"是为了解决西方的二战以后的郊区化问题而提出的。要理解它们必须要熟悉20世纪的西方城市空间危机的本质，即不断理性化的城市空间与公共空间的丧失之间的矛盾。本课程要求学生辨析这些西方城市设计理论的普适性与局限性，同时理解中国独特的城市现象的产生背景。

4）技能——能够独立进行以邻里规模的城市设计与形态导则的制定。

四年级专题设计是同济五年制本科生在设计院实习与毕业设计之前的最后一次系统的课程设计训练。所以，本教案包括两方面的训练纲领——实践技能与独立思考。固然本教案的较高纲领是训练学生的独立思考能力，但是具体的实践技能训练也是训练重点，这包括学生的分析设计问题的能力，社会调查的能力，图解化基地条件与设计任务的能力，表达设计意图的能力，空间策划与推理的能力等等。

5）批判性——建立基于公共利益的，批判性的设计观。

批判性训练包括两个方面：一是从公共价值与人本主义态度出发，对中国当代城市的弊病与问题进行反思，比如环境问题，社区隔离问题，交通问题，生活方式问题等。二是对已有的知识与概念进行反思，尤其是对近年来不断出现在开发商与规划文件中的华丽的概念堆积进行批判。

6）协作与交流——能够独立的用中英文进行方案介绍，研究汇报与设计策略交流。

城市设计任务是团队合作的结果，学生应当在这一过程中学习协作设计的技能，在任务初始建立合作的标准与原则，平衡集体目标与个人兴趣，并在整体的设计与研究推进过程中做出个人的贡献。交流不仅应该作为一种能力加以培养，而且应该作为建筑设计训练的的内在构成部分，即设计本身就应该是用于思想的交流与传达的。这包括语言表达，设计表达，设计意图传达，思想交流与公共演讲等多方法的能力。

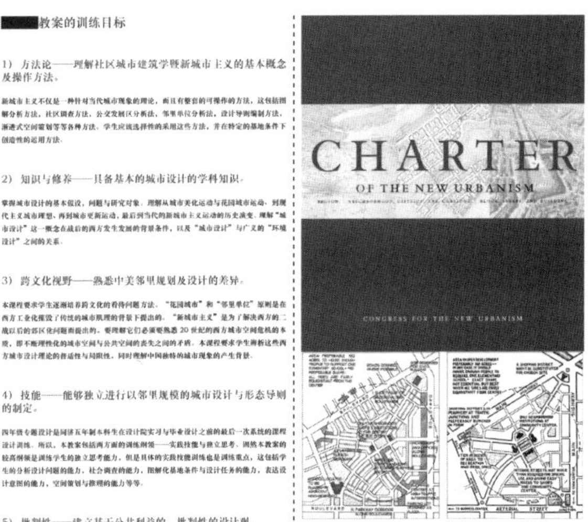

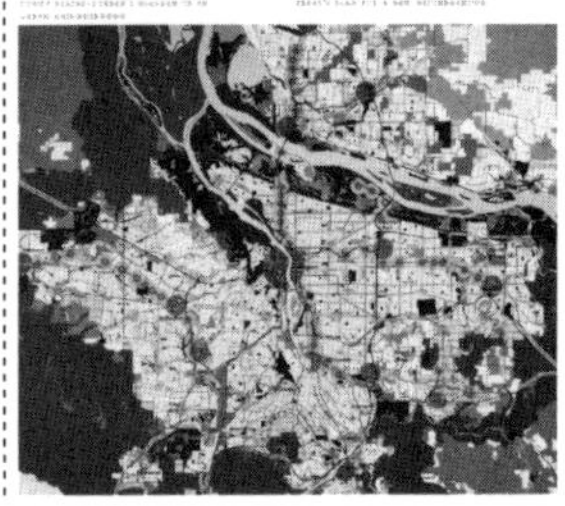

同济大学建筑学四年级（五年制）专题设计 1

广谱城市的新邻里单元（研究型设计）

THE NEW NEIGHBORHOOD UNIT IN THE GENERIC CITY

中国社区城市建筑学系列一　　The New Urbanism in the Chinese Context I

教学要求

作为一个研究与设计结合的专题设计，本课程设计由专题研究、案例研究与自选址城市设计三方面内容构成。最后这三项练习会整合成一个完整的研究报告而非方案设计。六位学生在专题研究与案例研究中独立完成研究任务，但在自选址城市设计中将会组成两个小组，分别对选择的一个典型社区进行基地调查并发展出城市设计导则。

场地设置

本教案采用自选址方法，本次课程的选址分别为"古北新城"与"张江科技园居住社区"。分别约占据三个邻里单位规模，在基地区位、空间特征与建筑类型上都有一定的可比性。

分项任务

1）文献阅读与关键词研究：

专题研究包括两个部分——文献阅读与关键词研究。此分项任务主要放在第1-3周，首先学生需通读新城市主义（社区城市建筑学）的经典文献并作简要的讨论会，并在此基础上要求每个学生在六组关于城市建筑学的关键词中选择一组作为研究对象进行文献阅读与知识梳理，关键词的概念将贯彻在每个学生的案例研究与设计任务中。学生可以在课程训练中对关键词进行修正。

本次教案中预先设定的6组关键词：

社区中心与公共空间（Town Center/Public Space），

邻里与多样性（Neighborhood Unit/Community），

街墙与进入方式（Street Wall/Entry Space），

步行范围与可达性（Ped Shed/Accessibility），

公交都市（TOD/Transit City）

城市肌理与类型学（Urban Fabric/Typology）。

2）案例研究：

第二周开始第一次案例研究

要求学生在初步的文献阅读基础上，选择中外知名城市设计案例进行研究，主要采用非实证研究式的间接数据的案例研究。学生此时对研究方法还不是很熟悉，研究深度较浅

第十五周第二次（补充）案例研究

要求学生在自选址城市设计的基础上，再次选择能够进行体验性研究（empirical study）的社区案例进行研究。此时学生已经掌握了场地分析，信息图解，城市演变断面样带，空间策划等方法，能够在更深的基础上进行案例研究。研究的目的是为了对自选址设计操练的成果进行普遍化（generalization），以提升到城市设计导则与空间准则的程度。

3）自选址设计：

设计任务：在对选定案例范围（大约一平方英里）的社区进行评估与研究的基础上，

1）选择约800X800米的neighborhood unit进行基于社区城市建筑学原则的改造，分析现存环境的基本矛盾，提出改造意见，包括路网、相应的组团分布，公共空间，社区娱乐体育设施，绿地系统，人行系统，公共交通，建筑体量，住宅部分的基本日照满足，户型的基本设计，进入方式，组团内公共部分空间设计指导等。

2）根据现有的轨道交通体系，对轨道交通周边400米步行距离半径内进行符合TOD原则的改造，包括社区型商业中心的策划，文化娱乐体育设施，路网改造，立体交通改造，绿地系统，人行系统，公交接驳等。

3）所选择的基地范围1（邻里单位）与范围2（TOD）的空间关系应该予以考虑。

课程安排

教学目标	本课程采用设计＋研究的教学与训练方式（Research+Design）。其最终成果不是针对一个特定基地的设计方案，而是一个设计导则或手册（Design Guideline or Manual）。
第一周：新城市主义综述	1）开场讲座：城市主义、新城市主义与城市建筑学；2）制图与研究规则议定，熟悉英制度量，文件标准；3）新城市主义案例分析分组；4）参考文献阅读：《新城市主义宪章》。
第二周：案例研究＋概念分析	1）参考文献阅读及问答；2）案例研究初步汇报；3）关键词研究：Neighborhood, Townscape, Suburbanization, Public Space, TND, TOD, Transect, Density, Ped-shed, HUD, Urban Infill）。
第三周：案例研究＋概念分析	1）关键词研究及汇报；2）本地案例选取及分配；3）"中国语境"之辨析：密度、人口、文化、居住形态、社区形态、区划法、行为偏好等等。
第四周：案例研究＋概念分析	1）案例及概念研究小结；2）自选址设计基地选择；3）自选址设计任务分配。
第五周：社区设计操作训练	1）基地选取 古北新城（伊犁路站）与张江核心居住区（广兰路站）；2）完成各自的基地范围选择与主要任务与预期目标设定。
第六周：社区设计操作训练	1）各组完成基地调查与社会调查；2）绘制信息图解，初步基地分析汇报。
第七周：社区设计操作训练	1）在完成基地分析的基础上进行城市设计策划（programming）；2）提出现状下的关键问题并进行空间改造的策划。
第八周：社区设计操作训练	1）提出空间改造的策略；2）完成针对该基地的城市设计导则与空间准则。
第九周：中期汇报	中期评图及讨论会。
第十周：文献阅读周	阅读罗西与克里尔的建筑类型学；精明增长准则；空间断面样带方法等。
第十一周：社区设计深化	1）根据中期汇报的反馈重新进行基地研究；2）更深入的基地调查与数据分析。
第十二周：社区设计深化	1）评估中期汇报方案的可行性。；2）空间策略调整，缩小空间干预范围。
第十三周：社区设计深化	形成第二轮自选址设计的导则。
社区设计深化	新城市主义专家，耶鲁大学教授Alan Plattus教授评图
第十五周：城市设计导则报告	补充案例研究（大学生活区、高科技园区、郊区新城区、古镇风貌协调区、国际社区、内城高密度更新区）
第十六周：城市设计导则报告	Urban Code形成形式导则图解与个人研究报告策划。
第十七周：城市设计导则报告	个人研究报告形成。
第十七周	最终汇报。

课程安排

同济大学建筑学四年级（五年制）专题设计 2

图1　获奖教案——城市新邻里单元

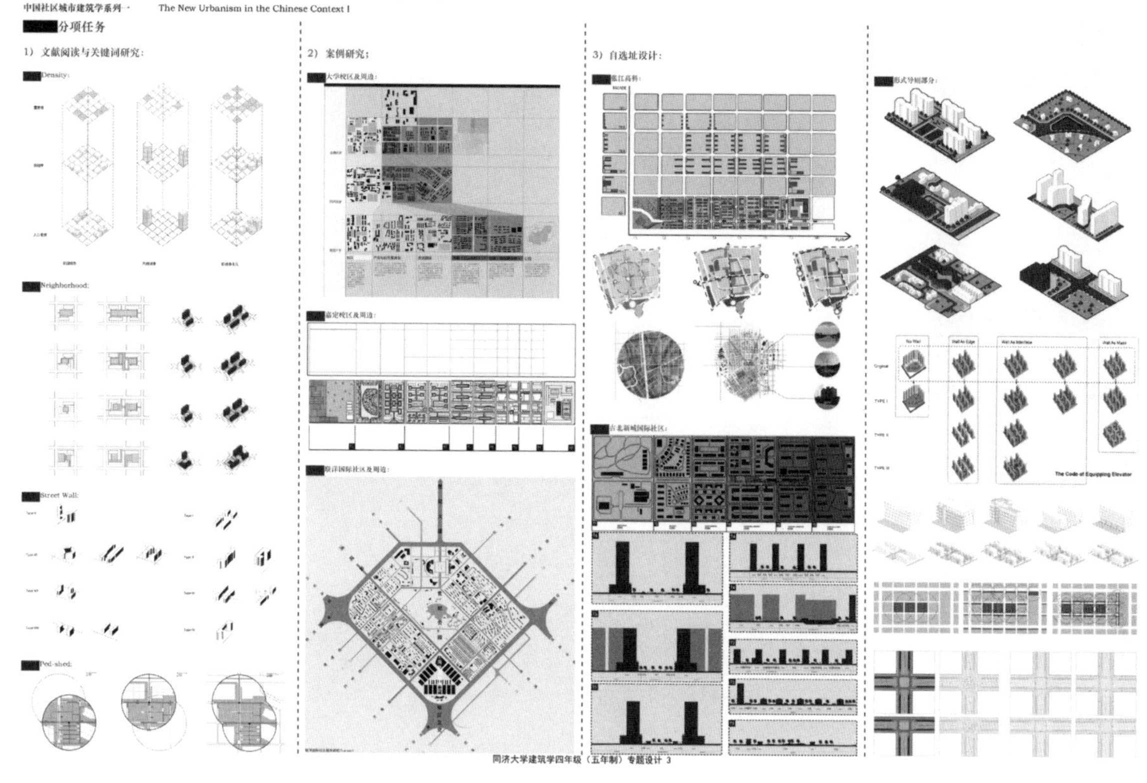

图 1　获奖教案——城市新邻里单元（续）

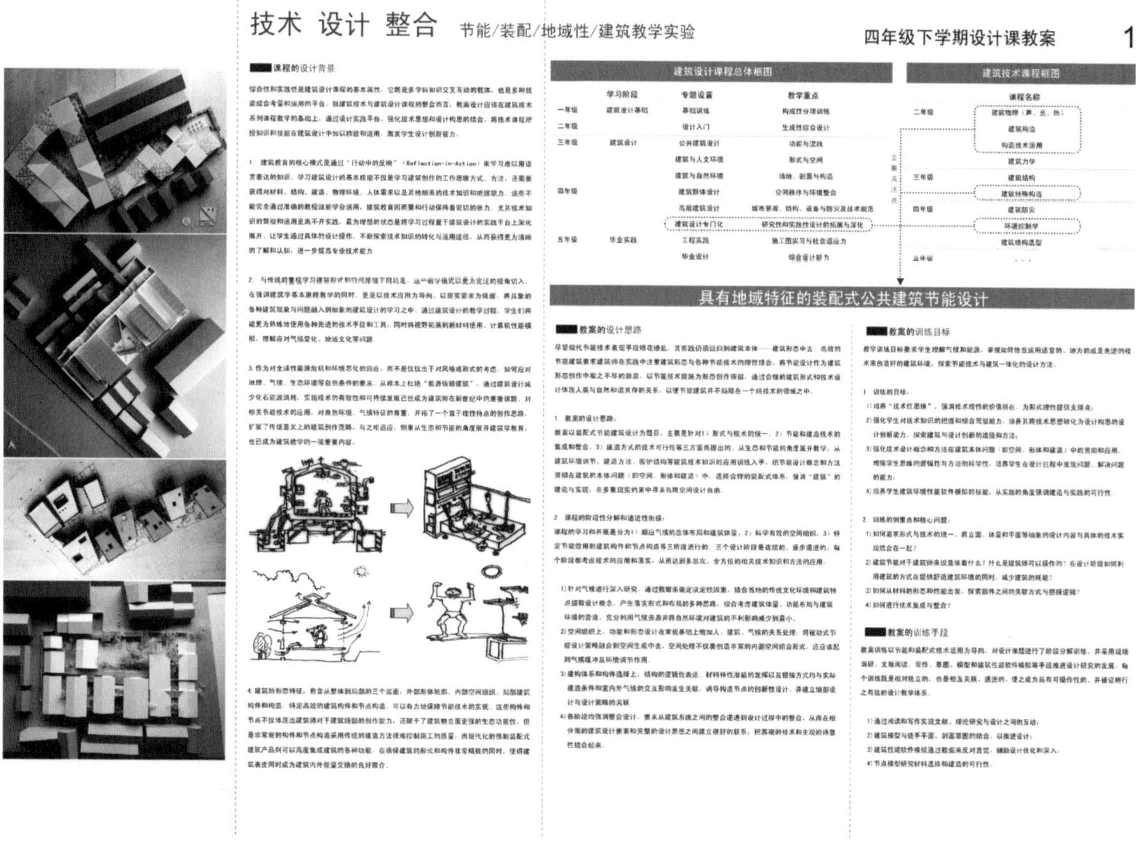

图 2　获奖教案——公共建筑节能设计

技术 设计 整合 节能/装配/地域性/建筑教学实验

四年级下学期设计课教案 2

课题设置

本课题拟在苏州平江区山塘街内建造一座2000平方米社区中心，为满足周围社区居民生活需要，提供居民生活所需的休闲、活动交流、保健卫生，以及办公、行政等场所空间。

山塘街区位于苏州古城西北部，为苏州市历史文化保护街区，内有大量风貌保存较为完好的古建筑、传统民居、水巷和街市以及多处古迹遗址。基地位于山塘街居住部分，该地段富有生活气息，同时具有江南水乡的韵味，正面临着历史名城恢复重建和可持续发展的机遇。

教学要求

教学由1）场地认知和总体布局，2）空间生成与建构，3）空间围护与界面三个阶段的训练组成，设计要求结合当地地域文化特征、建筑节能技术和装配建造技术三个方面来推进，每个阶段根据前期调研分析或已有成果确定主导控制因素，其他方面作为影响因素进行设计，借助于图解和模型演练、建筑性能软件模拟深入、优化。

教学成果要求中除常规的设计图纸和模型外，还包括：被动式节能设计概念分析图、装配式结构体系分析图、各阶段建筑光、热环境性能（Ecotect、Airpak）模拟分析图、1:20装配式节能构件构造详图（外墙墙身剖面、墙板与楼板板及柱相接节点详图、女儿墙和勒脚节点详图等），以及1:10构造节点模型1个。

教学知识点体系

- 基地周边建筑环境
- 基地所处自然环境
- 基地区域内的人群

→ 场地环境研究

- 生物气候分析方法
- 被动式节能技术
- 节能技术与建筑一体化

→ 建筑节能技术

- 装配式体系及构件
- 材料性能及构造功能性
- 构造节点可行性及美学性

→ 装配构造技术

图解及模型推演 / 建筑性能软件模拟

- 建筑体量及功能流线
- 空间概念及生成
- 结构与建构体系
- 空间围护及界面

→ 建筑设计成果

参考书目

1 诺伯特·莱希纳著. 张利等译. 建筑师技术设计指南——采暖、降温、照明. 北京：中国建筑工业出版社，2004

2 建筑设计资料集编委会. 建筑设计资料集（第二版）8. 北京：中国建筑工业出版社，1997

3 Sophia and Stefan Behling编著. 上海现代建筑设计（集团）有限公司译. 建筑与太阳能——可持续建筑的发展演变. 大连：大连理工出版社，2008

4 [瑞士]安德烈·德普拉泽斯. 任铮钺 袁海贝贝 等译. 建构建筑手册——材料 过程 结构. 大连：大连理工大学出版社，2007

5 [德] [illegible] 建筑表[illegible]设计与分析. 北京：中国建筑工业出版社，2007

6 [illegible] 建筑细部设计（第二版）. 上海：同济大学出版社，2008

7 [illegible] 建筑[illegible]构造. 上海：同济大学出版社（第二版），2008

8 G.Z.布朗, 马克·德凯. 常志刚等译. 太阳辐射·风·自然光——建筑设计策略. 北京：中国建筑工业出版社，2006

9 国家建筑设计标准图集1-14. 北京：中国建筑工业出版社

教学过程解析

第一阶段：场地认知与整体布局（4周）

设计任务及步骤：

设计以场地的环境研究开始，在现场调研和文献阅读的基础上，发现问题及设计方向；利用EcoTect和Airpak软件分析基地现有微环境状况，明确基地内风场分布和日照环境，结合传统空间、功能要求及场地特征，确定总体布局形式；利用Airpak软件进行建筑布局的风环境分析，对整体布局进行优化调整。

教授内容：

1）人、气候、建筑专题讲座；

2）建筑环境性能模拟软件系统介绍，EcoTect及Airpak软件教授；

成果要求：

1）基地调研报告：对设计基地及周边地区进行详细调研，涉及建筑状况、交通组织、水系及绿化、历史文脉和景观视线等，调查内容需包括场地分析、问题总结、调查照片和调查结论等；

2）苏州传统建筑调研报告：包括传统建筑空间模式、构筑方法及应对气候的建造经验进行总结；

3）基地原有微气候环境（Airpak）分析图若干；日照和风环境模拟分析图；

4）整体布局实体及SKETCHUP模型，日照和风环境分析图。

第二阶段：空间生成与单体建构（8周）

设计任务及步骤：

首先利用EcoTect软件的气象数据进行该地区各被动式技术的节能潜力分析，制定节能设计目标及策略；通过相关案例分析拓展设计构思和概念，结合被动式技术和各功能空间的设置要求进行空间生成，综合考虑室内外空间秩序及序列、建筑形态的表达，利用软件模拟优化开窗及洞口的设置；针对空间特点及施工条件选择装配式体系，结合立面及开窗确定板材尺寸及连接。

教授内容：

1）被动式节能技术专题讲座；

2）装配式建造技术专题讲座；

成果要求：

1）节能建筑、装配式建筑案例分析：分别针对被动式节能设计策略、节能与建筑一体化设计方法及装配式建筑体系选择和构件连接；

2）被动式节能技术节能潜力分析图、节能设计目标、策略；

3）节能技术一体化空间设计生成及优化过程解析图（各功能房间光、热环境模拟分析图）；

4）装配式体系选择及预制板材的连接解析图；

5）总平面（1:500）、平立剖面（1:100）图图及室内外空间透视或轴侧图。

第三阶段：空间围护与界面（5周）

设计任务及步骤：

在此阶段，根据相关节能设计规范，确定围护结构热工参数，结合装配式板材的设计进行墙体及屋顶构造设计（构造层次及各材料层厚度）；综合考虑外立面材质及表皮效果，进行遮阳与外表皮或窗的一体化设计，利用模拟软件分析确保遮阳构件美学与节能性能的统一；从建筑的可建造性角度出发进行重要节点深化设计，在绘制节点详图和制作分解轴侧图的基础上，制作整体建筑模型和构造节点模型。

教授内容：

1）构造与建筑设计关系专题讲座；

2）围护结构热工节能计算；

成果要求：

1）围护结构材料选择及热工计算图表；

2）遮阳构件与外墙及窗户一体化设计概念及优化过程解析图（构造搭接方式及三维尺寸调整下的室内光、热环境模拟分析图）；

3）装配式节能构件构造详图（1:20）：包括外墙墙身剖面、板与板（楼板、柱）相接节点详图女儿墙、勒脚节点详图；

4）整体建筑模型（1:100）、构造节点模型（1:10）及分解轴测图。

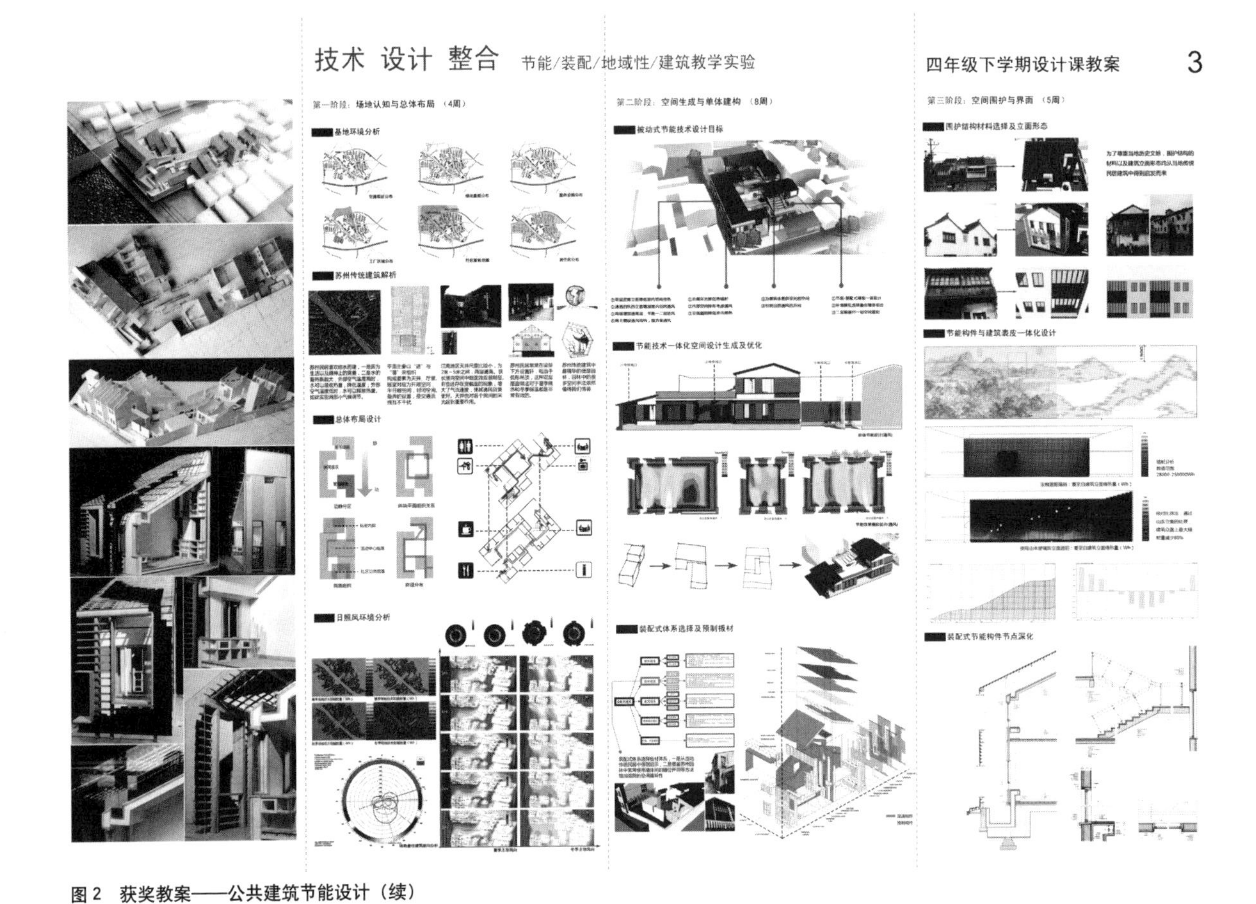

图2 获奖教案——公共建筑节能设计（续）

年级起，每学年设置一个学期长题，以年级递进、要求明确、全年级组织的规定性设计课程建立起设计教学的课程主线和知识框架；每学年的另一学期将以专题课程设计的方式组织教学，通过在部分课程中将设计辅导改一周两次为一周一次的方式，实现本科培养方案的修订目标。从这次课程布局调整中不难发现，在今后一段时期内同济建筑学专业教学中专题类建筑设计课程反而有增无减。在目前四年学制与五年制学制并存的情况下，原先只有在五年制的四年级下学期设置专题课程设计，现在无论学制，二年级起的各学年都有专题课程设计。专题课程设计权重的提高，足以说明其价值，更重要的是新的期待和挑战将引领我们持续地进行研究和实践。

参考文献：

[1] 吴长福．建立系统化、开放性的教学操作模式 // 同济大学　开拓与建构 [C]. 北京：中国建筑工业出版社，2007：148–154.

[2] 赵秀恒．建筑学专业教学体系的总纲与子纲 // 沈祖炎．挑战与突破 [C]. 上海：同济大学出版社，2000.

[3] 谢振宇．教案编制的关键是教学方法的设计——三四年级设计类课程教案编制概述 // 同济大学建筑与城市规划学院建筑系．同济建筑设计教案 [M]. 上海：同济大学出版社，2015：60–67.

[4] 石永良，钱锋．建筑设计教学的多目标教学形式与多样化课题选择 // 同济大学　开拓与建构 [C]. 北京：中国建筑工业出版社，2007：273–276.

[5] 同济大学建筑与城市规划学院．本科培养方案 [Z].2016.

图片来源：

表 1：作者自绘
表 2：作者自绘
图 1：张永和、谭峥提供
图 2：陈镌、赵群提供

作者：谢振宇，同济大学建筑与城市规划学院　院长助理，副教授，高年级教学主管；汪浩，同济大学建筑与城市规划学院　讲师，高年级教学秘书

“建筑学”与“遗产保护”的交响

——写在同济大学历史建筑保护工程专业创建15周年之际

张鹏

The Symphony of Architecture and Heritage Conservation: On the 15th Anniversary of the Architectural Conservation Program of Tongji University

■摘要：同济大学在2003年设立了我国建筑院系中首个“历史建筑保护工程专业”。专业创立迄今15载，专业培养计划历经多次修订，形成了兼顾建筑学基本素养和建筑遗产保护知识的教学体系，培养的毕业生活跃在城乡建筑遗产保护管理、设计、施工的第一线。本文回顾了同济大学“历史建筑保护工程”专业的建设历程、成就与特色，并对专业建设中的五个核心问题进行了深入分析。
■关键词：历史建筑保护工程专业 建筑学 遗产保护 职业型教育 学术型教育
Abstract: In 2003, Tongji University established the first undergraduate Architectural Conservation Program in Chinese architectural schools. In the past 15 years, the curriculum of the new program has been revised for many times, forming a teaching system that takes into account both the architectural attainments and the knowledge of architectural heritage conservation. The graduates are active in the career of conservation management, design and construction of urban and rural architectural heritage. This paper reviews the history, achievement and characteristics of the Architectural Conservation Program in Tongji University, and discusses five core issues in the development of the program.
Key words: Architectural Conservation Program; Architecture; Heritage Conservation; Professional Education; Academic Education

一、同济大学“历史建筑保护工程”专业的建设历程与成果

20世纪80年代以来，中国大量的城乡建筑遗产在快速的城市建设和更新当中消失或被改造，唤醒了整个社会对城市建筑遗产进行研究、保护的诉求和对遗产保护人才的迫切需要。因应于此，同济大学在2003年设立了我国建筑院系中第一个“历史建筑保护工程专业”（以下简称“历建专业”）。该专业创立伊始就确立的培养目标是“具有较高建筑学素养和特殊保

护技能的专家型建筑师或工程师”[1]。

专业创立迄今15载，专业培养计划历经多次修订，形成了兼顾建筑学基本素养和建筑遗产保护知识的教学体系及覆盖保护理论、技术和设计的核心课程群；2008年建设完成了国内第一个建筑院系中的历史建筑保护技术实验室；已培养了11届逾230名毕业生，活跃在国内城市建筑遗产保护管理、设计、施工的第一线，并受到了用人单位的普遍好评。同济的历史建筑保护工程专业在2010年获评为国家特色专业，专业建设在国内外也备受关注。先后应邀参加麻省理工学院主办的同济大学建筑城规学院设计成果展（2009）、米兰建筑三年展（2012）、悉尼大学主办的同济大学历史建筑保护工程大型专题展（2014）和中国建筑遗产博览会专题展（2014）、佛罗伦萨大学主办的同济大学建筑遗产保护与再生成果展（2016）；2013年举办专业建设十周年展，国家教育电视台网在首页报道了展览内容，均获得了热烈反响（图1）。

1. 专业培养目标与课程体系

根据培养计划，历史建筑保护工程专业的培养目标是“既具备建筑学专业的基本知识和技能，又系统掌握历史建筑与历史环境保护与再生的理论、方法和技术，具备历史建筑保护从业者优秀的职业素养、突出的实践能力，具有国际视野，富于创新精神的新领域的开拓者以及本专业领域的专业领导者”[2]。这一职业实践取向的专业定位也决定了课程体系是“建筑学”和“遗产保护”课程的“交响”。在四年学制中，学生既要掌握建筑学的基础理论与知识、建筑学通用技术体系和建筑设计能力，也要掌握建筑遗产保护与再生的基本理论与知识、历史建筑保护工程特殊技术体系以及建筑遗产保护与再生设计的一般程序与方法。前者与建筑学专业低年级课程设置基本一致。第二年起，一方面续修建筑学部分主干课程，一方面加入保护类专业课程。“这种‘加餐’式的培养模式，是为了确保学生的建筑学基础训练功底，并循序掌握历史建筑保护的专业理论和操作技术”[3]。课程体系可分为建筑学基础课程和专业核心课程两个部分；而专业核心课程又可分为理论、技术和设计三大类。

2. 专业核心课程

第一为历史理论类。这既包括了建筑学传统的历史理论课如“建筑史”“建筑理论与历史”“建筑评论”，还加入了保护类的历史理论课“保护概论”“文博专题”等。如果说后者是让学生具备遗产保护工作者必需的关于文化遗产体系、保护发展史、保护制度和保护理念演进等“保护”知识，前者则是能让学生从历史与地域双重维度学习判断这类特殊类型建筑保护对象年代、特征与价值的“建筑”知识。显然这对于建筑类遗产的研究与保护来说是缺一不可的。

第二为技术类。包括历史环境实录、历史建筑形制与工艺、保护技术和材料病理学等课程。建筑学传统课程中的建筑力学、建筑结构、建筑构造为学生构建了学习保护技术的必要知识储备。通过这些课程的学习，学生能够掌握历史建筑的历史研究和信息实录、建筑病害分析与保护、传统和近代建筑建造工艺等知识，具备初步的修缮技术选择、评估和设计能力。

第三为设计类。在最新的培养计划中专门的保护类设计介入的时间点是三年级第二学期，在此之前的建筑设计系列能为学生提供必要的设计能力基础。保护类设计由传统建筑保护、近现代建筑保护两个短题，和城市与建筑保护、毕业设计两个一学期的长题组成。前两个短题关注两种不同类型遗产本体的保护，第一个长题则会涵盖从城市、街区到单体建筑的保护利用的综合内容；毕业设计一般为真题，学生可根据兴趣选择不同类型的遗产保护课题（图2）。

图1　2014年悉尼大学主办的同济大学历史建筑保护工程大型专题展

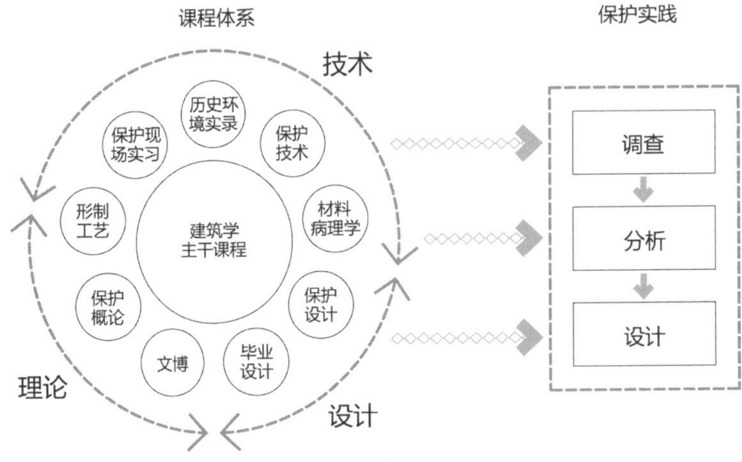

图 2 “加餐式”的课程体系及其与保护实践的关系

二、专业建设的特色

1. 遗产保护教育的国际视野

早在 19 世纪中叶，西方的一些知名大学和机构就已经开始了对于保护教育的探索。20 世纪五六十年代，欧美名校纷纷开始设立相关课程，创办保护专业，并发展出成熟且符合各国保护实际情况的教学体系。

在国内的代表性建筑院校中，同济大学是公认最具“国际化”特色的一个。而历史建筑保护工程专业的建设也延承了这一传统。在专业筹备阶段，院系组织教师对欧美有建筑保护类专业的院校的培养方案进行了全面调研，结合国内实际情况制定了与国际语境接轨并“接地气”的培养计划。专业创立后，一方面通过各种课程交流和访学计划让新专业学生和老师“走出去”，如新专业学生的美术实习和城市阅读课在欧洲历史城市展开教学，又如组织专业师生访问国外名校交流等；另一方面，通过邀请知名教授参与教学、讲座、举办联合设计等方式将海外遗产保护的知名教授“请进来”，如 2017 年邀请巴黎圣母院修缮负责人、法国夏约高等技术学院的本杰明·穆栋教授将一门夏约的课程“结构的加固”以系列讲座的形式引进到同济大学（图 3）。自 2007 年起，同济与夏约的“中法遗产保护联合设计”成功举办了四次，取得了丰硕的成果。同济大学已经和法国夏约高等技术学院、美国宾夕法尼亚大学、香港大学等形成了稳定的合作、交流机制。

从本科阶段就潜移默化地开拓“国际视野”，对毕业生也产生了重要的影响。大量新专业的毕业生赴剑桥、宾大、东京大学、夏约等海外名校深造。他们学成归来带来的国外遗产保护教育的新进展又成为专业发展不可或缺的新鲜营养。

2. 扎实的建筑学基础与宽广的遗产保护知识

建筑遗产保护是一项专业性强且需要多学科参与的综合性活动。一方面，“遗产”是一个内涵虽相对明确，但边界却日趋模糊的领域，其相关学科既包括理工科的建筑、规划、结构、材料、测量等，也包括文史方面的文博、历史学、社会学、人类学等等；另一方面，“建筑遗产”的建筑属性决定了其保护、修复和利用要符合建筑领域研究和设计的语境、规范和制度。这就要求历史建筑保护工程专业的学生应兼具扎实的建筑学基础、遗产保护专业素养和宽广的遗产保护知识。基于这种认知，同济的遗产团队极大地促进了建成遗产保护教学中的技术与文化跨学科交叉，在国内首倡了跨建筑、规划、景园及土木、材料和文化遗产相关文科学科专业资源的交叉专业教育理论，建设了涵盖建筑学主干课和遗产保护知识的复合的历史建筑保护工程专业培养体系；形成了如艺术史、文博等人文素养课程，以及结构、材料、测量、建筑共同构建的“基于建筑病理学的保护

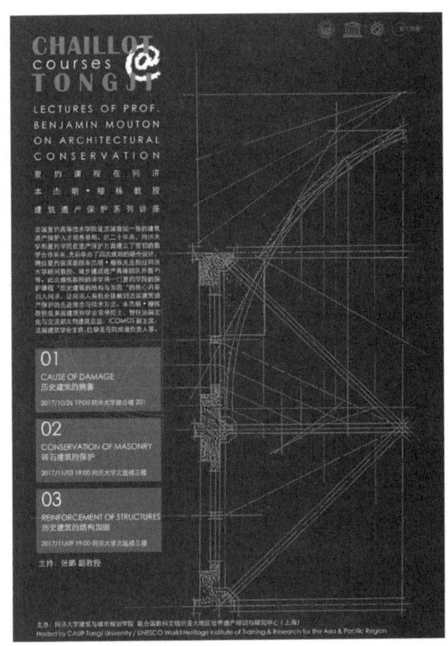

图 3 “夏约课程在同济”系列讲座，包括历史建筑的病害、砖石建筑的保护、历史建筑的结构加固三次讲座

技术教学体系”、建筑与规划共同构建的“中法建成遗产保护联合教学”（图 4）等特色成果。

3. 适应于保护实践的“遗产实录—分析—干预”全过程教学

与新建筑设计相比，建筑遗产保护更为强调对保护对象的历史、现状、病害充分认知基础上的干预，特征保存和价值保护是整个保护活动的核心问题。因此，保护对象的信息实录、基于获取信息的价值判断和病理分析、保护策略与方法的制订是教学中要求学生掌握的基本方法，核心课程也是围绕这一三段式的过程进行布局和设计的（图 2）。

技术方面，围绕这一教学目标，通过整合国内外优势资源，培养、引进保护技术新型专精人才，建设了遗产保护教学研究的技术平台。2007 年设立国内第一个历史建筑保护技术实验室，成为整个东亚地区研究建成遗产信息采集、材料病害勘察及其修复技术的前沿科研教学基地。创建了一整套注重工程实践与实验教学、适应于遗产特征和建筑学科特点的技术知识传授方法，影响、带动了香港大学等兄弟院校的遗产保护教学与实验室建设。实验中心成立以来，已成为保护技术、材料病理学、历史环境实录等技术系列课程的基本教学平台（图 5）。

图 4　2014 年中法遗产保护联合设计成果在世界城市论坛展览及宣讲

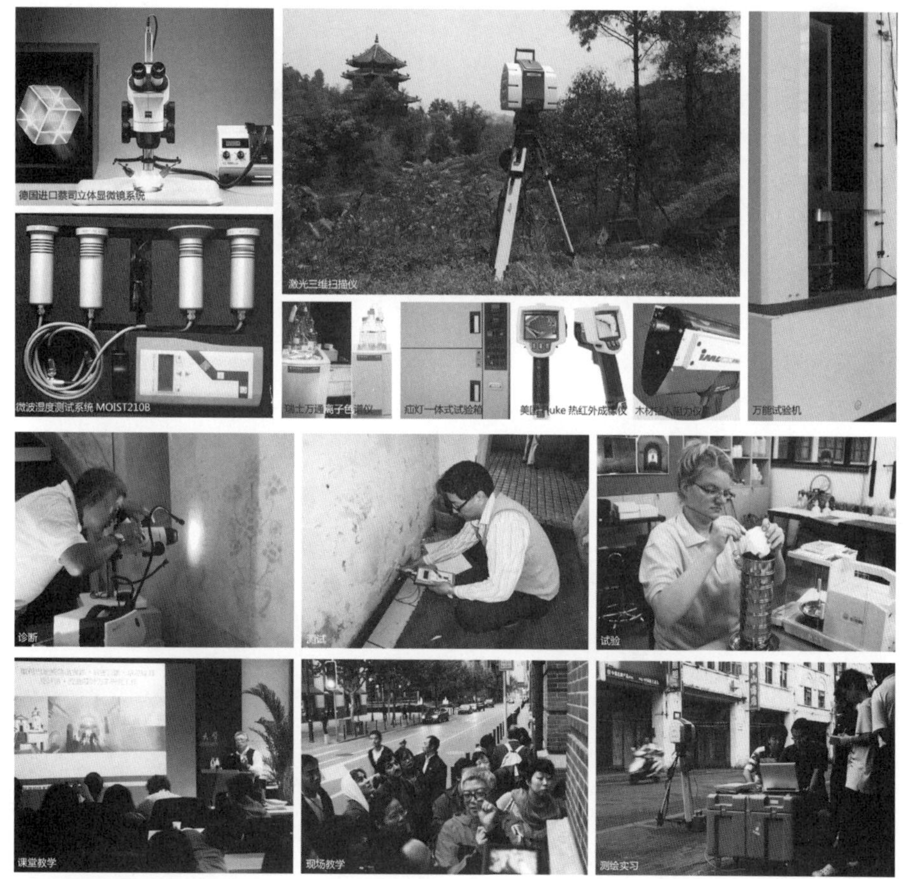

图 5　历史建筑保护实验中心

4. 多样化的遗产保护学术交流平台与教材、参考书建设

近十余年来，在同济遗产团队的努力下，形成了多个具有国际影响力的遗产保护宣传、培训和研究阵地，完成了系列建成遗产领域的教材和参考书。

2007~2016 年期间，以 9 年时间成功创办我国也是亚洲该领域第一本大型综合性学术期刊《建筑遗产》及《建成遗产》（英文版）。2017 年 4 月，中国建筑学会城乡建成遗产学术委员会在同济大学正式成立；2017 年 5 月，故宫学院（上海）落地同济。依托这些学术和培训平台进行的教学、科研和培训获得了良好的社会评价。迄今已承担完成了多项国家科技支撑计划、国家自然科学基金、国家社科基金等国家级科研课题（图 6）。

图 6　中英文学刊

在教材建设方面，一方面借鉴国外原版保护类名著作为参考书目，一方面积极编写教材与参考书。目前已经出版城市历史、建筑遗产保护、园林遗产保护等方面的系列教材和参考书十余种，包括《历史建筑形制与工艺》《历史建筑保护工程学》《历史建筑材料修复技术导则》《历史建筑保护及其技术》《城市建设史》《当代英国建筑遗产与保护》《历史文化名城保护理论与规划》《法国建筑、城市、景观遗产保护与价值重现》《历史文化村镇保护规划与实践》《历史保护读本》《特拉维夫百年建城史》《灰作十问——建成遗产保护石灰技术》等专著及教学参考书，以及《当代遗产保护理论》《修复理论》等译著。其中，常青院士主编的《历史建筑保护工程学——同济城乡建筑遗产学科领域研究与教育探索》一书，将建筑学、城乡规划和风景园林三个一级学科，以及土木工程和材料科学的遗产研究与教学资源进行整合，在国内首次建构了符合国际学术标准及中国文化语境的建成遗产保护与再生基本理论及其教学系统。

三、专业建设中所思考的问题

"历史建筑保护工程"作为一个在国内初创的本科专业，在国内并无前例可循；同时，欧美先行者的专业无一不是针对本国的遗产状况和遗产保护机制而建构，其建设经验很难完全符合国内遗产保护的实际状况。因此，在 15 年的专业建设探索中，我们也在一些核心问题上有过讨论和纠结，也曾遭遇挫折，"历史建筑保护工程专业应该培养什么类型的专门人才，设计什么样的培养方案，是专业建设诸多问题的核心"[4]。围绕这两个核心，在以下五个方面进行了思考和定位。

1. 职业型教育还是学术型教育？

欧美建筑遗产保护教育的定位有着明显的不同。以法国、意大利等为首的欧洲大陆体系具有明显的职业特征，生源多为已具有建筑学硕士学位且有职业实践经验的建筑师，教学内容也是以保护设计实践为中心——其培养目标是能承担重要建筑遗产保护设计的建筑师精英。而以美国等为首的盎格鲁·撒克逊体系则是将遗产保护视为一项多学科交叉、权益相关者复杂、与大众日常生活密切相关的社会活动，其学生往往有着建筑、规划、工程、历史、社会学甚至信息、考古等不同来源，教学内容侧重对象的价值分析、保护管理与运作、保护技术等而趋向于多样化，培养目标是能在保护领域对遗产进行研究、评估、规划、宣传和使用的保护人才。比较两类培养体系，前者更为传统、更加具有职业化特征——这是法国、意大利延续一个半世纪保护机制和教育传统的延续；后者则更重实践——与当代遗产保护的社会化、非精英化特征更加契合。

欧美体系虽有不同，但都是与各国建筑遗产保护的自身制度、特征相匹配的。我国的建筑遗产保护自20世纪30年代以朱启钤、梁思成、刘敦桢为代表的营造学社相关活动开始就深具精英主导的特征，这一基因伴随着新中国成立后文物管理体系和城市建筑管理体系的建构与发展形成了特征明显的遗产保护生态，具体而言，是重管理、重技术、重资质、以及职业化、文物与建筑体系交叉等方面。与之相匹配，兼顾建筑学和遗产保护，以职业化的“遗产建筑师”为目标的人才培养为主线，同时为学生在之后的硕士、博士阶段继续进行职业培养和学术研究打下基础，是同济历建专业力图达成的培养目标。

2. 建筑学的专门化方向还是独立的保护专业？

基于培养满足国内建筑遗产保护需求人才的目标，国内的各大院校发展出了不同的模式。第一类是同济大学、北京建筑大学和苏州大学等大学的建筑学院设立的历史建筑保护工程独立本科专业模式；第二类是东南大学、华南理工大学、山东建筑大学等采取的建筑学专业的遗产保护专门化方向模式；第三类是北京大学等在考古与文博学院考古学一级学科设置的考古学专业（文物建筑方向）。

由于第三类文物建筑方向更为注重对“文物的历史信息、价值以及文物长久的保存方式等与建筑遗产保护的专业领域并不完全一致”[5]，在此不做展开。而在建筑学的专门化方向和独立的保护专业之间，同济选择后者的理由是“在现行教育体制和教学资源配置的前提条件下，像历史建筑保护工程这样技术性要求较高的新兴专业，只有从本科办起，才会形成包括专门的师资、课程系列，以及实验室、教学基地等在内的专业生长基础条件……同时着眼于重要历史建筑保护工程设计的资格要求走向专门化和正规化……这一领域人才培养水平的提升，应在本科教育的基础上，着眼于未来硕士以上的正规专业教育”[6]。

实际上，从香港大学建筑遗产保护教育的发展，也能看出这方面的考量。港大2000年在国内率先设置了历史建筑保护的（1年全日制或2年在职）硕士专业（Architecture Conservation Program）；2012年进一步设置了历史建筑保护的四年制本科专业和建筑保护实验室（Architecture Conservation Lab）。比较其本科与硕士课程体系，能看到前者通过对技术课程、建筑类课程的引入而带来的专门化和正规化人才培养的倾向[7]。

3. 遗产保护和建筑学的平衡点？

在同济历建专业15年办学的历程中，对创办者来说，有限的学时、学分应当更偏向建筑学还是更偏向遗产保护，是最令人纠结的问题。在学生的讨论中也一直存在这种疑惑：一方面前3年课程基本与建筑学专业一致，学生们在潜意识中都会把“设计能力”作为一把衡量自己所学的尺子；而最后一年专业课介入后又会减弱这种“设计能力”；另一方面，三、四年级时间有限的专业课让学生觉得在建筑遗产保护领域所学不解渴，不足以面对实践。

在历建专业初创时期，行业认可度较低，不弱于建筑学学生的设计能力且兼具遗产保护知识的培养方案是合理的。伴随着遗产保护事业日益受到国家和社会的重视，历建专业在行业中的认可度逐步提升，进一步强调专业的遗产保护特征、加强师生和社会对建筑遗产保护的认同成为培养方案调整的首要目标。在最新的培养方案中，将保护类专业课在专业课的占比从23.75%提升到了35.25%[8]；同时优化了课程分布，将保护概论等专业课的介入时间提前到了二年级第二学期；优化了保护类设计课的学时和内容，形成了从近现代、传统建筑本体保护设计到包括城市和建筑保护内容的综合性保护设计、分专题的毕业设计三个阶段的更为全面的分布（图7）。纵观这次培养计划中建筑学与遗产保护“平衡点”的调整，首要目标是因应社会需求和办学环境的变化，强化专业建筑遗产保护的特色，加强学生的专业认同（图8）。

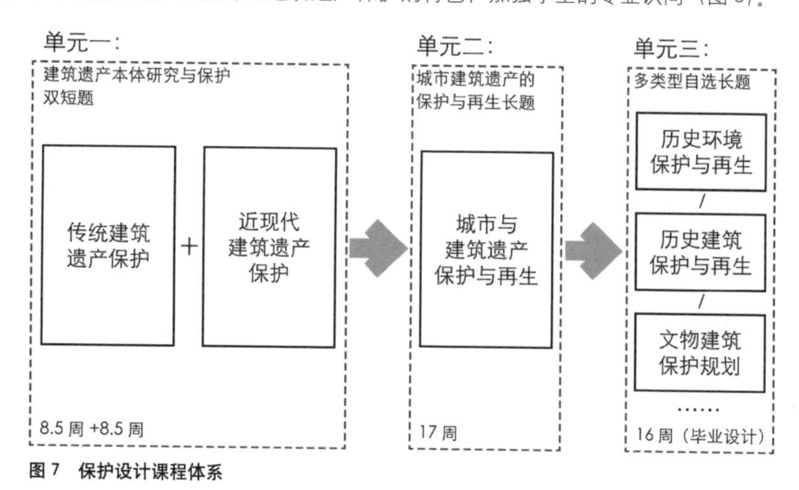

图7　保护设计课程体系

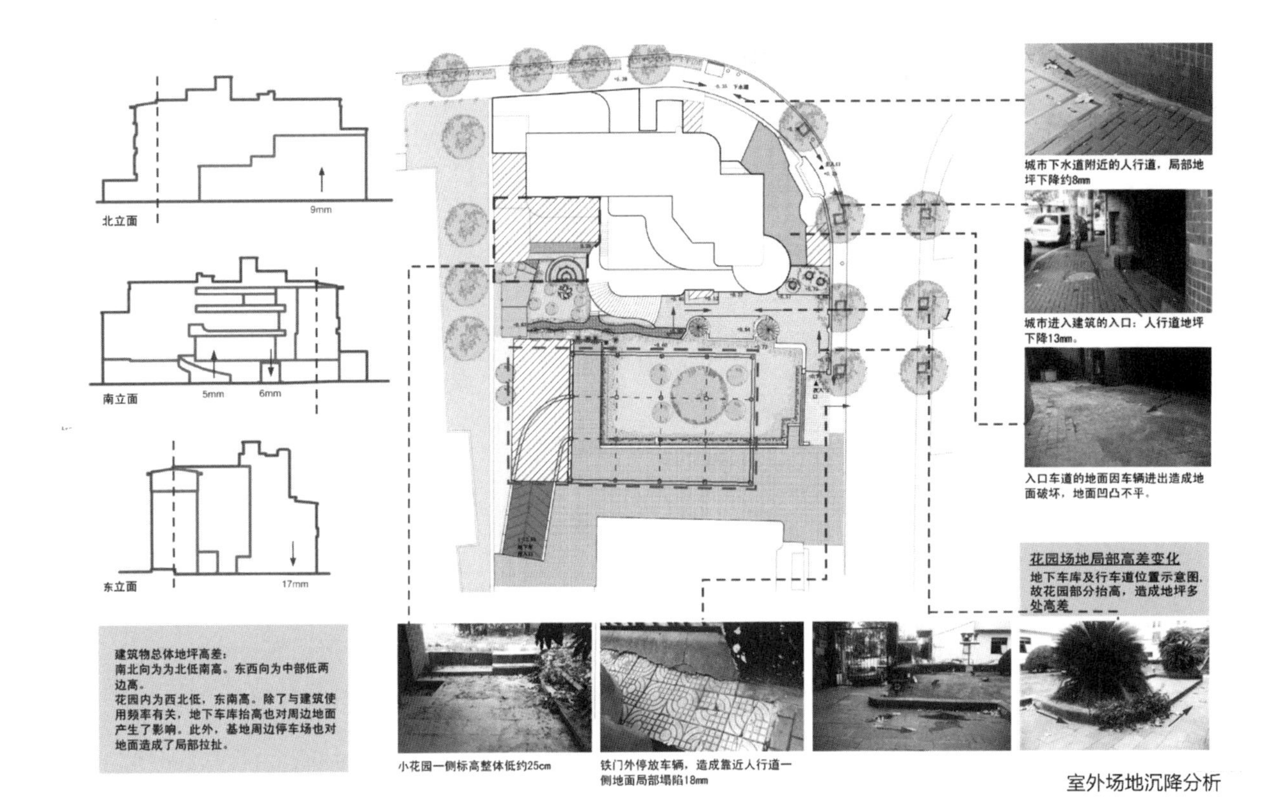

北立面
9mm
南立面
5mm
6mm
东立面
17mm
建筑物总体地坪高差：
南北向为为北低南高。东西向为中部低两边高。
花园内为西北低，东南高。除了与建筑使用频率有关，地下车库抬高也对周边地面产生了影响。此外，基地周边停车场也对地面造成了局部拉扯。
城市下水道附近的人行道，局部地坪下降约8mm
城市进入建筑的入口：人行道地坪下降13mm。
入口车道的地面因车辆进出造成地面破坏，地面凹凸不平。
花园场地局部高差变化
地下车库及行车道位置示意图，故花园部分抬高，造成地坪多处高差
小花园一侧标高整体低约25cm
铁门外停放车辆，造成靠近人行道一侧地面局部塌陷18mm
室外场地沉降分析

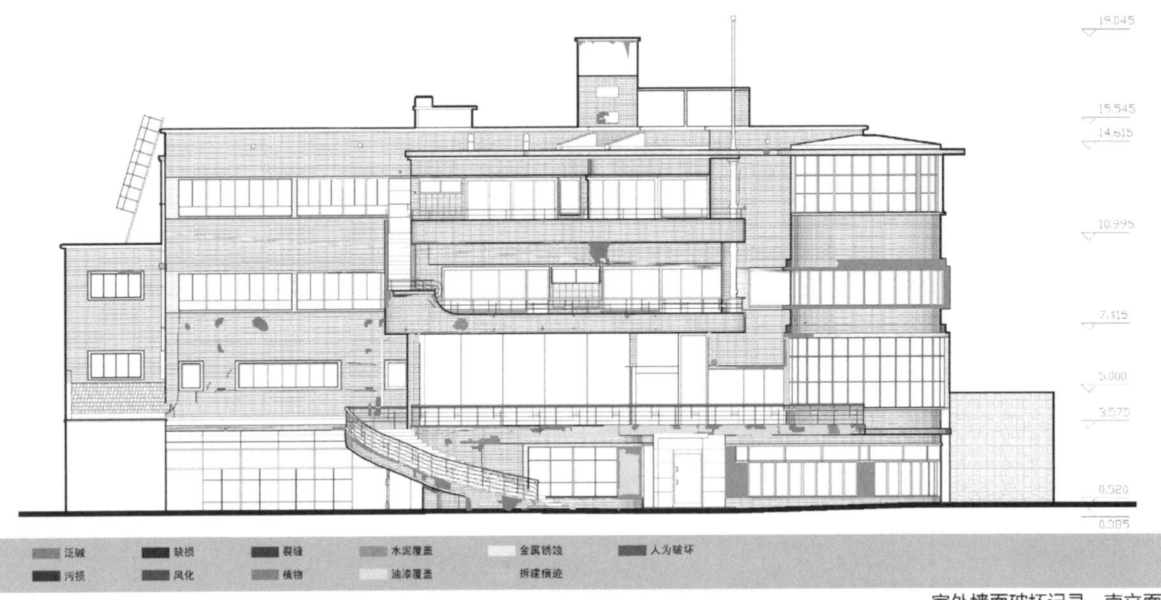

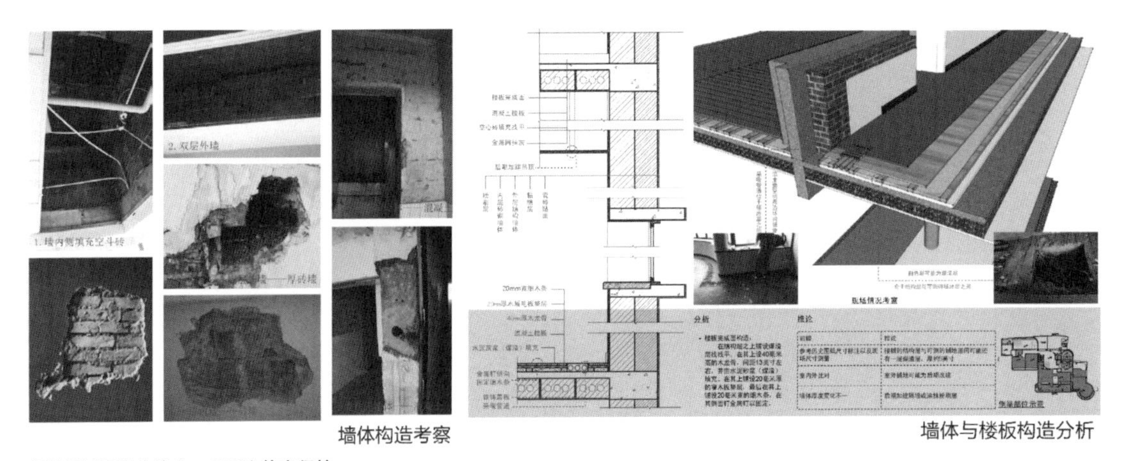

图 8　保护设计课学生作业：吴同文住宅保护

4. 本科阶段教学和研究生阶段教学的关系？

在欧美的遗产保护教育中，硕士和硕士后教育占到大多数[9]。这是由遗产保护的专业化与多学科特征决定的。学生们各自不同的本科知识背景和工作经验成为研究生阶段遗产保护学习中交流、理解、解决相对复杂的遗产保护领域问题的基础条件。

同济大学的遗产保护教育除了建筑领域的历史建筑保护工程本科专业，在建筑、规划、风景园林三个一级学科下都有各自的硕士、博士的遗产保护方向。大量的历建专业毕业生进入到三个方向的硕士、博士阶段学习。这种培养模式取得了丰硕的成绩：为文物保护、城市管理、设计实践、科学研究和教学等领域输送了数百名专门人才，显著推动了本学科的发展；在同济大学110篇本领域的博士学位论文中，有近20人获上海市优秀博士学位论文优秀研究成果奖[10]。但是，三个一级学科的遗产保护方向硕士、博士培养分离不利于本为一体的建成遗产保护领域的研究与实践。建设正规化、跨学科的建成遗产保护专业、完善本—硕—博全阶段的教学机制建构，是同济遗产保护教育所亟须完成的目标。

5. 理论、技术教学和设计教学的关系？

理论、技术和设计是现有同济历建教学体系的三个重要层面。关于三者的关系，技术和设计孰轻孰重也曾有过许多讨论。专业的创建人常青院士曾提出，“既然要在建筑院系中从本科办起，使学生具备认识和把握建筑本体的基本功，就离不开以设计为主干的建筑学基本训练，否则就不会有相对于在文科中办此专业的优势，也无法应对该专业在实际工程中所面临的亟须跨学科高素质人才的挑战”；同时，“保护技术也确是对该专业培养最重要的要求之一”[11]，是历建教育之“蛋”的“蛋黄”[12]。简而言之，理论教给学生正确的保护“价值观”；设计是同济历建教学的“主干”与“基本功”；而技术是重要的专业“核心”与“特色”。

正是基于以上三点考虑，在教学中非常注重三者的结合与打通。一方面，在课程衔接层面，通过培养计划设计将理论、技术和设计课相关联，让学生在进行技术讨论时已经具备了必要的保护理论知识，在展开保护设计时掌握了必要的测绘实录、技术分析方法；另一方面，在具体的课程选题和内容组织上，尽可能让学生在测绘实录、技术课的研究与分析、城市和建筑保护设计面对同样的对象，从不同的侧面分析同一对象，理解遗产保护实践的不同层次和不同侧面。

四、专业建设的未来展望

2017年4月8~9日，由中国建筑学会和同济大学共同主办的“建成遗产：一种城乡演进的文化驱动力”国际学术研讨会隆重举行。有学者认为，在国内，建成遗产的概念可能是第一次在这样高规格的学术活动中频繁出现[13]。常青院士在致辞中对建成遗产的概念进行了全面的阐释，他指出，“建成遗产是国际文化遗产界惯常使用的一个概念，泛指以建造方式形成的文化遗产，由建筑遗产、城市遗产和景观遗产三大部分组成”[14]。

建成遗产概念的提出，标志着同济学人对于遗产研究和遗产保护教育因学科划分而造成的文化与技术教育相分离，规划、建筑、景观领域遗产保护研究与教育相分离之现状的焦虑：三个一级学科的遗产保护方向硕士、博士培养分离，即便有联合设计、公共选修课等交叉机制，学科的分野仍不利于本为一体的建成遗产保护领域的研究与实践。

基于这一认识，建立跨越建筑学、城乡规划与风景园林三大一级学科，整合土木、材料、测量等相关学科，贯通本、硕、博的教学与研究体系，也就成为同济遗产保护专业建设的未来目标。在这一框架下，专门的“城乡建成遗产保护硕士”将提供面向遗产保护社会需求的全方位专业教学内容，成为职业化教育的主要出口；博士则是学术研究方向的主要出口；历建本科阶段将提供建筑学和遗产保护领域的基础知识，为学生在本领域或相关领域的进一步深造做准备（图9）。

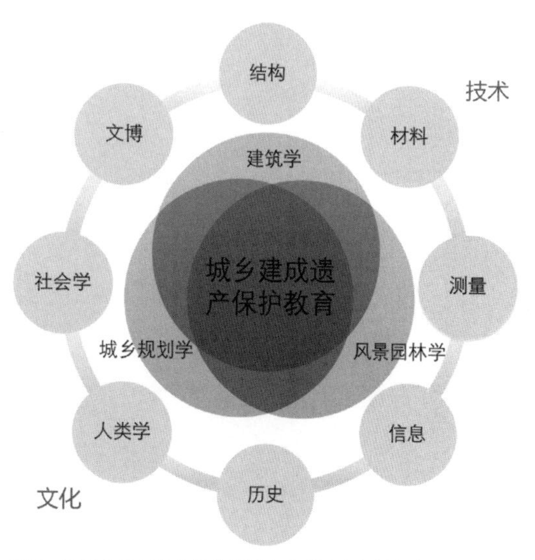

图9　基于文化与技术整合的城乡建成遗产保护人才培养体系

注释：

[1] 常青．培养专家型的建筑师与工程师 [J]．建筑学报，2009（6）：52–55．
[2] 同济大学历史建筑保护工程专业培养计划 [Z].2017．
[3] 同注释 [1]。
[4] 常青．历史建筑保护工程学 [M]．同济大学出版社，2014：208–212．
[5] 王忙．我国建筑遗产保护高等教育的现状与发展．美术研究，2015（6）：106–110．
[6] 同注释 [4]。
[7] 香港大学建筑学院建筑保育学部网站，http：//acp.arch.hku.hk/．
[8] 根据同济大学历史建筑保护工程专业 2016 版培养计划和 2018 版培养计划计算。
[9] 以美国为例，根据美国历史保护教育委员会网站（http：//www.ncpe.us）数据：截止到 2017 年中，全美有 10 个遗产保护的本科专业和 39 个硕士专业，还有 4 所大学设置了遗产保护方向的博士项目，有数百所大学提供历史保护相关课程。
[10] 详见常青主编．历史建筑保护工程学 [M]．同济大学出版社，2014：附录。
[11] 同注释 [4]。
[12] 同注释 [1]。
[13] 张松．城市建成遗产概念的生成及其启示 [J]．建筑遗产，2017（3）：1–14．
[14] 常青院士在“2017 建成遗产：一种城乡演进的文化驱动力”国际学术研讨会开幕式上的致辞。

参考文献：

[1] 常青．培养专家型的建筑师与工程师 [J]．建筑学报，2009（6）．
[2] 常青主编．历史建筑保护工程学 [M]．同济大学出版社，2014．
[3] MATERO，FRANK．All Things Useful and Ornamental：A Praxis–based Model for Conservation Education[J]．Built Environment（1978–），2007，33（3）：287–294．
[4] Tomlan，Michael.Historic Preservation Education：Alongside Architecture in Academia[J].Journal of Architectural Education（1984–），1994，47（4）：190．
[5] 王忙．我国建筑遗产保护高等教育的现状与发展 [J]．美术研究，2015（6）．
[6] 张松．城市建成遗产概念的生成及其启示 [J]．建筑遗产，2017（3）．
[7] 张晓春．保护与再生——写在同济大学“历史建筑保护工程”专业建立十周年之际 [J]．时代建筑，2013（3）．

图片来源：

图 1、图 4、图 5：作者自摄
图 2、图 3、图 7、图 9：作者自绘
图 6：《建筑遗产》与 *Built Heritage*（《建成遗产》，英文版）封面
图 8：历史建筑保护工程专业 2008 级学生作业

作者：张鹏，同济大学建筑与城市规划学院 副教授，建筑系副系主任，历史建筑保护工程专业教学主管

依托社会资源创建建筑设计基础教学实践平台

张建龙

Relying Social Resource, Creating the Practical Teaching Platform of Architectural Design Fundamentals

■摘要：实践教学是同济大学建筑设计基础教学中的重要组成部分，经过近十五年的不断建设，形成了以培养学生创新能力为核心的建筑设计基础实验教学平台。特别是运用课程模块化的方法，在空间、师资、资金等方面与社会积极合作，加强了建筑设计基础实践教学的深度与广度，学生的创新实践能力得到了广泛提升，取得了良好的社会效果。
■关键词：建筑设计基础教学　实践教学　课程模块化　开放性　社会资源
Abstract: Practice teaching is an important part of fundamentals of architectural design teaching at Tongji University, after nearly 15 years of continuous development, We established practical teaching platform of Foundationals of architectural design, to cultivate students' innovative ability as the main aim. Especially with the method of modularization, in terms of space, teachers and funds cooperate actively with society, strengthening practical teaching of architectural design of the depth and breadth, students' innovation ability has been improved, and achieved good social effect.
Key words: Architectural Design Fundamentals; Creative and Practical Ability; Practical Teaching; Modularizing; Openness; Social Resource

同济大学建筑与城市规划学院建筑设计基础教学以建筑学、城乡规划、风景园林、历史建筑保护工程等专业共享的建筑设计基础公共平台教学，形成了自己独特的教学思想，特别是多年来提出的“基于日常生活感知的建筑设计基础教学”方法，以及2004年学院成立的学院教学创新基地，为建筑设计基础创新实践教学提供了平台，围绕学生的创新实践能力培养，通过一系列创新实践课程及开放性教学模块，使学生的价值观与责任感、本土文化与国际视野、理论与实践等多方面得到了培养。

一、设计基础教学的基本目标与方法

（一）学院各专业教学的基础培养目标

建筑与城市规划学院建筑学、历史建筑保护工程、城乡规划、风景园林等专业培养目标有着基本共同点：适应国家建设需要、适应未来社会发展需求，德智体全面发展、基础扎实，知识面宽广，综合素质高，具备专业从业者优秀的职业素养、突出的实践能力，具有国际视野，富于创新精神的新领域的开拓者以及本专业领域的专业领导者。

为了达到这一目的，作为学院各专业基础的公共平台教学——建筑设计基础教学，把学生的创新能力培养作为专业基础教学中的重中之重。"在建筑基础教学阶段，学生对建筑的认识不仅要通过理性思考，同时，还应善于感受与体验，建立起对建成环境敏锐的直觉能力。系列实践教学承载了培养学生感性认识的任务，实践教学利用多种渠道和方法不断深入展开。"[1]在我们的建筑设计基础教学中强调感受、尊视感受，使学生以感性认识为基础、促进理性认识的深层把握。通过各种教学实践，尽可能激发学生的创造性潜能，使他们拥有一双锐利的眼睛和独特的视角，成为富于想象力和创新精神的设计人才。在学院各专业的培养计划中，实践教学占整体教学的比例为20%，实践教学在专业基础教学中的比例达到40%。

（二）基于创新实践教学的学院教学创新基地

多年来我们认识到，教育的核心——质量观念已经发生了根本变化，在学习社会、感知生活、根植文化、拓展视野中，我们越来越认识到培养学生交流与合作能力、个人管理能力、想象力和创造力的重要性。因此，学院教学创新基地自然成为创新型人才培养的重要课堂。2004年成立的建筑与城市规划学院教学创新基地，本着创新教学、重在实践、面向社会的原则，让学生有更宽广的途径接触社会、了解社会、发现问题，掌握分析、研究、解决问题的能力，从而提高学生的综合学习、工作能力，成为国家需要的研究型、实践型、创新型设计人才。

（三）学院教学创新基地的模式

学院教学创新基地的设置主要依托学院的学科优势，以满足增强学生知识、能力、素质全面发展的需要。学院教学创新基地共由十个分基地组成，大体分为教学实践、艺术实践和社会实践三个方面，内容基本涵盖了学院各专业创新实践能力培养的各个环节，特别是一二年级的建筑设计基础教学，并向国际院校、国内院校及本校其他专业学生开放。多样性的创新基地形式充分满足了学生在多种领域进行创新实践活动的要求（图1）。

二、创新实践教学课程的模块化是面向社会资源开放的准备

（一）梳理课程体系、把握实践课程特点

建筑设计基础阶段（一、二年级）的课程分为公共基础、专业基础以及实践环节。其中，公共基础、专业基础多为全学期（17周）课程，如"艺术造型""陶艺设计""设计基础""建筑设计基础"等；实践环节课程多为小学期（3周）课程，如"认识实习""设计周""艺术造型实习""创新能力拓展"等。实践环节课程以其目标单一、解决问题明确、过程及成果容易把控、符合学生学习状态周期，呈现出"短平快"的特点。这种独立的实践模块拥有在空间、时间上的灵活性，这些实习环节是社会资源最容易介入的教学部分。

（二）整合全学期课程中的实践部分形成创新实践模块

在公共基础、专业基础等全学期课程中，有大量实践环节，以前都是分散在整个教学中，通过多年的教学改革，我们从全学期的课程中梳理出相对集中的部分组成若干"短平快"的创新实践模块课程，使之与原有实践环节课程组成创新实践课程系列，并纳入到建筑设计基础实践平台，取得了良好的教学效果。如一年级第一学期"设计基础"课程中的"纸椅子""有机体空间采集""木构桥""事件立方体"，一年级第二学期"建筑设计基础"课程中的材料建构模块"纸板建筑设计与建造（建造节）"。这些独立模块都具备了面向社会开放、引入社会资源合作的可能（图2）。

（三）积极宣传、获得社会关注

在创新实践模块的建立过程中，学校教改项目的支持以及学校各职能部门各种形式的支持，使得

图1　学院教学创新基地（学院D楼）

图2　木构桥展评（学院C楼下沉平台）

许多独立的创新实践模块都以其良好的教学影响力得到社会的关注。如 2007 年开始的同济大学建造节（纸板建筑设计与建造）在实施的第一年就赢得了社会的关注；2011 年进行的欧洲艺术实践以展览的方式向社会宣传并获得关注，为社会资源的介入做好了准备（图 3）。

三、多类型社会资源的介入、全面提升创新实践教学

围绕开放性的实践课程、实践模块，从 2008 年开始，建筑设计基础教学平台开始全面面向社会开放，社会资源逐步与各门创新实践课程开展合作。根据不同的创新实践教学要求采取不同的合作方式。

（一）依托学院教学创新基地拓展社会实践空间资源

学院教学创新基地与社会机构与专业企业成立了系列实习基地和工作站。

与江苏宜兴田申陶业有限公司合作，在江苏宜兴成立的"艺术教学创新基地－田申陶业实习基地"；与上海松江区文化馆合作，成立了"艺术教学创新基地－松江民间艺术实习基地"；与江苏南通永琦紫檀艺术珍品有限公司合作，成立了"中国传统家具教学创新基地－永琦紫檀实习基地"。这些实习基地在为学院拓展创新实践教学空间的同时，各门创新实践课程教学植入真实的地域文化环境中，由工艺大师、工艺师、民间艺人指导创新实践课程，学生深刻感悟本土文化的精髓，学生的创新实践能力显著提高。对接的创新实践课程多为学院的系列公共基础课程："陶艺设计""雕塑""砖雕木雕""纸居艺术设计""艺术造型基础""当代装置艺术""当代影像艺术"等（图 4）。

与贵州省文物局、地扪生态博物馆合作成立了"城镇历史文化遗产保护与利用实践教学创新基地——贵州地扪侗寨工作站"，与甘肃兰州大学城市规划设计研究院合作成立了"城镇历史文化遗产保护与利用实践教学创新基地——甘肃省临夏市八坊回族特色民居区工作站"，与浙江东阳雄心营造技艺有限公司合作成立了"城镇历史文化遗产保护与利用实践教学创新基地——东阳传统营造工作站"，这些工作站除了为建筑设计基础实践教学中的实习提供空间外，更重要的是提供实习教学样本。与上海城市规划展示馆合作成立的"规划展示研发基地"，每年为学院组织大型教学成果展提供空间（图 5）。

（二）依托校企联盟拓展实践型师资资源

在社会空间资源合作的同时，我们加强了师资的合作，依托校企联盟拓展社会实践师资资源。聘请系列课程顾问教授、专业技术人员参与创新实践教学，使创新实践教学在深度与广度方面进行了全方位拓展，如上海美术家协会的资深艺术家、企业的技术专家、设计院的资深建筑师参与课程模块的教学，既帮助学生更好地理解理论，同时又强化了学生的创新实践能力。2008 年以来，建筑设计基础实践教学平台平均每学年聘请的国内外指导教师有 10 多人。对接的创新实践课程多为学院的专业基础课程和基础史论课，如"艺术造型""设计基础""建筑设计基础""建筑设计""艺术史""建筑史""当代艺术评论""城市阅读"等。

（三）依托社会机构、企业拓展实践教学经费资源

建筑设计基础实践教学中的一些品牌课程及模块，已经成为国内及国际性创新实践项目。

始于 2007 年的同济大学建造节，2009 年开始获得企业的赞助后，规模逐年扩大。2009 年由美国 DOW 陶氏化学赞助，2010~2014 由香港华城规划建筑设计院有限公司赞助，2015 之后由风语筑展览有限公司赞助。从 2012 年起，同济大学建造节成为全国高等学校建筑学专业指导委员会指导下的全国性设计与建造大赛，2015 年起又成为国际大学生重要的实践活动——"同济大学国际建造节"（图 6）。

暑期海外艺术实践是由社会资源大力资助的成果。同济学生的海外艺术实践是增强学生国际视野的重要项目，也是学院指定的"创新能力拓展"实践课程的重大跨越。始于 2011 年的"欧洲写生"项目一开始由社会个人赞助，基于项目出色的成果和影响力，该项目从 2014 年获上海市福美专项基金资助"欧洲艺术实践"，每年暑假 8 名学生在 2 位老师的带领下，赴欧洲写生 1 个月。2015 年，上海商业建筑设计研究院资助"德国当代艺术巡回工作坊"项目，8 名学生在 2 位老师的带领下，遍访德国当代艺术大师、一路创作，回到学校后在上海城市规划展示馆成功举办了汇报展览。从 2013 年开始，由上海骏地建筑设计事务所股份有限公司资助的"骏地美国旅行奖学金"每年暑假资助 10 名学生、2 位老师赴美国游学 2 周，极大地拓宽了学生的视野。2015 年 UA 国际建筑设计有限公司设立"UA 海外艺术之旅基金"，2018 年还将成立"筑地海外艺术实践"项目，越来越多的一、二年级学生有机会参加到拓

图 3　纸板建筑设计与建造（学院广场）

图 4　陶艺创作实践（田申陶业实习基地）

图 5　2013 年贵州地扪侗寨工作站挂牌（地扪生态博物馆）

图 6　2016 年同济大学国际建造节（学院广场）

展国际视野的创新实践项目中来，为创新能力的提高提供了完备的条件（图 7、图 8）。

四、学校与社会双赢的教学效果

由社会介入的创新实践教学项目成效显著，而把各自独立的社会资助项目进行组合将产生更好的效果，即：空间、师资、资金组合，如 2014 年由学院教学创新基地组织的 2014 年综合实习项目。

（一）样本一：实践空间、实践师资、实践教学经费组合运作

2014 年 7 月 13 日至 7 月 27 日，同济大学建筑与城市规划学院建筑系师生一行 80 人（学生 65 人、中外指导教师 15 人）赴贵州省黔东南苗族侗族自治州黎平县茅贡乡地扪村进行了为期两周的联合实习。贵州地扪村地处贵州省黔东南苗族侗族自治州黎平县茅贡乡，风景秀美，民风淳朴。其自然地脉、民风民俗、村落环境和建造体系之间具有丰富的内在联系，是非常典型的教学实践对象和研究样本。此次贵州地扪联合实习由多项科目组成，是研究生建筑设计工作坊（设计院生产）实习、本科生实习课程、研究生专题研究等“产学研”三结合的联合实习，由不同学科组的专业教师指导，在同一地点实施多年级的实习（实践课程），采取联合实习的模式，这是学院有史以来的第一次。联合实习分为四个工作小组：一年级历史建筑保护工程专业“艺术造型实习”有 23 名学生参加。三年级历史建筑保护工程专业“历史环境实录”实习教学，共有 24 名学生参加。建筑学硕士一年级研究生“建筑设计工作坊”实习教学有 12 名研究生参加。建筑节能与低能耗技术专业硕士一年级研究生“建筑环境评估－侗寨传统民居环境测试”实习有 6 名研究生参加。

参加联合实习的学生以同济大学建筑与城市规划学院为主，同时还有机械与能源工程

图 7　2014 年上海市福美专项基金资助“欧洲艺术实践”成果展（上海城市规划展示馆）

图 8　同济大学第四届骏地旅行奖学金成果展（学院展厅）

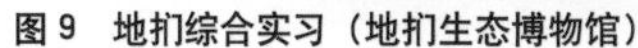
图 9　地扪综合实习（地扪生态博物馆）

图 10　连接 – 城市公共空间的多元视角展览（上海城市规划展示馆）

学院的研究生，联合实习的指导教师除了来自于建筑与城市规划学院和机械与能源工程学院各研究方向的教师外，同时又有法国和德国的历史遗产保护专家和建筑结构专家参加。

此次联合实习由上海同济城市规划设计研究院全程资助，并提供了大量贵州地扪联合实习所需要的基础资料和研究生助理，"城镇历史文化遗产保护与利用实践教学创新基地 – 贵州地扪侗寨工作站"提供了实习的空间保障（图 9）。

（二）样本二：社会平台展示创新实践教学成果

上海城市规划展示馆是全球闻名的以展示城市规划与发展为主题的专业性场馆，2012 年 12 月馆校战略合作签约，本着"规划馆是学院面向社会的展示窗口，学院是规划馆完善展示内涵的有效支撑。规划馆是学院人才培养的实践课堂，学院是创新规划展示理念的研发基地。规划馆是学院开展国际交流的窗口平台，学院是规划馆提升国际形象的资源保障"，双方在促进完善"规划教育"的社会实践，加速推动"规划展示"的创新发展，有效提升公众对城市发展的理解与关注等方面全面合作。签约以来，每年都有学院的各类设计研究前沿成果展、设计教学成果展，特别是设计基础创新实践的成果展向国内外参观者展示，取得了良好的社会效果。

于 2017 年 11 月 19 日在上海城市规划展示馆开幕的"连接—城市公共空间的多元视角"展是同济大学建筑与城市规划学院本科生和研究生的课程实践作品展，本次展览由上海市规划和国土资源管理局为指导单位，上海城市规划展示馆和同济大学建筑与城市规划学院共同主办，该展览也是 2017 上海城市空间艺术季的分展项目。展览主要呈现了四个部分，其中包括本科生艺术造型实践课程《水岸 · 观城——威尼斯城市空间之旅》写生作品及衍生创作、本科生当代艺术课程《当代装置艺术工作坊》装置作品、《当代影像艺术实践与解析》影像作品，以及研究生建筑设计课程《中意澳国际联合设计工作坊 – 上海历史街巷空间模度研究》装置作品。该展览从不同视角呈现了同济大学建筑与城市规划学院学生对城市历史街巷保护的思考，同时也反映出学院建筑学专业的公共基础、专业基础和专业课程中的艺术创作实践教学环节是培养建筑学学生独立思想和批判意识的重要途径之一（图 10）。

结语

同济大学建筑与城市规划学院依托社会资源创建设计基础教学实践平台，形成了系列的创新实践课程，取得了良好的教学效果，培养了学生的创新实践能力。以创建设计基础教学实践平台为核心的"同济大学建筑规划景观实验教学中心"于 2012 年获批国家级实验教学示范中心，2015 年又获得中国建筑学会"中国建筑学会科普教育基地称号"。未来，设计基础教学实践平台将以更开放的态度与国内外社会资源对接。

参考文献：

[1] 赵巍岩．同济建筑设计基础教学的创新与拓展 [J]. 时代建筑，2012 (2)．

图片来源：

图 1：俞泳摄影
图 5：杜科欣摄影
图 7、图 8：学院网
图 2~ 图 4、图 6、图 9、图 10：张建龙自摄

作者：张建龙，同济大学建筑与城市规划学院、同济大学建筑规划景观实验教学中心　教授

建筑学专业的技术维度和建造意识培养

王一

Technological Dimension and Construction Consciousness in Architecture Education

■摘要：本文在讨论建造意识培养在建筑学专业教育中的重要性的基础上，对同济大学建筑系本科建筑学专业训练中建造意识培养的一系列实践进行了介绍，并围绕设计评价方法、设计教学系统组织、设计课程与技术课程的相互关系、设计师资安排等多个方面对未来专业培养的理念和方法进行了讨论。
■关键词：建筑学 教学 技术 建造意识
Abstract：Starting with the discussion on the position of the cultivation of construction consciousness in architecture education, the article introduces the corresponding teaching practice of Tongji Architecture Department. The criteria for design evaluation, systematic arrangement of design studios, the relationship between design studies and technology courses and the organization of full-time and part-time design teachers are further discussed in the context of the new teaching programs.
Key words：Architecture；Teaching；Technology；Construction Consciousness

建筑设计的实践和创新总是在一定的技术条件下进行的。建造技术是实现设计目标的手段和方法，也为实践和创新设定边界。虽然建筑师们总是不断地试图去挑战和突破这种边界，但建筑创作很难超越技术上的可能性和技术经济的合理性。同时，建造技术又不仅仅是手段和方法，技术的发展也会对建筑学的观念、思维和价值观产生深刻的影响。建造技术的这一“驱动”可以说贯穿了建筑学发展的整个历史。而建筑师的创作能力则在很大程度上受到其对于技术可能性与约束的理解深度和技术运用的自觉性的影响。

对于建筑学专业培养而言，设计方法（design）、建造技术（building technology）和历史理论（history and theory）是三位一体的主干教学内容。这三者与综合表达和沟通能力训练（图像、模型、文字、语言等）和素质培养（社会责任感、职业道德、问题意识、团队合作、人文艺术修养等）一起，形成了建筑学专业教育的整体轮廓。在设计方法训练中，建筑与环境，空间与人以及材料与建造分别指向环境、空间和技术三个维度，是教师和学生始终要面对的关键内容。对材料与建造问题的把握和理解则是以学生对技术知识的学习掌握为基础的。

在建筑学专业教学体系中，一系列的技术类课程，包括通常所说的技术基础课程（如建筑力学、建筑结构等）、建造技术课程（如建筑构造、结构选型等）和环境控制技术课程（如建筑声学、建筑光学、建筑节能等）等课程，正是为了实现上述目的。根据全国高等院校建筑学学科专业指导委员会编制的《高等学校建筑学本科指导性专业规范（2013年版）》，在建筑学专业毕业生所必须掌握的知识体系里，建筑技术是建筑学科六大专业知识领域之一（另外包括专业基础、建筑设计、建筑历史与理论、建筑技术、建筑师执业基础、建筑相关学科），并建设了一系列课程作为满足标准的途径。这一点在同济大学的建筑学专业培养方案中也得到了具体体现，成为建筑学培养方案中"知识＋能力＋人格"培养矩阵的知识性内容的主要部分。

然而，要把学生对于技术知识的了解拓展为对技术的真正理解和自觉运用，或者说转化为一种在设计创新中的建造意识，光靠知识的掌握是不够的。在设计教学中，较为普遍存在也是教师们抱怨最多的常常就是学生们建造意识的缺乏，甚至把结构、技术、规范等看作是设计"天马行空"的障碍。要改变这样一种建造意识普遍薄弱的局面，应当通过强化设计教学与技术性内容的深度整合，并贯穿设计教学全过程，才能让学生不断地、多方位地理解技术对于实现设计目标的作用和价值，提高设计中重视技术和运用技术的能力和自觉性。正因为如此，我们在教学实践中努力采取多种模式强化学生建造意识的培养。

一、基于建造体验和操作的入门教学

基础教学阶段是学生进入建筑专业学习的关键阶段，也是建立学生基本的建造意识的重要阶段。在这一阶段，通过循序渐进的建造体验，使得学生初步理解结构、材料和构造的空间形态意义和空间形态背后的结构、材料和构造内涵。

本科的第一个课程设计"纸椅子制作"，要求学生采用瓦楞纸板，通过折叠、插接以及切割等方法，构成符合人体坐姿的椅子，并承受正常人体的荷载，直观感受结构的受力特征，体会材料性质、结构形式、构件组合方式、最终形态和使用体验之间的相互关系（图1）。

图1　基础建造体验木构桥搭建

"木构建造实验"是由受荷构件、结构案例研究和木构桥建造这三个由浅及深的环节组成。"受荷构件"的目的是让学生形成对材料的结构性能和形态的结构力学特征的理性认识。而对经典木结构体系的案例分析研究，则让学生进一步探讨同一材料由于结构方式的不同带来的空间、形态的可能性和差异性。第三个环节的木构桥建造实验中，学生以班级为单位，采用木材标准件以及其他必需的辅材，设计、加工并现场搭建一座跨度为4米、能承受正常体重人走过的木构桥，体会结构的形式感和结构合理性之间的相互关系，以及通过构造手段将结构构件连接能发挥出结构整体性能的过程和方法（图2）。

"纸板屋建造"是在上面几个作业的基础上，让学生使用以包装箱纸板这种可加工性强但是有具有一定结构刚性的材料，体验以一种接近真实尺度的方式"造房子"的过程。与前面训练中的"椅"和"桥"不同，"屋"是一种具有可进入性的功能空间。这个作业既整合了前面几个环节的训练内容，又让学生通过在自己建造的建筑空间中进行的活动体验，认识内与外、封闭与围合、造型与空间、空间与尺度等关系，而这一系列关系是同他们采取的结构形式和对应的搭建方式密切相关的。如果对于空间、形式的设想超越了材料和结构的可能性，或者构件组合方式不恰当，则意味着建造的对象只是一个装置而非一个"屋"，甚至意味着建造的完全失败（图3）。

二、基于完整性和深度的设计长题

作为设计基础向高年级过渡的一个关键节点。学生们在经历前三个学期多个专题性的设计训练之后，具备了基本的技术和建造知识，则需要一个知识整固的环节。这是通过一个长达17周的设

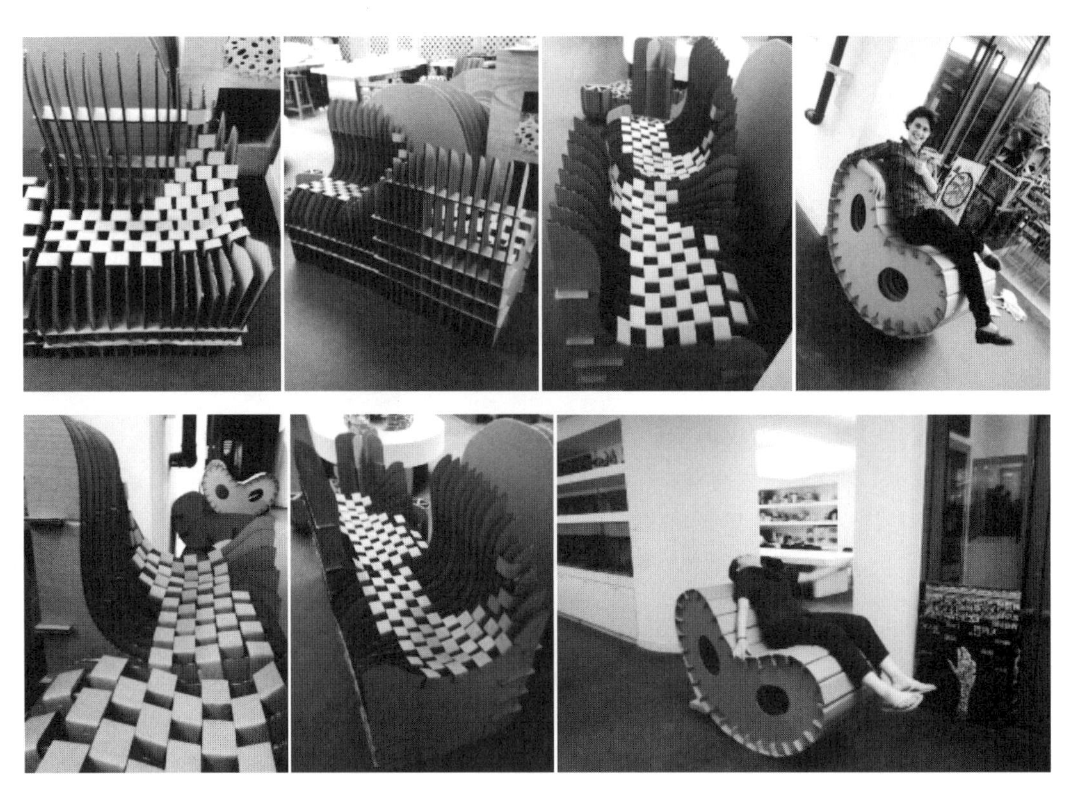

图 2　基础建造体验：纸椅子制作

图 3　基础建造体验：纸板屋建造

计课题来实现的。其核心目标是通过一个综合的设计课程，推动学生完成有完整性和深度的建筑方案设计成果。完整性和深度体现在：学生必须对环境关系、功能安排、空间组织、形态塑造等进行全面的思考，而不是像前面三个学期，设计教案的设计往往侧重对某个方面的训练；同时，学生必须在结构体系、立面材料、构造方式等方面有明确的概念并进行清晰的大比例实体模型和图纸表达，从而把设计理念和空间形态目标同针对性的技术和建造手段联系起来。

教学过程注重训练学生一种理性的、可以持续推进的逻辑思维和设计方法，不鼓励追求激动人心的概念，改变学生"顿悟式"设计倾向和对"灵感"的依赖，把是否具备逻辑性、技术合理性和建造性作为评估一个设计是否"好"的标准。每班 3 位指导教师中，至少配置一名具有丰富实践经验、具备一级注册建筑师资格的教师，从而能更好地把训练目标贯彻下去（图 4）。

三、结合复杂建筑技术空间和规范要求的设计教学

相比基础阶段，三、四年级的设计课题综合性越来越强。虽然不同的设计课题往往围绕某个重点展开，例如建筑与自然环境的关系、建筑与人文环境的关系、建筑的群体关系等，但学生几乎都要去完成一个有相当规模和复杂程度的建筑的综合设计，其中牵涉的技术问题也更加复杂。对于技术空间和技术规范的关注成为这一阶段设计教学的重点。

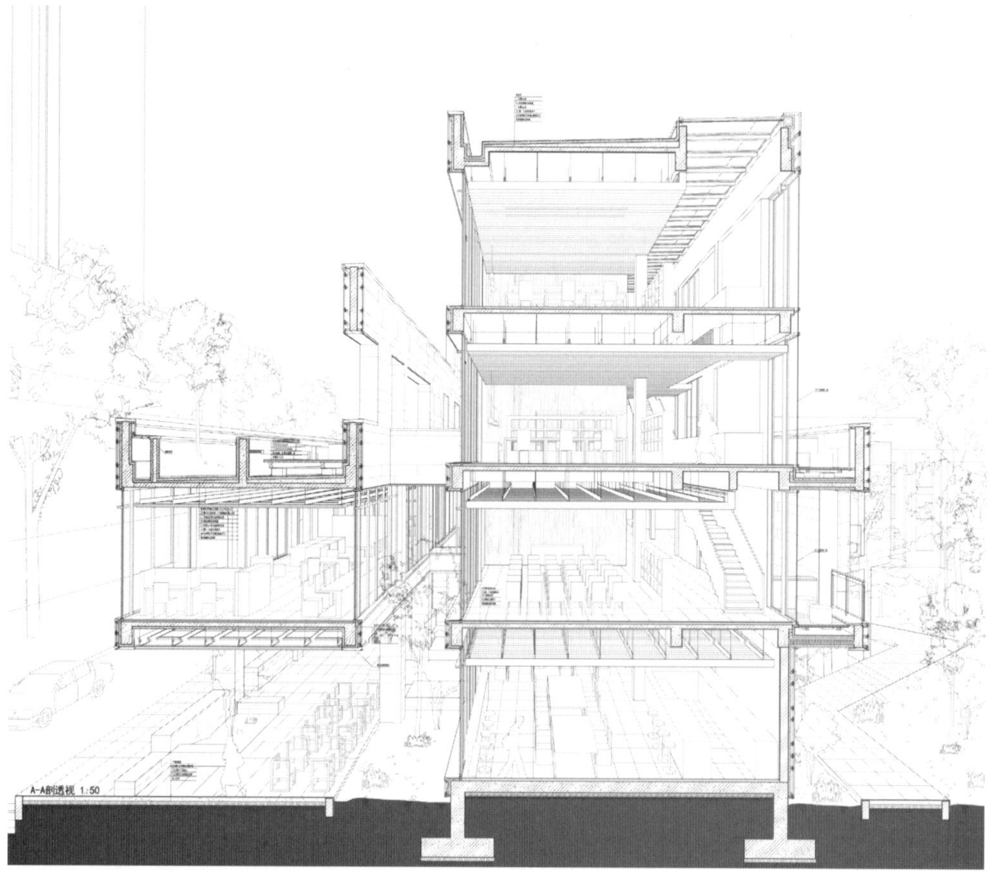

图 4　二年级春季学期：创客公社方案设计

在三年级下学期的高层建筑和大型商业综合设计里，技术和规范对学生们的设计创作形成了前所未有的严格约束。除了要解决一般的功能流线组织之外，还要考虑大型商业建筑和高层建筑的消防分区、防烟楼梯、消防电梯等；除了要布置好任务书所要求的一系列功能空间之外，还要安排配电房、水泵房和消防水池等设备空间。除了通过设计指导教师同学生面对面的交流来检视学生是否把技术空间和技术规范的要求落实到设计之外，我们充分利用校企合作资源，邀请合作设计院的资深设计师进行一系列技术专题讲座，内容结合实际项目涉及建筑设备、结构选型、建筑幕墙等多个方面。而在四年级住区设计教学中，则把对技术和规范的要求直接转化为量化的评分指标。任务书中设定的 10 个技术和规范指标涵盖日照环境、风环境、消防流线等方面，总分达到 20 分。对技术和规范的漠视将直接导致期末成绩降等（图 5、图 6）。

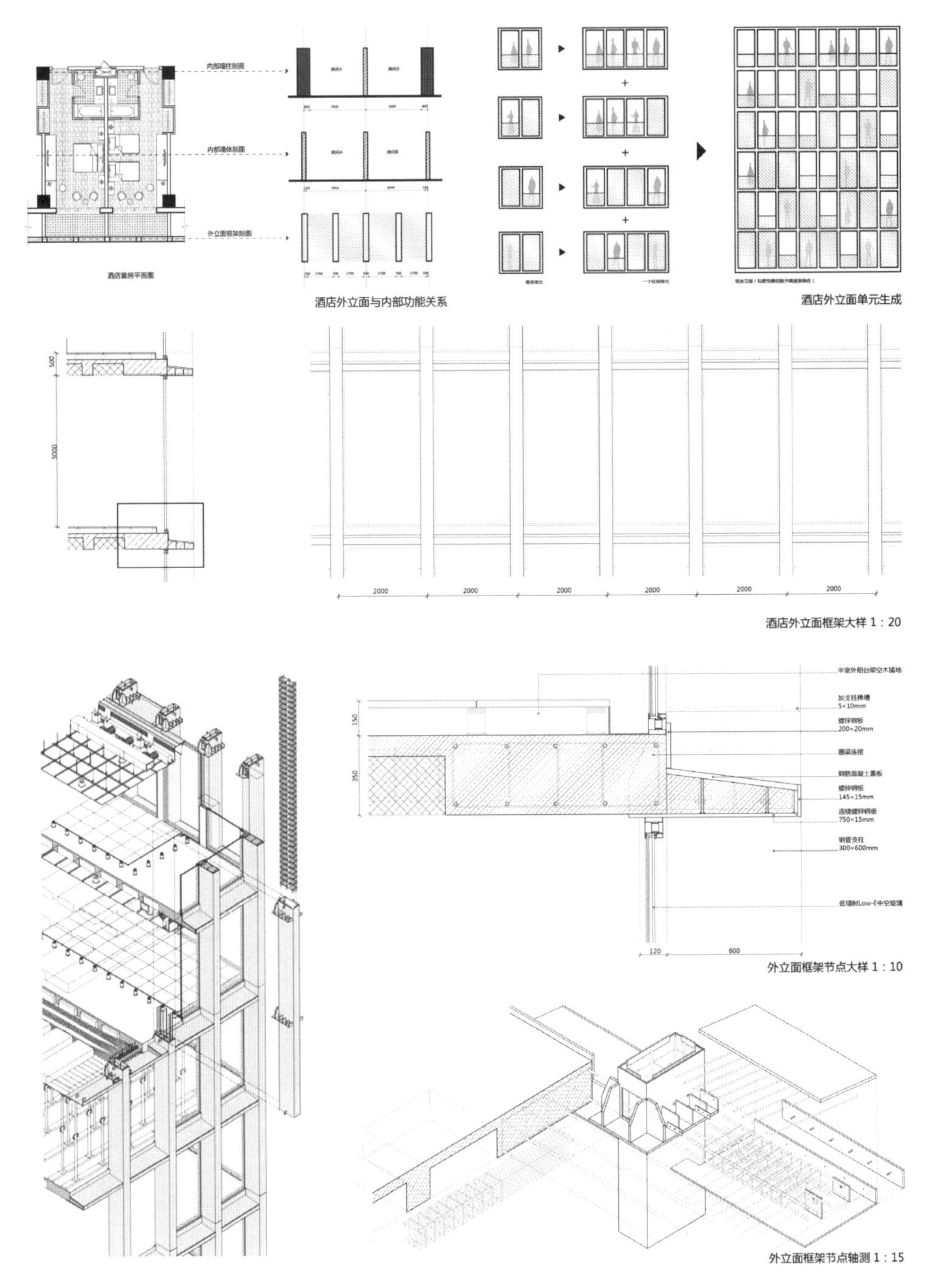

图 5　三年级春季学期：高层及商业综合体设计

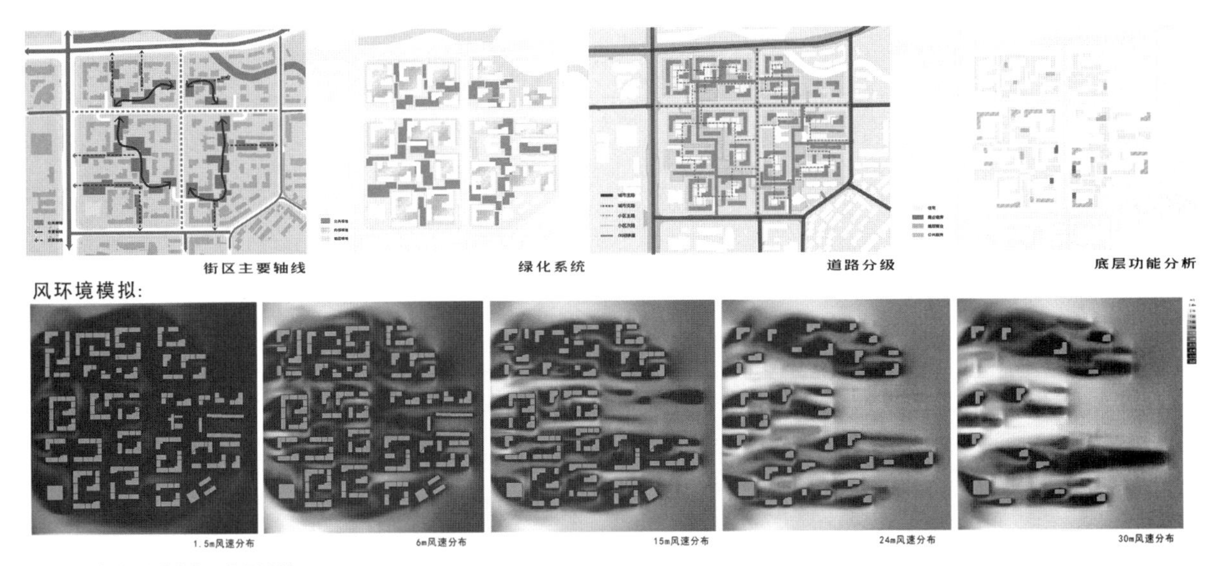

图 6　四年级秋季学期：住区设计

四、科研与教学结合的专题设计教学

四年级的专题设计，是设计教学的一个特殊阶段。在这一阶段，设计教学由惯常的一个年级做同一个课题、教师统一安排的方式，转变为教师结合自己的研究方向制订课题，学生自主选题。诸如环境行为、绿色建筑、大跨结构、参数化设计、热力学建筑、观演空间等课题，都是直接来源于教师的学术研究方向。在这些方向上，教师对于相应的技术内涵的理解有很深的造诣，能精准地把握设计教学中的技术性内容，鼓励学生对建筑领域中的新技术、新结构、新材料等诸多方面进行探索研究，并把针对某一方向的技术工具的运用整合到设计教学中。近年来，参数化、生态建筑、热力学等新兴方向成为专题设计教学的重要内容。

例如，"热力学建筑"专题，引导学生探究能量、物质与建筑形式之间相互关系，去建立一种新的应对环境和气候变迁的建筑设计范式。温度、热容、压强等因素成为影响建筑空间形态的关键内部因素，而技术手段的应用为研究这种关系提供了可能性。学生以能量流动为线索，探讨一种"热力学建筑原型"，进而结合具体的建筑类型进行设计创作。技术的理念经由技术的工具（如环境分析评估软件、3D 打印等）和有深度的技术实现手段的探讨（如 1 ： 20 大比例建造模型的制作等），落实为最终的建筑方案（图 7）。

"装配式节能建筑"设计专题是探讨以技术为导向，思考技术知识在设计操作中的角色和影响的另一有价值的探索。在教学中，建筑的外部形态、内部空间和具体的构建和构造，都是实现节能目的的途径，而节能技术的运用反过来对建筑空间和细部产生了全方位的影响。甚至赋予了建筑独特的形态特征，体现了技术的逻辑。具体的教学分三阶段展开：1. 顺应气候的总体布局和建筑体量组织；2. 科学有效的空间组织；3. 体现节能效用的建筑构件和节点构造设计。三阶段连续递进，每阶段都要求运用建筑环境性能模拟软件，考虑技术的应用和落实（图 8）。

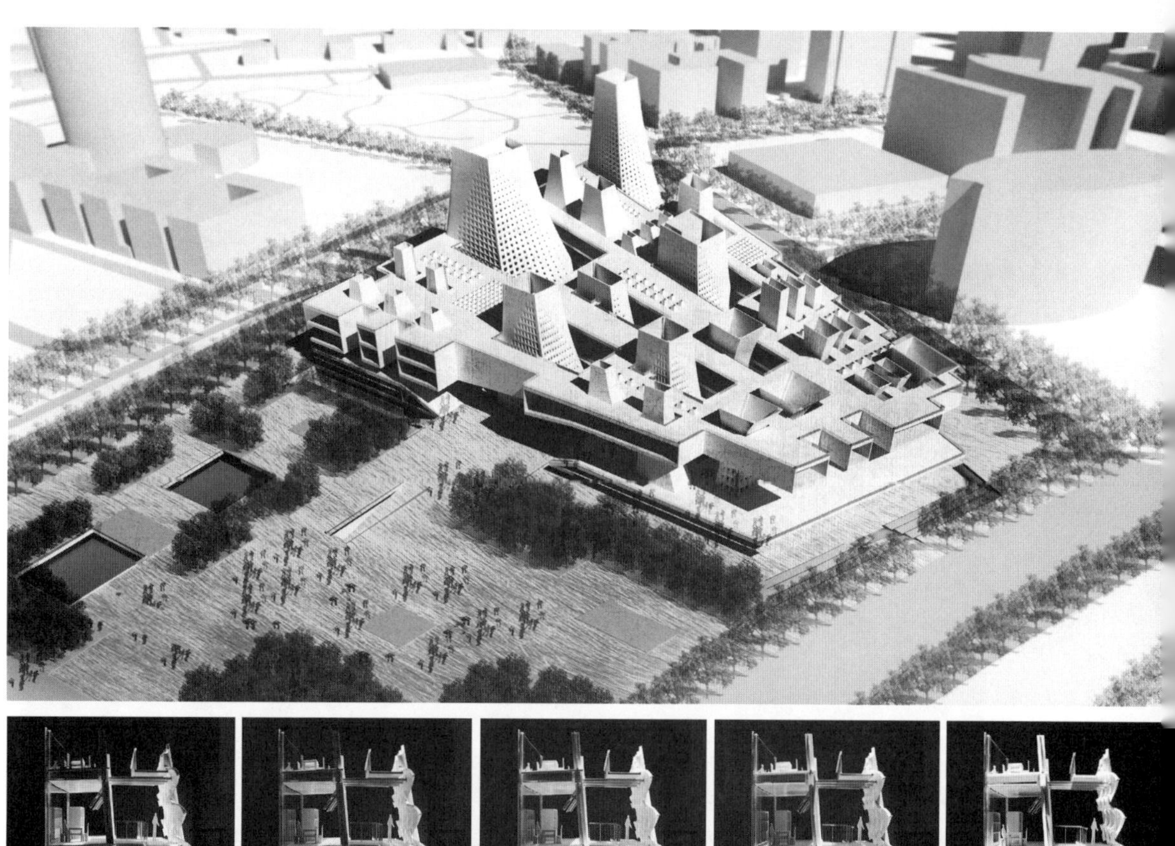

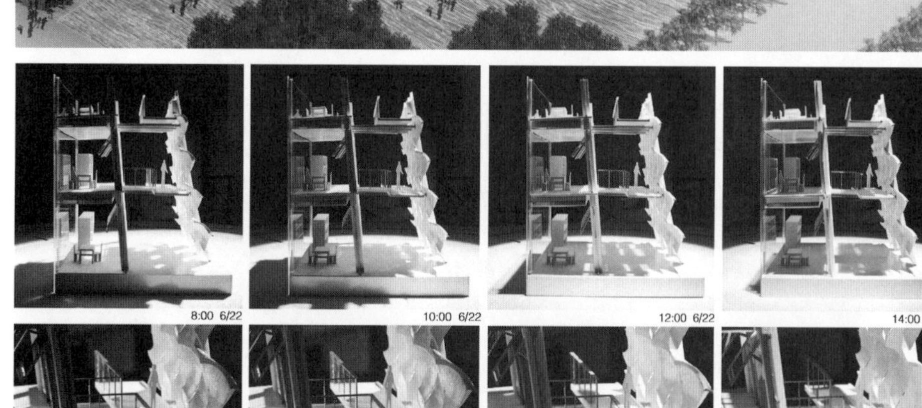

图 7　四年级春季学期：热力学建筑专题

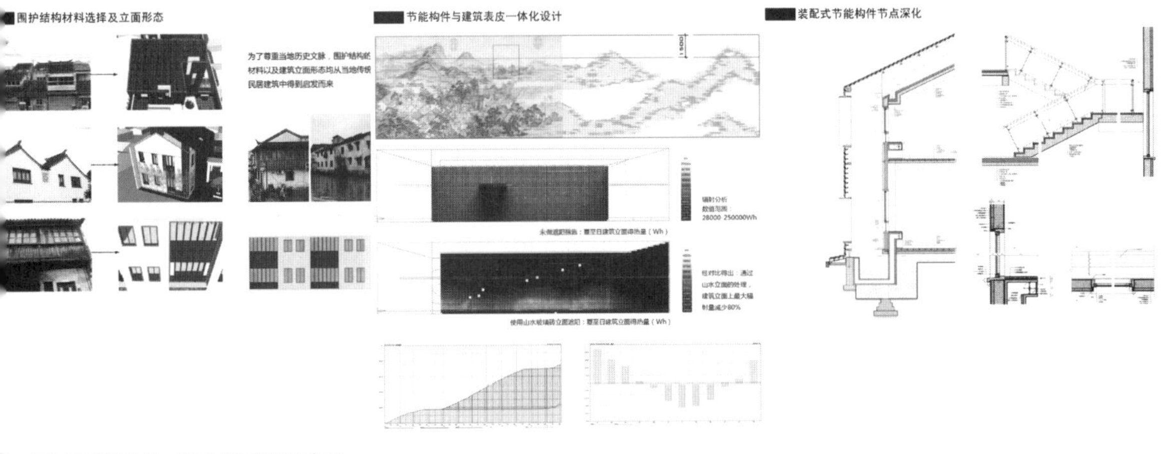

8 四年级春季学期：装配式节能建筑专题

五、讲授与操作融合的技术类课程教学

传统技术类课程教学改革的出发点，是把相对抽象的理论知识同空间环境塑造这一学生们习惯面对的对象联系起来，充分挖掘学生对技术的兴趣。

以“建筑物理（光）”课程的教学为例，在课堂教学之外，设置了“光艺术装置”作业环节。要求学生在了解LED照明发光原理及特点的基础上，基于技术进行创新设计，完成一套同室内外环境结合的光艺术装置。学生在6个课时（课内）里完成从方案设计到包括LED颗粒的焊接、点亮以及现场装置搭建的全过程。在此过程中，逐步建立综合考量技术、艺术、环境、文化的观念。在另外一个环节中，要求学生搭建建筑实物模型，进行自然采光设计的分析研究，并利用实验室HELIADON日光模拟平台观察日光在建筑中的光影轨迹，直观感知太阳运行对于建筑室内光环境的影响（图9）。

技术与设计关系是建筑学专业培养过程中不断被讨论的话题。学生在学习过程中体现出来的建造意识的缺乏也是被老师们时常批评的问题。甚至我们主要的用人单位——设计院，也常常非正式地投诉某些学生们“连个楼梯也画不对”。大学教育当然不能把为设计院培养能够直接上手的“熟练工人”作为目标，建造意识的培养也不能简单地等同于教会学生画几张构造详图。事实证明，在设计作业的最终成果中让学生

图9 建筑物理（光）教学

补上一两张同其设计毫无关系的详图，根本无助于问题的解决，甚至在一定程度上会起到反作用。能否"把楼梯画对"，是反映学生素养的一个核心问题。我们目前在建筑学专业培养中所做的诸多尝试，也是为解决这一问题所做的努力。但是，在未来尚需要进行体系性的计划和安排，既牵涉对于建筑学专业培养理念的全面思考，也必须解决设计课与技术类课程关系的进一步梳理、设计课的长题与短题的搭配、师资的合理安排等一系列具体问题，特别是以下几个方面是值得进一步思考的：

（1）想法和逻辑。这牵涉到在教学过程中教师如何评价设计，从而传递给学生的是一种什么样的价值观的问题。在我们的设计教学过程中，一向看重对于创造性的鼓励和培养。对于建筑学培养来说，这当然是必要的。问题是当学生把大量的时间和精力花在发现一个"从天而降"的"想法"上而不断地试错和推翻的时候，当他们发现一个"好"的想法加上花里胡哨的图纸表现甚至可以掩盖功能、技术等诸多问题的时候，一种忽视建造的观念就根深蒂固起来。今后一旦面临各种约束条件，就不知道怎么推动设计了。因此，为实现设计采取的建造方案，以及清晰准确的成果表达，包括一种基于环境、场地、任务的问题意识，为解决问题、接近目标而采取策略的推演逻辑等，应该成为设计评价的共同标准，从而使得建造意识逐渐成为一种专业的本能。

（2）深度和开放。这关系到设计教学的深入性和开放性的有机安排。为达到这一目的，设计教学组织的长短节奏十分重要。目前所谓"长的不够长，短的不够短"的批评，实际上针对的是设计教学安排单一，深度和开放性无法兼顾的问题。一方面，建造意识的培养要求的过程和深度意味着要有一定数量的长单元（一个学期 17 周，甚至是一个学年 34 周）来保证。当然，长题单元的教学不是简单把教学时间拉长或者把成果简单加量，而应当把教学要求化解为一个个具体、严格的节点性要求，推动教学的步步深入。另一方面，短单元（8.5 周）甚至更短教学时长课题的设置也同样重要，体现了教学中对开阔视野、鼓励思考和探索的开放性设计的关注。但这样一种开放性，需要有深度的长单元为依托。正是在这样一种基础上，短单元设计教学就可以不必过多顾及实际问题的约束，专注于开放性、自主性、思想性的内容。

（3）早和晚。这是设计类课程教学和技术类课程教学的关系问题。设计类课程教学中对于技术问题讨论的基础是学生应当具备一定的技术知识，这就要求在不同的教学阶段形成设计课程教学和技术课程教学两条主线的交织。但对于建造意识的培养，不必过于强调技术类课程同设计课程的平行对位关系，也就是说，不一定要等学生具有完整的知识储备后，才能在设计课程中涉及这些问题。无论是四年制还是五年制设计教学，都应当让学生尽早接触设计，让学生在设计中体会建造的意义。当然，不同阶段的设计课对于技术性内容的整合，应当充分考量学生的专业程度安排不同难度的教学内容。

内和外。这涉及教师资源的组织安排，是支撑设计教学活动开展的基础。强调深度和强调开放性这两种不同类型的设计课题，对于指导教师的要求是不同的。在长单元教学过程中，应当以具有丰富工程经验的全职设计课教师为主导，并有来自企业的工程师、技术课程教师等的补充介入和协同工作。当然这也对设计课的教师组织提出了更高的要求。而在短单元的设计教学中，教师队伍可以更加开放和多元，指导教师并不一定要具有工程设计的实践经验，建筑设计专业之外的历史学家、社会学家、艺术家、哲学家，可以激发学生以一种更加独特视角和姿态去看待我们惯常面对的问题。

同济大学建筑系目前正在进行的培养方案修订中，20% 的学分缩减是显而易见的结果，但学分缩减的背后是人才培养目标的重新定位、鼓励学生自主学习和多元发展等综合的考量，同时更需要我们去提炼和强化专业教育的核心内容，保证乃至进一步提升培养质量。上述的思考正在被努力地编织到新的教学体系中去。但能否真正被落实，教学的效果到底如何，还是需要实践的不断检验。

图片来源：

本文图片均为同济大学建筑与城市规划学院建筑系各年级设计的教学成果，由戚广平、谢振宇、姚栋、李麟学、陈镌、赵群、郝洛西、林怡等老师提供，在此一并致谢。

作者：王一，同济大学建筑与城市规划学院建筑系　副主任，副教授，博士研究生导师

开放互动的建筑学专业毕业设计课程建设

董屹

Architecture Graduation Design Course Construction Based on Openness and Interactivity

■摘要：同济大学建筑学专业的毕业设计在近年来展开了课程建设改革，以开放互动为原则，从教学平台建设、毕设课题设置、评价体系制定和成果输出模式等几方面进行调整，提升互动平台，关注社会热点，规范教学过程，多元输出成果，体现对开放性、研究性和创新性的持续关注。
■关键词：毕业设计 教学改革 开放性 互动性 研究性 创新性
Abstract：In recent years，the graduation design of architecture major of Tongji University has started the teaching reform. Based on openness and interactivity，the reform started from the construction of teaching platform，the subject set，the evaluation system and the output model of results. It enhanced interactive platform，focus on social hot spots，standardized the teaching process，multiple output results and reflected the continued attention to openness，research and innovation.
Key words：Graduation Design；Teaching Reform；Openness；Interactivity；Research；Innovative

建筑学专业的毕业设计是本科学习阶段的最后一个环节，它是对学生完成本科学习走向社会或者继续深造前所具备的专业素质、能力和知识的一次综合演练，也是对专业教学质量的一次集中检验。一方面它能够较全面地反映学校理论与实践教学的效果，另一方面它也能较系统地检验学生本科学习期间掌握和运用知识的好坏程度，毕业设计的深度和广度对于培养目标的贯彻及其重要。

面对这样的需求，我们希望从多元性、互动性、规范性及全面性等方面开展课程建设的调整。三年以来，我们以培养具有创新意识和能力、扎实专业实践和研究功底、具备国际视野的"专业领导者"为人才培养总目标，以促进人才培养从知识传授向综合能力素质提高转化为出发点，梳理和组织毕业设计的教学体系和教学内容，提升互动平台，关注社会热点，规范教学过程，多元输出成果，体现对开放性、研究性和创新性的持续关注，并形成可以推广的教学模式。

具体来说，主要完成了以下工作：

一、以互动性为主导的教学平台建设

为了实现教师研究专长与学生志趣结合的双向选择，我们从 2015 年开始通过半年左右的实验和调试，已经成功搭建了一个师生互动的网络平台：同济大学建筑系毕业设计管理系统平台（网址：http：//caup-tlab.tongji.edu.cn/gdarch），并从 2016 年起在毕业设计中正式上线进行了广泛的运用（图 1）。在这个平台上实现教师教案公示、学生自由选题、教师择优录取，还能形成各课题的网上教学空间与信息发布平台，对毕业设计的中期工作进行互查，同时展示优秀的毕业设计成果，从而激发教与学的热情，作为一个开放的平台同时欢迎其他同学和老师参与毕业设计的讨论和点评，在更大的范围内实现教与学的互动。同时该网站与毕业实习网站实现了合并和联动，使整个毕业实习和毕业设计成为一个完整的教学单元，具有共同的培养目标（图 2）。

尤其是在课题遴选和师生双向选择上，平台选择设置秉承所有志愿平等开放，学生志愿优先，教师和学生对选择过程最少干预的原则。最终实现了学生可对所有志愿排序，并且教师和学生均可只操作一次就完成所有选择的结果。其结果也最大限度地保证了学生和教师双方意愿的体现，并在课题设置中形成了良性的竞争机制。该网络平台已经在实际应用中真实地提高了毕业设计的效率和参与度，解决了毕设选题难以平等地体现所有师生意愿的问题，获得了参与毕业设计的师生的好评。

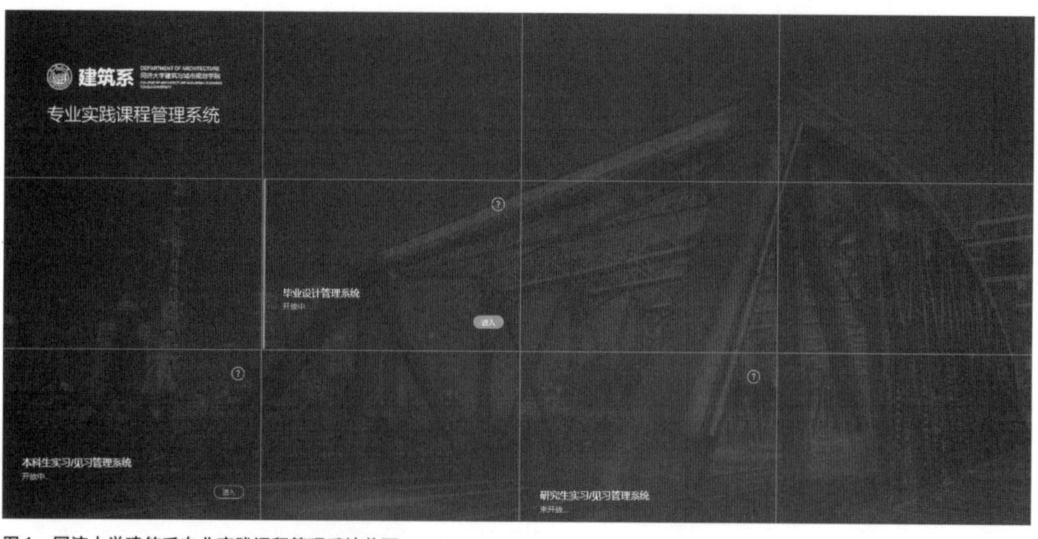

图 1　同济大学建筑系专业实践课程管理系统首页

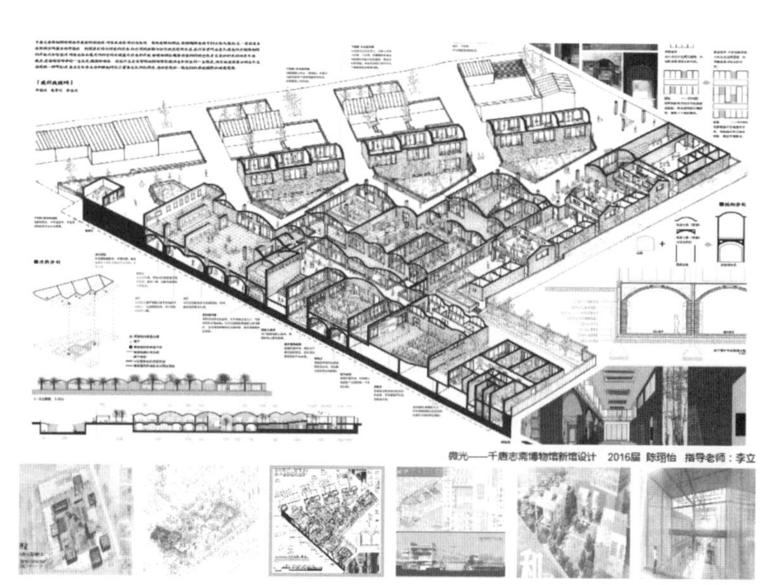

图 2　同济大学建筑系毕业设计平台首页

二、兼顾社会热点和研究深度的课题设置

课题设置是毕业设计非常重要的一环，引领着整个教学目标的方向。建筑系毕业设计课题的设置不仅仅是教师个人志趣的体现，更是基于学术研究导向和社会需求这两个基本因素。

首先是从师资构成方面入手，突出具有实践创新能力的师资组织，以建筑系多种研究方向的教学团队为基础，增大教授比例，组成由"领衔教授＋骨干教师＋博士生助教"形成的教学团队，强调研究导向，真正将毕业设计作为研究性 Studio 的一种形式，突出毕业设计课题研究性创新的特点。在 2015 年毕业设计中只有 2 组这样的教学团队，调整过后在 2016 年、2017 年和 2018 年的毕业设计教学中，分别形成 9 组、9 组和 10 组这样的教学团队，再搭配一些相对灵活的教学小团队，使整个毕业设计的教学队伍层次分明，课题设置兼顾学科发展方向和教学弹性需求。

另外从课题来源方面，毕业设计课题的遴选不再是单纯意义上的建筑设计，同时也需要应对社会关注的热点问题，使毕业设计与社会需求紧密结合。课题设置以来源于实践、来源于前沿为中心，在建筑系多学科组发展的大背景下，以指导教师的研究方向为基础，着力培养学生综合性创新解决实际问题的能力。这几年来，毕业设计的选题非常明显地反映了学科发展的方向和社会需求的指向，例如除了建筑设计之外，城市设计与城市更新、旧建筑改造、建筑性能化、适老建筑等课题大量涌现（表 1），逐渐实现了结合学科前沿和关键现实问题的毕业设计课题来源。

2015~2018 年毕业设计题目表　　表 1

2015 年毕业设计题目	2015 垂直亚洲城市国际竞赛——Everyone Contributes 语境——云南大理古城北水库区域城市更新设计 仙居度假酒店建筑设计 演变——多样统一性中的地域、传统与现代 整合气候和能源考量的建筑设计生成研究 西塘水巷——小型综合类建筑及景观环境设计 扬州普哈丁园与南侧设计与改造 平邑市民文体中心综合体育馆建筑设计 中尺度城市更新实验·重塑工人新村城市区域 LOGCITY——KEY OF EUROPA 国际大学生建筑设计竞赛 金山枫泾镇兴塔养老社区设计 浦东新区北蔡镇 G 地块老年公寓调研设计 上海北外滩下海庙地区城市与建筑设计 上海市长宁区定西路西侧区域改造设计 居住建筑方案生成机制设计 未来博物馆 色彩研究展示馆——鼓浪屿现代建筑的创新整合设计 地扪村乡土建筑营造与遗产保护设计研究 扬州南河下花园巷历史街区保护与更新设计 洛阳涧西工业遗产带保护 近代石库门里弄公馆的营造分析与改造设计 兵工遗产——南京南京晨光 1865 创意产业园环境设计 医疗空间室内设计 慕尼黑中德文化交流中心 浦东档案馆设计
2016 年毕业设计题目	乌镇国际艺术双年展展场暨北栅艺术创意园再生设计 2016 年中国国际太阳能十项全能竞赛 "梁思成杯"侨乡都市高密度住宅设计 演变中的建筑——2016 霍普杯建筑设计竞赛 鹤发医养——北京曜阳国际老年公寓环境改造设计 上海北外滩下海庙地区城市建筑设计
2017 年毕业设计题目	2017 年中国国际太阳能十项全能竞赛 洛阳考古博物院建筑方案设计 上海越剧院新址建筑概念设计 家庭式心理诊所室内设计 上海市崇明岛滨江生态休闲商业地块设计 上海近代黑石公寓及其周边环境保护与更新设计 斯图加特中德文化交流中心建筑设计 新城改造：陆家嘴实验 面向老龄化的城市更新——工人新村适老综合体设计 后"红坊"的城市再开发 含养老设施的城市社区综合体 苏州浒墅关古镇街区场境再生设计 上海中心城成熟区域内地块更新设计（徐汇·长宁） 虹口足球场地区社区体育及其他功能再整理 以文化输出为导向的豫园商城地块城市更新与建筑改造 聚焦京杭大运河的桥头——步行生活和文化活力的激发

续表

2017 年毕业设计题目	重温铁西——城市基因的再编与活化 江南木作博物馆设计研究 大剧院西片区城市设计与建筑更新 以公交和步行为导向的混合型宜居社区——南京市中华门地区越城天地超级步行街区城市设计及建筑设计
2018 年毕业设计题目	四川美院老校区周边城市更新 同济大学图书馆室内外环境改造设计 2018 年中国国际太阳能十项全能竞赛 基于新型能源与交通技术的城市设计 老年人和自闭症儿童的复合福祉设施设计 黔东南中闪村侗寨社区修复与传统民居更新改造 社区层面的城市更新规划设计（上海中心城区） 上海市闸北区安康苑地块城市设计 徐汇历史街区城市更新 后边界——深圳二线关沿线结构织补与空间弥合 老年科病区室内设计 上海浦东博物馆概念设计 基于改善失智老人生命质量的建筑光环境设计 千唐志斋博物馆新馆及铁门古镇更新 上海杨浦滨江电站辅机厂工业遗产保护与再生设计 21 世纪博物馆设计 安福路历史街区城市更新研究与概念性设计 浦东新区历史建筑室内外环境设计 冉庄改造规划暨二里头遗址公园游客中心设计 上海杨浦区大桥街道沈阳路周边地块（微）更新 山水实验——以游观体验为导向的旅游综合体设计 云南楚雄大姚城市重点地段城市设计 济南洪家楼天主堂保护设计研究 故宫西华门研究与保护设计 新城改造：陆家嘴实验 静安区东八块静安 67 街区和静安 59 街区改造计划

注：2015~2018 年间，选题总计：城市设计与城市更新 33 组，建筑改造 22 组，建筑性能化 9 组，适老建筑 7 组。

三、开放公平的教学流程与评价体系制定

这几年来，建筑系毕业设计逐渐形成更加规范的流程管理体系，结果管理和过程管理并重，并在几个基本环节上得到充分的落实。在充分利用网络教学平台的同时，毕业设计的教学质量由系里统一督导，在学期初始有课题审核、课题选择、教学双向选择等；学期中间有中期检查、中期复查等；学期结束前有答辩预审、专家成绩初评、大组答辩、小组答辩、最终成绩评定等。同时在关键环节上采用校内教师与校外评委协同的合作教学评价模式，在开放的同时兼顾独立与公平，将管理转化为教与学的驱动力，最终形成兼顾规范、自由与公平的管理流程。

从评价方法上，新的教学体系必定需要新的评价标准进行检验，希望形成多元开放的成果评级体系。最终的成绩评定由五方面组成：一是中期检查的情况，主要反映教学过程的设置合理性和学生的执行力；二是导师打分，反映的是学生在毕业设计其间的态度和能力的综合评价；三是结合毕业设计展的全体学生的成果展板评价，这个环节主要邀请校内非毕业设计任课教师和其他院校教师共同参与，反映的是客观的成果呈现的整体水准；四是学生分组参加的小组答辩，由非学生导师的毕业设计任课教师担任评委，各毕设小组之间互相检查，反映的是每个学生的完整的设计思考过程；五是每个小组选取答辩最优同学参加大组公开答辩，其答辩委员除各大高校的知名教师以外，还将特别邀请各大设计院、设计事务所的知名建筑师参与，其反映的是同济建筑系毕业设计的最高水准，同时也起到了平衡各组答辩成绩，统一答辩评价标准的作用。通过这样五个方面的评价体系建设，毕业设计做到了过程评价和结果评价并重，指导教师、校内评委和校外评委共同参与，以保证评价结果的全面客观。

四、多元接口的教学过程与教学成果

建筑系毕业设计作为本科阶段最重要的成果呈现，其教学过程和教学成果应该不仅仅局限于课程设计的范围，而是有必要鼓励创造其多元化的接口，使其在夯实内涵的同时不断拓展毕业设计课程的外延和影响力。具体来说包含以下几个方面：

一是加强毕业设计的国际化程度，从更广的范围衡量其课程设置和教学成果的定位。其中主要包括参加国际竞赛、进行国际联合设计以及邀请国际团队加入课程教学等方式。四年来共有 13 个课题参与了国际交流。举例来说，同济大学连续五年参加由新加坡国立大学和世界未来基金会于 2011 年 1 月联合创办的"亚

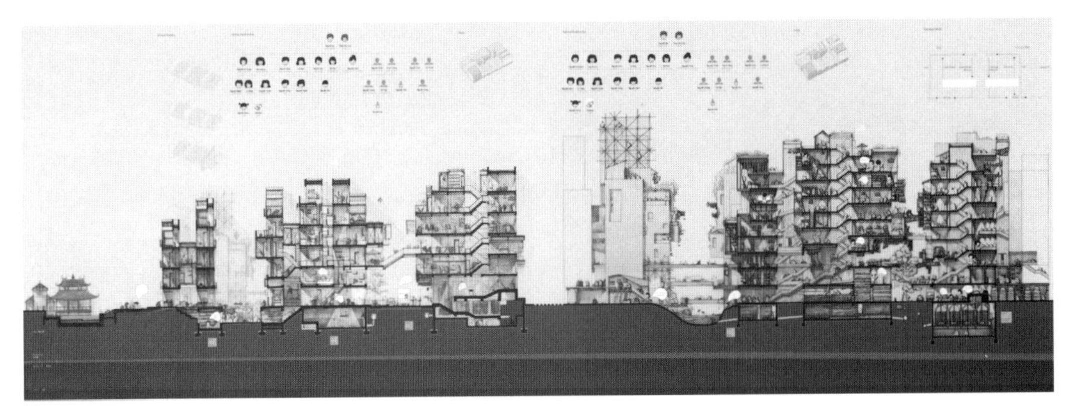

图 3　亚洲垂直城市国际设计竞赛第一名设计作品——紧密城市

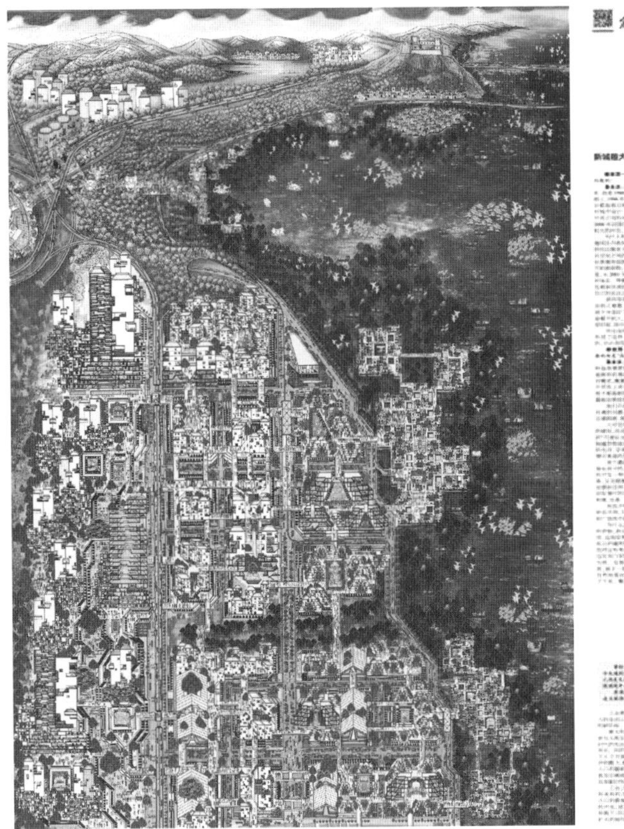

图 4　亚洲垂直城市国际设计竞赛第一名设计作品——渗透城市

MONDAY　见识 19

新城也需“再城市化”

共享单车路在何方
“小而美”模式可否借鉴

城市不能只重技术，忽略人文

图 5　《解放日报》2017 年 11 月 13 日报道——新城也需“再城市化”

洲垂直城市国际设计竞赛”。该竞赛由全球 10 所高校参加，包括来自亚洲、欧洲和美国的 10 所顶尖大学：清华大学、同济大学、香港中文大学、新加坡国立大学、东京大学、戴尔夫特大学、苏黎世高等工业学校、加州大学伯克利分校、宾夕法尼亚大学和密歇根大学。每年在亚洲不同城市选择基地，要求针对可持续性、生活质量、技术创新、文脉关系、可实施性等几个方面展开完整和系统的考虑，并到新加坡国立大学完成最终汇报和评审。同济大学坚持将其作为毕业设计的课题，因此也成为最年轻的参赛队伍，但连年得奖，并两次获得第一，不仅为亚洲建筑类高校赢得最高荣誉，也让同济建筑系毕业设计的质量得到了国际认可（图 3、图 4）。另外连续四年选派学生赴慕尼黑在当地进行为期一学期的毕业设计，连续三年参加国际太阳能十项全能竞赛，并在近年来与法国、西班牙、美国等多个院校展开联合毕业设计。

二是鼓励参与各种国内联合设计与兄弟院校进行横向交流，四年共参加 10 项国内的联合毕业设计，例如连年参加国内“8+1”联合毕业设计和六校校企联合毕业设计，在相互的切磋学习中以更全面的视野提高毕业设计的质量。

三是将毕业设计的成果参加各种竞赛与奖项的评选，同时通过各种媒体进行传播，扩大其影响力。例如近年的毕业设计成果多次获得 TEAM20 两岸建筑新人奖，还曾经获得海峡建筑新人奖、中国人居环境设计学年奖等多个奖项。获奖之外，借助多种媒体扩大毕业设计的影响力，例如 2017 年的毕业设计“新城改造：陆家嘴实验”就被澎湃新闻报道，并被《解放日报》整版刊登（图 5）；“以文化输出为导向的豫园商城地块城市更新与建筑改造设计”被凤凰卫视“设计家”栏目拍摄报道。

综上所述，同济建筑系的毕业设计课程建设改革已经初步取得了一定的成果，但还有进一步提升的余地：在课题选择和教学组织上，目前的做法已经体现多元性和互动性，但在如何激发学生和教师的热情以及如何体现学生的自主意愿上还有进一步优化的可能；在环节控制上，现有的成熟体系已经可以很好地对流程进行管理，但在如何将管理转化为教与学的驱动力方面还可以进一步深入研究；在质量管理和评价标准上，目前已经做到了很好地与实践接轨，但在校企合作的深度和广度上还有扩展的需求；在将毕业设计作为教学检验的窗口的同时，由于整体环境的不断发展，也对教学的国际化提出了更高的要求。

图片来源：

图 1：引自 http：//caup-tlab.tongji.edu.cn/gdarch

图 2：引自 http：//caup-tlab.tongji.edu.cn/gdarch/Default/Page?Length=7

图 3、图 4：学生毕业设计作业

图 5：引自 http：//newspaper.jfdaily.com/jfrb/html/2017-11/13/content_48357.htm

作者：董屹，同济大学建筑与城市规划学院 副教授

“城市阅读”：一门专业基础理论课程的创设与探索

伍江　刘刚

City Reading: Establishment of a Basic Theory Course

■摘要："城市阅读"课程尝试通过聚焦城市来探索建筑学基础理论知识的拓展，帮助学生培养专业问题意识和价值观，逐步掌握从城市和环境分析入手的思维逻辑和方法，为其他专业课程和高年级学习形成支撑。由此，本文在概述基本教学理念和实践的基础上，撷取教学实践中沉淀下来的具体观点和做法，从"强化素质型的专业能力培育、重视多样性的城市阅读方法、强调自主性的学习成果练习"这三方面展开论述，尝试从创设这门具有探索性的专业基础理论课程中析出若干教学思考。

■关键词：城市阅读　城市研究　基础理论课程　教学实践

Abstract: The City Reading course tries to extend basic architectural knowledge by focusing on the city. It will help students to develop problem awareness and provide knowledge and analytical skill needed in senior studio classes. Therefore, derived from the practical teaching, the paper presents its arguments in three aspects: strengthen the quality of basic professional thinking, pay attention to the diversity of urban reading methods, emphasis on autonomous learning outcomes exercises.

Key words: City Reading; Urban Study; Basic Theory Course; Teaching Practice

和传统城市、早期现代城市相比，当代城市在总量上包容了更多的建造活动，人口城市化的单边事实也提醒我们，建筑学面对的人类思想，其物质基地存在于城市。这要求我们去把握建筑学教育的当代趋势，培育更加强大的学科能力，去在城市空间、城市生活和城市发展中，继续探究建筑的艺术、技术、社会、经济等方面的、多样性的建筑价值，进而反哺形式的创造。

然而在传统的建筑学教育中，关于城市的知识、尤其是以城市的视角去思考建筑学问题的训练几乎完全缺失。尽管在建筑学的许多课程中，越来越多的老师越来越多地强调城市对于建筑学的重大意义，但是在建筑学的课程体系中，鲜见关于城市知识的系统设计。而即便是在相关城市史或规划史的课程中，更多地也只是将城市看作一种普遍的人类活动产物，着重探讨城市发展的"普遍规律"，对于作为具有丰富文化含义的城市个体特性，亦即真正体现城市自身生命力的城市个性（这种个性对于建筑乃至整座城市的意义甚至往往远大于普遍意义上的"城市"的意义）却极少触及。这种现象不仅在建筑学的教学体系中，甚至在建筑学的孪生学科城市规划专业的教学体系中，也普遍存在。在建筑学乃至城市规划学的知识体系中，城市的个体文化意义在普遍的功能主义和形式主义逻辑下被严重忽略。城市，现存的城市，无论对于建筑的设计者或城市的规划者，都仅仅是一个抽象的、按照"规律"存在的、无需具有个性的物质存在。在这种知识体系训练下成长起来的建筑师或规划师，如何懂得理解和尊重一座城市的真正价值？又如何能以他们对城市的专业干预（规划或设计）为城市增添新的文化意义？在建筑学和城乡规划的课程体系中，加强关于城市意义的探讨，也就变得十分迫切和十分必要。

正是基于这一理念，以及依托关注城市的学术传统和学院特色，我们从2011年起，在同济大学建筑与城市规划学院面对院内所有专业，开设了国内建筑规划类院校首创的《城市阅读》课程，作为本科低年级学生的专业基础理论必修课。《城市阅读》以启发认识城市问题和城市特色为中心，针对不同时期、不同地域的城市空间形态、变化和设计干预，借助多样化的典型城市案例进行知识讲授。帮助学生建立基本的城市观念、以及城市空间分析认知的基本方法，从而逐步学会从城市分析入手的专业思维逻辑，形成正确的建筑学价值观。之后，我们又在此基础上开设了主要面对国际学生的全英文City Reading课程，并连续组织部分选课学生赴欧洲开展"现场城市阅读"暑期教学实践活动。与此同时，我们又开设了面向博士研究生的"中国当代城市问题选讲"。经过8年的课程建设，目前已形成一个紧凑关联的城市研究课程体系核心（图1），成为本学院专业教学体系中的一个全新的、探索性的板块。

本文以下拟就面对本科低年级的《城市阅读》课程，通过"强化素质型的专业能力培育、重视多样性的城市阅读方法、强调自主性的学习成果练习"这三方面对教学探索中的若干实践思考展开论述。

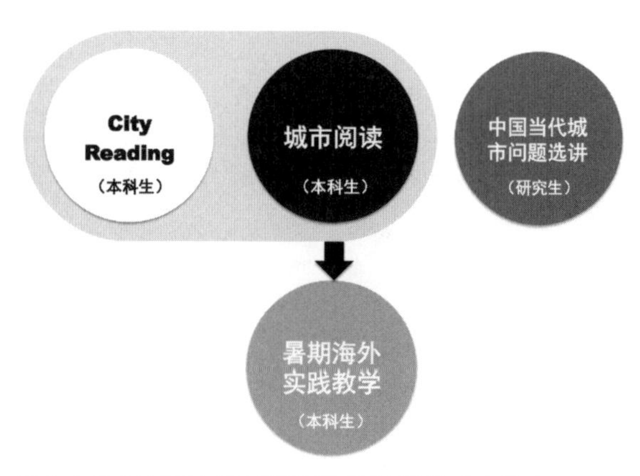

图1 同济大学建筑与城市规划学院《城市阅读》课程体系

说明：中文版"城市阅读"为该体系的核心课程，面向建筑学、城乡规划学和景观园林学全体二年级本科生，为教育部精品视频公开课；*City Reading* 为面向国际学生（必修）和部分国内学生（选修）的全英语版，为上海高校示范性全英语课程建设项目。

一、强化素质型的专业能力培育

放在教育和学术的关系里探讨专业能力培育可以是一个宽泛的话题，但在"城市阅读"课程中，以素质培育为目标，如下三个关键方面得到特别强化。

（一）发展批判性思维

建筑学教育越来越基于图像进行，并且用"形式"为理由来阐述价值。这构成了一个可议的事实或者比较普遍的印象：相当多的学生在进入专业学习后，逐渐习惯于针对图像中的形式，凭借感官刺激来认识世界，在工作中不善于区别事实与观点，进而当需要去深入揭示和作出有说服力的解释时，支撑性的知识不足，分析表达不清晰。在专业基础理论课中，对于如何通过补充知识来建立广义的分析框架，促进形式和理性的逻辑一致，部分学生对此有迫切的学习愿望。

（二）形成文化比较的意识和方法

当代建筑学学术需要建立多元的全球视野。与此同步，应该建立一个全球化和中国互动的叙事机制，特别是在中国语境中探讨当代的思想观念、当代的问题、当代的方法。很多时候，由于受到西方中心的知识体系和范式完整的极大影响，我们在讨论"问题"时会混淆它的进程和地域属性，甚至于轻视具体的在地分析。因此，教师应该从专业教育阶段就引导学生开始发展一种"比较主义"的态度与方法，在开放的分析架构、文化比较视野和具体分析中提出中国的问题，为建立认识和行动的逻辑一致打下基础。

（三）认识空间性

空间在建筑学教育中是出现频率最高的词汇，但还不是一个得到普遍理解的重要概念。在指向城市问题研究的时间、空间和社会这三大分析维度中，空间性的物质特征、叙述结构与批判性为建筑学相关议题的发生提供了重要支撑，比如，当需要建构当代城市更新实践中的多元线性关系时，空间性是遗产保护、功能与社会转型等诸多问题的最主要范畴。城市阅读课程正是以围绕空间性为中心的变化因果解析为主要方式向学生呈现教学内容。

二、重视多样性的城市阅读方法

城市阅读可以有多种方式，包括注重城市空间模式与要素组合的城市形态学解读、注重城市文化价值的历史解读、注重城市发展动力的政治经济学解读、关注城市空间结构变化的社会学解读等等。随着不同的阅读对象城市，授课中将针对性地选择利用，并力争将其原理通过示范阅读的方式浅显易懂地传递给学生。

（一）城市形态学解读

这种解读以城市设计研究者斯皮罗·科斯托夫的《城市的形成》《城市的集聚》、凯文·林奇的《城市意向》、《城市形态》等为主要理论和方法支撑，分析城市形态模式、演变及其中的要素关系。此外还有为建成环境物质发展的概念化和方法论作出巨大贡献的人文地理学康泽恩学派、城市形态与类型学结合来解析整体－局部关系的建筑学家乔弗朗科·卡尼吉亚、阿尔多·罗西等人的观点，都为阅读城市提供了城市空间形态的解读工具。

（二）城市文化价值的历史解读

借助于刘易斯·芒福德的《城市发展史》、彼得·霍尔的《文明中的城市》以及莱昂纳多·贝纳沃罗的《世界城市史》等典籍，他们携带着现代城市化的经验来解析人类文明化进程中的多地域、多类型的城市发展，建立了西方城市文明进程的线性叙事，并以现代性的跨越为指向，呈现了历史主义为体裁的一般批判性阅读。

（三）城市发展的政治经济学解读

这一解读方法着重探究现代城市空间发展变化的政治经济相关动力机制，以当前美国对城市开发的剖析中主要使用的两个政治经济学理论工具为例：一个是以空间的使用价值和交换价值为基础的增长机器理论（growth machine theory）；一个是以个体理性及其联合行为作为核心的政体理论（regime theory）。两个理论均不是简单通过体制框架来解释城市空间的发展变化，而是基于具有价值判断和利益驱动的体制内外的个人或群体，为阅读城市提供了特定的理论分析工具。

（四）空间发展的社会学解读

这一城市阅读方法关注城市发展的社会影响，主要包括空间使用者特征、社会的流动性和差异性、不同人群的相互作用等议题。大量社会学理论可支撑城市空间的社会学解读。例如梅因爵士分析城市化过程中家庭依赖性逐渐解体和个人责任的增加，滕尼斯的对礼俗社会和法理社会的区分，西美尔探究了工业化前后两种社会的心理学关系，萨特尔斯对邻里社区的剖析等，可分析社会关系与空间的互动。

三、强调自主性的学习成果练习

课程作业的完成和公开汇报是城市阅读课的重要内容，其完成时间为整个学期。内容包括：基地选取、发展演变分析、空间意义解读、以及未来发展预测。作业设置目的是为了让本科低年级学生摆脱单纯接受知识灌输的学习方式，学会自我发现和提出问题，并进行高质量的论据表达。按照阅读对象的不同，课程教学提出了两个选题：其一是在自己的家乡；其二是目前学习生活所在的上海。要求自主选择一处城市空间作为阅读对象，并编撰报告。按照进程阶段，工作可分解为如下四个子任务。

（一）任务1：基地选取

本阶段需要确定一处工作基地。它可以在市域内的任何地点，规模自定，但需限制在$1km^2$以内。选择标准有三点：具有社会、功能和空间的多元混合特征；有经过分析解读后能够引人关注的现状处境；有发生变化的可能。成果方面，要求对基地进行基本描述，阐述选择的原因、可能存在的问题、对空间变化的预感等；同时成果包含一张建成环境的认知地图。

（二）任务2：基地的发展演变分析

本阶段集中分析基地的发展演变过程。要求通过多种类型的文献和田野调查，还原物质环境演变过程，解析空间变化背后的微观行动与宏观因素（如社会、文化、政治、经济）和直接条件（如政策、事件、技术变化等）的互动机制，进而作出发展阶段划分和关键时点的确定。成果方面，应通过呈现地形地貌、土地利用、所有权、建筑样式、交通方式等具体空间变化现象来解析背后的因果关系，并图解其进程的阶段性划分。

（三）任务3：基地的文化意义解读

本阶段旨在揭示空间中存在的多样性价值。要求通过进一步的资料分析、访谈等，比较不同阶段的空间使用者的身份特征、活动和生活方式等，进而综述基地的文化意义，为下一步思考未来发展创造条件。成果方面，要提供最能体现观点的图像和图表，最终概括完成400字的文化意义综述。

（四）任务4：基地未来发展判断

最后，学生要展示出关于空间发展的观点。通过空间功能、结构、景观和空间使用者等，论述基地未来变化的可能性、变化的内容、发生变化所需的条件，以及对变化的结果和影响进行评估。这一部分同时作为课程作业的总结，需要回应前面的内容，包括对基地的现状、问题和未来预测的认识，在任务一和其他任务完成之间有否发生变化？在概要总结空间形成进程中的各种因果关系的基础上，分析演绎未来发展的空间特征，进一步尝试对未来的空间发展模式进行分析判断。

四、结语

国内绝大多数建筑学专业都依托在由建筑学、城乡规划和景观学这三大一级学科构成的学院中。在基础培养阶段，三个学科的教学需求有比较大的重叠。如何基于现有学科专业体系进行教学整合，促进各自专业知识方法的融合与互相支撑，同济大学建筑与城市规划学院开设的“城市阅读”从课程层面进行了开创性的探索，并已经进入其教学实践的第八年。从人才培养质量的角度，参加本课程的学生在进入各自专业高年级后，普遍提高了空间问题意识，对城市现象产生浓厚兴趣，并掌握了一定的理论方法，为深入学习打下良好基础。就专业教学体系改革而言，“城市阅读”在一个主题性的课程平台上先行探索了三大学科知识体系的教学融合，在一定程度上促进了学院内部多学科协同教学理念的发展。

当然，一门创新课程的开设并非易事，即便如同济大学建筑与城市规划学院这样具有一定综合实力的高等教育单位来说，教学内容的整合重构、教学团队的组建、教学实践的顺利开展也面临着不少挑战。直接来看，“城市阅读”对教学工作者自身提出了较高要求，持续的知识更新、准确的教学判断、稳定的教学状态都必不可少。然而更重要的是，对于建筑学、城乡规划学和景观学等各相关学科的课程体系设计而言，关于“城市”的知识积累与方法训练，远不是一门“城市阅读”课所能完成，需要更多的课程设置和现有各课程更多的相互配合与融合，各专业课程设置的相互支撑，才能真正树立学生的正确“城市观”，并成为能够真正理解城市并能为城市作出积极贡献的专业人才。

基金项目：国家自然科学基金面上课题“中国近代城市空间形态演进研究——以1849-1943年的上海旧法租界为例”，项目编号：51578381

参考文献：

[1]（美）阿尔多·罗西著.城市建筑学[M].黄大钧译.北京：中国建筑工业出版社，2006.
[2]（美）保罗·诺克斯，（美）史蒂夫·平奇著.城市社会地理学[M].柴彦威等译.北京：商务出版社，2001.
[3]（美）约翰·R.洛根（John R. Logan），（美）哈维·L.莫洛奇（Harvey L. Molotch）著.都市财富：空间的政治经济学[M].陈那波等译.上海：格致出版社，2016.
[4]（美）凯文·林奇著.城市形态[M].林庆怡，陈朝晖，邓华译.北京：华夏出版社，2001.
[5]（意）莱昂纳多·贝纳沃罗著.世界城市史[M].薛钟灵等译.北京：科学出版社，2000.
[6]（美）刘易斯·芒福德著.城市发展史：起源、演变和前景[M].宋俊岭，倪文彦译.北京：中国建筑工业出版社，2005.
[7]麻省理工学院城市研究与规划系开放式课程网站http：//www.myoops.org/cocw/mit/Urban-Studies-and-Planning/index.htm.
[8]（英）彼得·霍尔（Peter. Hall）著.文明中的城市[M].王志章等译.北京：商务出版社，2016.
[9]（美）斯皮罗·科斯托夫著.城市的形成：历史进程中的城市模式和城市意义[M].单皓译.北京：中国建筑工业出版社，2005.
[10]（美）斯皮罗·科斯托夫著.城市的组合：历史进程中的城市形态的元素[M].邓东译.北京：中国建筑工业出版社，2008.

图片来源：

图1：作者自绘

作者：伍江，同济大学建筑与城市规划学院　教授；
刘刚，同济大学建筑与城市规划学院　副教授

新工科的教育转向与建筑学的数字化未来

袁烽　赵耀

New Engineering Education and the Digital Future of Architecture

■摘要：文章探讨了新工科建设背景下，建筑学智能新工科的教育体系建设与发展方向。从建筑智能新工科建设的共性技术出发，对智能化设计与建造方法及数字建筑设计的产业化未来进行讨论。文章进一步结合同济大学举办的“数字未来”工作营系列活动，对建筑新工科发展平台的建设的可能性进行探讨。最后，通过“数字未来”国际博士生项目对建筑学新工科的数字化未来的到来进行了展望。
■关键词：新工科教育　建筑智能新工科　数字化设计　数字化建造　数字未来
Abstract：This article discusses the construction and development of the education system of architecture intelligent new engineering in the background of new engineering construction. Starting from the common technology of architecture intelligent new engineering, this article explores the intelligent design and fabrication method and the future of industrialization of digital architecture design. Furthermore, taking the series activities of "Digital FUTURE" workshop in Shanghai held by Tongji University as an example, this article discuss the possibility of construction of architecture new engineering development platform. Finally, the article looks to the digital future of architecture new engineering through the "Digital Future" international doctoral program.
Key words：New Engineering Education；Architecture Intelligent New Engineering；Digital Design；Digital Fabrication；Digital Future

一、何谓“新工科”教育？

第四次工业革命的影响正深刻地影响着工业体系发展。为应对此次工业革命大潮，美、德、中三国先后发布了工业战略规划——“工业互联网”、“工业4.0”和“中国制造2025”。新工业革命对工程人才素质提出了全新的要求，“新工科”概念应运而生。在“新工科”中，“工科”是指工程学科，“新”包含三方面含义，即新兴、新型和新生。“新兴”指的是全新出现、前所未有的新学科，主要指从其他非工科的学科门类拓展出来的面向未来新技术和新产业发展的学科。“新型”指的是对传统的、现有的学科进行转型、改造和升级。“新生”指的是由不同学科交叉形成的全新学科[1]。

总体上讲，新工科教育具有跨学科、创新性、共享性、高速迭代、数字孪生等特点。从学科类型上讲，相比单一传统针对特定工程方向的旧工科，新工科是多个学科交叉、融合与渗透，综合多个学科的理念与优势，满足数字智能时代日益复杂的工业需求。在交叉学科基础上发展的新工科教育，创新性主要体现在新知识体系的构建上，新工科服务于新产业、新业态，旧的知识体系已不再满足时代发展的需求，新技术、新材料、新模式的研发已经成为新工科教育体系构建的重要任务。虽然目前仍处于起步阶段，新工科的发展已显现了超乎想象的知识迭代速度，大数据时代庞大的信息量和飞速发展的信息处理技术为新工科教育猛虎添翼。新工科教育的共享性体现在知识的传递、分享、学习进程中，知识不再是从教师到学生的单向流动，而是正在成为多向的传递与共享的知识生态系统。数字时代，在数据可视化技术和智能建造物质化技术并驾齐驱的今天，新工科教育的发展离不开对“数字孪生”的探讨，数字孪生表示虚体空间中的数字虚拟事物与物理空间中的实体事物之间的精确映射关系，代表着“虚拟”与“现实”之间高水平的共生，随着数字技术的崛起，新工科教育愈加需要“虚拟”与“现实”的双向驱动。

二、建筑智能新工科

建筑学作为一门综合性较强的传统工科，学科覆盖范围广泛，是关于建筑本体及其环境的构成原理、实现方式和演进脉络的学科，跨越自然科学和人文、社会科学领域，本身具有多学科交叉性，因此具备良好的新工科发展基础。在“中国制造 2025”的大背景下，数字化、网络化、智能化是新一轮工业革命的核心技术，应该作为“中国制造 2025”的制高点、突破口和主攻方向[2]。结合新一轮工业革命带来的数字技术的革新，智能化数字设计方法的广泛使用已经成为大势所趋，建筑智能新工科应运而生。建筑智能新工科是利用数字化设计技术构建的建筑智能设计体系与平台，培养更为全面的数字设计人才，服务于新型的智能建筑产业。

（一）建筑数字化设计共性技术

建筑智能新工科的构建首先离不开共性技术的研究，数字化技术是智能化的基础，智能化是未来连接建筑可视化与物质化的手段。数字化设计共性技术包括基于算法的建筑几何找形与优化技术，可视化模拟技术，机器人数字建造工法及基于人工智能与机器学习的智能技术等。

20 世纪的建筑界在经历了现代主义的洗礼之后，已经基本形成了完善的几何模数控制理论，对建筑工业化发展起到了至关重要的作用。与此同时，其本身也存在着形式单一，无法即时动态地调整建筑成果，无法精确控制复杂建筑形体等局限。随着 20 世纪 50 年代计算机辅助建筑设计（CAAD）的兴起，数字化设计开始逐步取代人工进入建筑设计领域[3]。建筑作为现实世界中典型的物理存在，可以通过算法被定义，通过代码的形式被呈现。卡尔 · 楚（Karl Chu）的计算生成图解在认识论层面定义了全新的图解范式所要表达的内容，约翰·惠勒（John Wheeler）和史蒂芬·沃尔夫拉姆（Stephen Wolfram）将这一内容具体化为“代码”与“计算”[4]。英国数学家、建筑师莱昂内尔 · 马奇（Lionel March）认为，建筑设计与计算机之间可以通过数学进行连接，这种连接赋予建筑设计更严谨的科学意义[5]。以逻辑和规则为核心原则的参数化思维逐渐成为计算机辅助建筑设计（CAAD）的主要内容，随着计算机智能和机器人技术的发展，智能设计共性技术在 21 世纪相继涌现。

时至今日，基于算法的建筑几何找形与优化技术已经日益成熟，衍生出包括形式语法、元胞自动机、分形系统、遗传进化理论、多智能体复杂系统、集群智能系统等在内的建筑设计生成算法，成为建筑智能新工科构建的理论基础。建筑可视化模拟技术在对包括风、光、热、声在内的建筑环境性能，以及室内外空间行为性能等的模拟与测评方面应用广泛。当下最前端的智能化人机交互虚拟现实、增强现实与混合显示技术在建筑智能新工科领域发展前景广泛，为建筑智能新工科构建奠定了设计依据。建筑机器人的数字化建造技术的演进可以追溯到 20 世纪初期第二次工业革命，往后几十年，各种类型的工业机器人相继被研制出来。目前，破拆机器人、搬运机器人、装配机器人等专业建筑机器人在建筑施工中已得到广泛应用，建筑机器人解放了大量生产力的同时大大强化了工程建设质量。目前在各大高校和研究所，更加高技和专业的机器人工具端也不断被研发出来，以建筑机器人为中介的数字建造工法成为建筑智能新工科构件的物质基础。与此同时，在建筑领域，随着人工智能与机器学习的不断发展，传统的建筑设计方法、设计过程正在迎来思维方式的革新。人工智能时代，机器可以代替人类完成部分设计工作，通过人机协作实现高效率和高水平的建筑设计，目前已应用于建筑设计选型、设计规范自动检测等方面。人工智能与机器学习将成为建筑智能新工科领域的发展关键。

（二）数字化设计与建造方法

随着数字设计共性技术的飞速发展，其为建筑设计方法的发展提供了技术平台，衍生出包括智能信息采集、数据可视化、参数化生成设计、性能化建构和智能建造等相关的智能设计方法，现已在建筑学相关专业的教学和实践中得到广泛应用。

全球大数据背景下，信息量、信息传播与处理速度都呈现爆炸式增长。通过信息可视化技术对信息的获取、处理与应用，信息系统具备了强大的生成力量。在建筑信息可视化设计中，建筑师的创造性不再是"发明"新的形式，而是对建筑环境、空间中人的行为等信息的创造能力的挖掘，以及对已有信息的创造性使用。这种以信息作为生成驱动因素的思维逻辑与传统建筑自上而下的美学逻辑迥然不同，带来了新的设计思路和方法。相应的，在信息系统建立的基础上，采集的数据通过计算机得到了可视化呈现。建筑内包括声、光、热、风等在内的环境信息和人的行为信息均可通过数据的采集与计算机的处理技术进行可视化的呈现，为建筑设计提供参照和反馈，甚至直接作用于空间设计。智能时代，可视化技术不再是对传统可视化方式的数字迭代，虚拟与现实的交互为可视化技术提供了更多的可能性。参数化生成设计方法建立了设计要求与设计元素之间的函数关系，引发了建筑设计思维本质上的变革。与此同时，随着"性能化设计"理论的发展，包括结构性能图解和环境性能图解在内的性能化建构方法正促使着性能设计与形式设计走向融合。最后，数字建造方法使设计得以精确高效的实现，同时也反作用于设计的思路和流程，使设计得到物质化实现。

（三）智能建造与产业化

随着机械加工、工业建造手段的飞速发展（从手工、机械到数控机器，从传统材料到新三维成型技术下的多维材料再到复合材料），建筑智能建造平台逐渐发展为 CAD 和 CAM 辅助的从设计到建造的完整系统。在算法、设计方法、设计工具的革新中，"数字建造""数字工厂"的概念被提出，并投入实践，成为一种新的建筑产业化方式。节能、可持续发展和品质等综合性能是建筑产业化的目标，智能建造继承了几何逻辑、形式语法、文脉、结构性能等优秀设计要素，将其转换为算法中的公式数理逻辑与环境参数，并与材料性能相结合，为发展新的结构模式、环境响应方式和建筑产业革新提供了创造性契机，使我们能够在传统的形态生成设计范式的基础上探索新的建筑可能性。

设计实践的过程中，数字建造形成了一套"算法设计参数设定建造逻辑工具选取与定制工业化建造"的智能建造逻辑以满足产业化要求。通过建筑数字技术，"数字工厂"实现了对产品全生命周期的设计、制造、装配、质量控制和检测等各个阶段的功能，对生产进行规划、管理、诊断和优化，对材料进行开发、选择、适配和优化，从而实现工厂的高效率、低成本、高质量。建筑师可以从设计之初便开始控制整个项目从设计到施工的全过程。与此同时，材料、结构、暖通等工程师也能够通过云端虚拟建造平台直接参与到产业链中，与设计师进行深入探讨及调整，从而在保证设计完成度的同时最大限度地优化设计的各项性能。数字技术与设计方法整合了数字建造平台，共同构成了建筑智能设计新工科的产业化未来。

三、"数字未来"工作营——建筑智能新工科发展平台的持续探索

为推进建筑智能新工科教育的发展，国内各建筑院校均已开始与相应的发展平台建立合作，其中，同济大学以上海"数字未来"暑期工作营作为建筑智能新工科发展的平台，通过工作营的教学方式，探索一种开放灵活的教学模式和方法，同时逐步建立成为建筑智能新工科技术、方法、人才孵化的平台。

上海"数字未来"暑期工作营是由同济大学建筑与城市规划学院教授袁烽与建筑理论家、同济大学建筑与城市规划学院客座教授尼尔·里奇（Neil Leach）组织策划的与建筑智能相关的系列学术活动，2011 年至今已经成功举办七届。工作营学员报名人数从 2011 年的 30 余人增长到 2017 年的近 300 名，2017 年暑期工作营招收来自 16 所海外和 39 所国内共 55 所高校和 12 所建筑设计机构的 146 名学员（图 1），已成为面向全世界的学术活动平台。

工作营每年针对数字设计与建造提出一个主题，并围绕该主题进行相关的国际会议、数字研习班和建造工作营的教学实践及活动成果展与研究成果书籍出版。工作营采用开放式教学方式，整合全球优势资源，邀请包括汤姆·梅恩（Thom Mayne）、帕特里克·舒马赫（Patrik Schumacher）在内的全球知名建筑师，以及包括菲利普·布洛克（Philippe Block）和罗兰德·斯努克斯（Roland Snooks）在内的国内外知名建筑学院教授与学者，共同建立开放知识平台，分享前沿理论。工作营教授并使用先进的围绕建筑全生命周期的数字化软件平台（图 2），以及包括六轴工业机器人在内的先进的数字建造工具（图 3），为建筑智能设计与建造实践的全过程提供可靠协助。

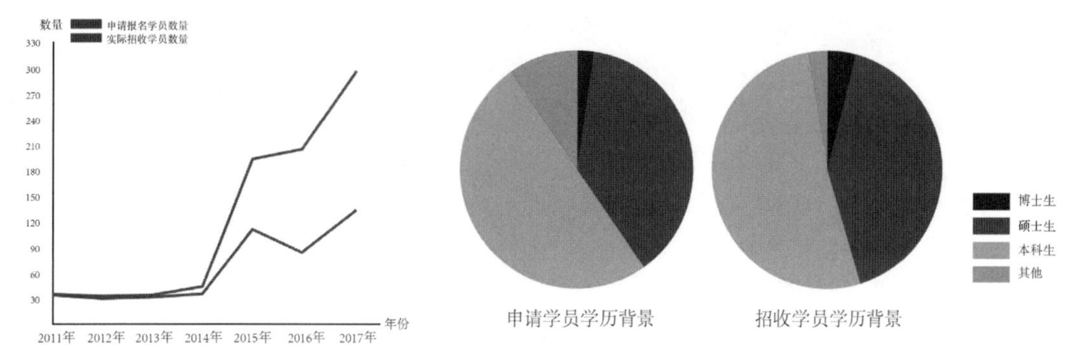

图 1　历年"数字未来"工作营学员人数（左）及学历背景（右）统计

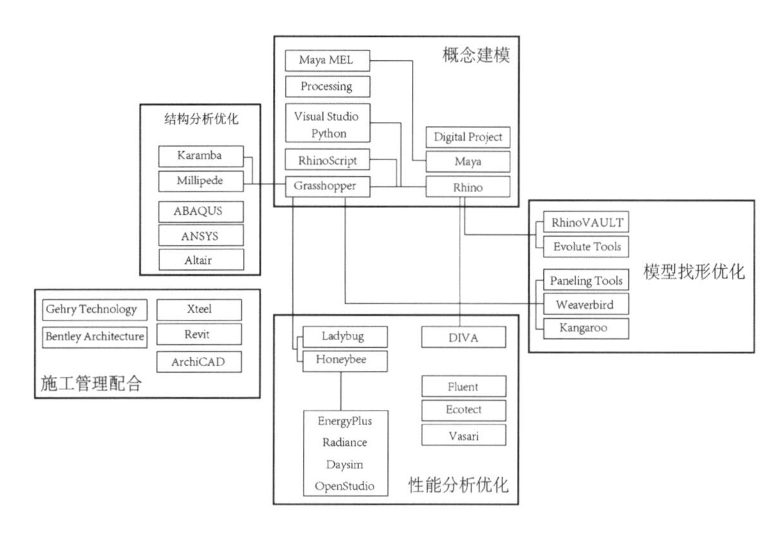

时间	工作营所使用数字化软件及平台
2011年	Rhino+GH、Processing、Digital Project、Rhino-Script
2012年	Rhino+GH、Digital Project、Maya、Vasari、KUKAPrc
2013年	Rhino+GH、Processing
2014年	Rhino+GH、Millipede、RhinoVAULT、Processing、Kangaroo、Maya、MEL Script、KUKAPrc
2015年	Rhino+GH、Processing、RhinoVAULT、CFD、Maya、ZBrush、KUKAPrc
2016年	Rhino+GH、LunchBox、Flowl、Weaverbird、Kangaroo、CFD、KUKAPrc
2017年	Rhino+GH、LunchBox、Flowl、Weaverbird、Kangaroo、RhinoVAUKT、Millipede、Arduino、Python、CFD、KUKAPrc

图 2　"数字未来"工作营使用的围绕建筑全生命周期的数字化软件平台

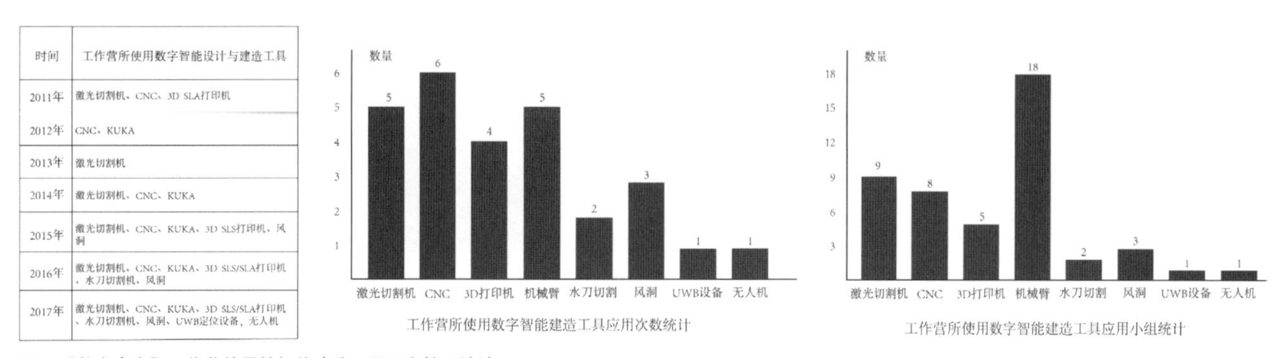

时间	工作营所使用数字智能设计与建造工具
2011年	激光切割机、CNC、3D SLA打印机
2012年	CNC、KUKA
2013年	激光切割机
2014年	激光切割机、CNC、KUKA
2015年	激光切割机、CNC、KUKA、3D SLS打印机、风洞
2016年	激光切割机、CNC、KUKA、3D SLS/SLA打印机、水刀切割机、风洞
2017年	激光切割机、CNC、KUKA、3D SLS/SLA打印机、水刀切割机、风洞、UWB定位设备，无人机

图 3　"数字未来"工作营使用的智能建造工具平台情况统计

以可视化方法为例，在 2016 年上海"数字未来"暑期工作营中，袁烽教授和黄舒怡指导的"风动可视化"小组在物理风洞平台上进行了冲刷试验和烟雾可视化对比实验，建立了一套风环境可视化模拟方法（图 4）。在 2017 上海"数字未来"暑期工作营中，袁烽教授、姚佳伟博士、郑静云指导的"风动可视化"小组使用物理风洞作为风环境的模拟工具，结合 Arduino 平台，建立数据控制的动态模型，根据遗传算法对可行数据进行收集，对比寻找最优解环境数据形体。同时，小组结合 AR 设备，将 CFD 模拟结果在 Unity 中与场景中的 3D 模型结合，生成一款环境可视化 APP，对实际场景中的风环境进行模拟结果的展示（图 5）。风洞可视化项目是一次较为深入的将建筑设计与环境性能、增强现实技术结合的新工科教学平台搭建尝试。

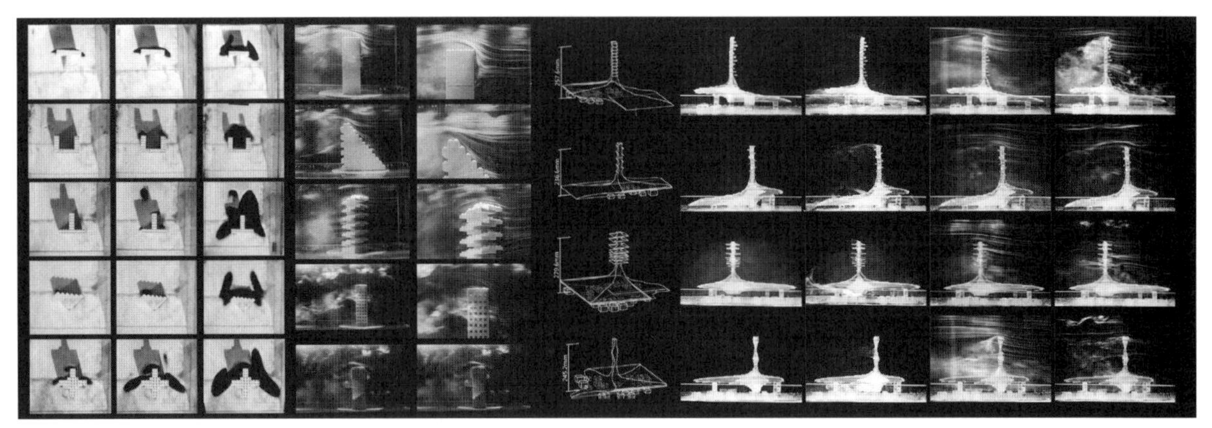
图 4　风洞冲刷对比实验和风洞烟雾可视化对比实验

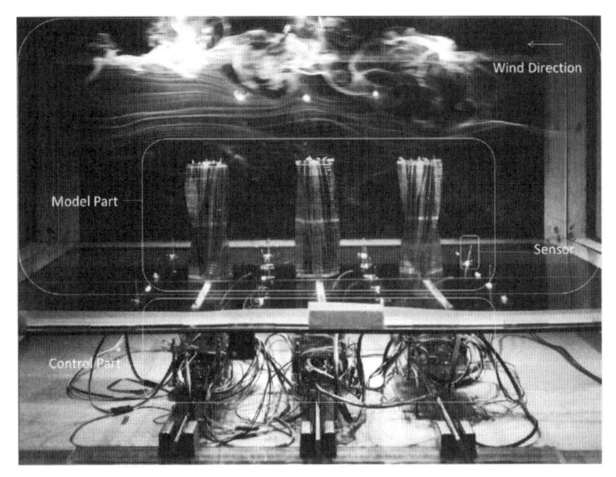

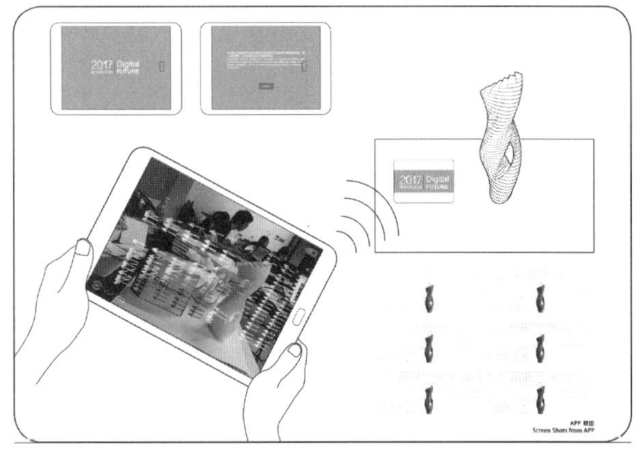

图 5　风洞平台动态风环境模拟平台和 AR CFD 呈现平台

在数字建造方面，工作营中涌现了许多使用六轴机械臂等智能建造工具的优秀作品。袁烽教授和孟刚副教授指导的 2017 年上海"数字未来"工作营机器人 3D 打印组设计建造的"浪桥"项目，是一次对结构性能化和建筑数字建造的探索。该项目包含一大一小两座步行桥，大步行桥跨度 11m，总长 13m（图 6）。通过结构分析，应用了多种结构找形方法，在机器人智能建造平台上使用改性塑料打印技术建造而成（图 7）。将建筑空间设计与材料性能、结构性能、数字建造相结合，是一次从建筑数字设计到建造的建筑智能新工科教学探索与全过程实践。

每年的数字未来暑期工作营都涌现了大量数字设计的新技术和新方法，参与工作营的学员和老师在知识共享和思维碰撞的过程创造了很多优秀的作品。通过教学实践，为国内外建筑学师生提供了数字设计领域最前沿的信息和交流学习的共享平台，是一次意义深远的新工科建设平台探索。

图 6　上海"数字未来"工作营机器人 3D 打印组"浪桥"项目

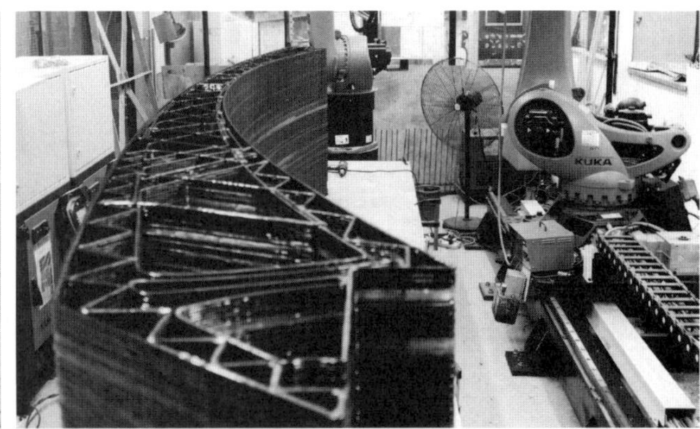

图 7　使用机器人智能建造平台进行改性塑料空间结构打印

在同济大学建筑与城市规划学院的本科生课程教学中，我们也建立了一套较为完整的新工科数字化教育模式。在本科三年级“未来博物馆”设计教学中，袁烽教授和吴迪老师设置了“图解思维”和“未来博物馆”两个主题背景，意在激发学生抽象地思考空间、逻辑地创造形式以及系统地理解城市建筑。设计强调从逻辑出发运用数字工具，实现“从图解到空间”及“从图解到建造”的建筑空间的设计目标。在“未来博物馆”课程中，同学们运用数字化图解工具进行设计找形，培养使用了从数字设计思维到数字设计方法、材料及工具的系统设计方法（图 8、图 9）。在本科四年级“结构几何——机器人建造的城市虚拟交互维空间”系列课程中，我们以“结构几何”为设计方法引导学生思考未来“城市虚拟交互空间”的设计，并以“机器人建造”为工具探索“城市虚拟交互空间”虚拟设计到材料建造之间的转换。通过数字化方法整合设计、结构、材料、建造等问题，关注结构原型与建筑几何的关联性，训练学生“建筑结构一体化”设计思维，同时在教学环节引入材料建造的概念，培养更全面的建筑新工科视野。课程中期作业关注小尺度空间的结构与材料建造，以椅子为原型，引导学生进行结构性能设计及优化，再使用数字化工具平台进行 1 ：1 建造，对学生进行基础的数字设计到数字建造建筑新工科思维的培养（图 10），课程的终期成果与“数字未来”暑期工作营对接，形成了一套完善的建筑数字设计方法教学体系，对建筑智能新工科的平台建设具有一定的参考价值。

四、建筑学新工科教育的数字化未来

通过近七年来的上海“数字未来”暑期夏令营教学和实践经验积累，我们对建筑学的新工科教育转向已经有了更进一步的认识。为了进一步促进建筑智能新工科的发展，推进建

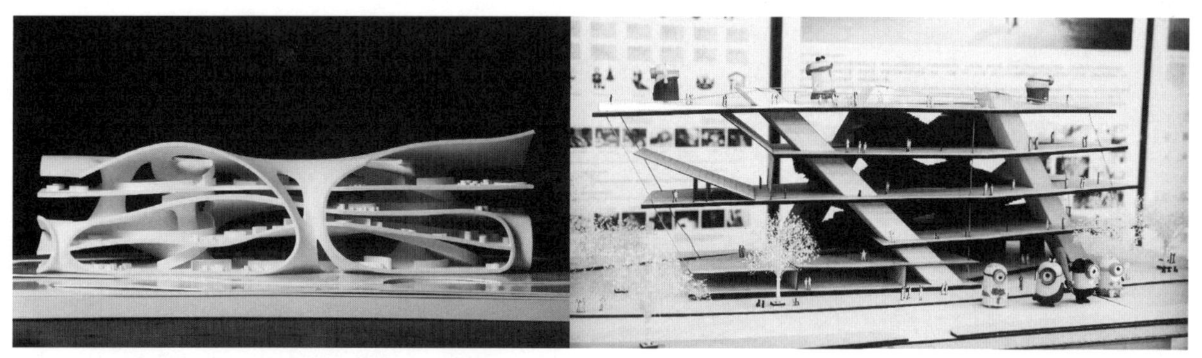

图 8　同济大学本科三年级“未来博物馆”设计作业成果模型

图 9　同济大学本科三年级“未来博物馆”设计作业成果图纸

图 10　同济大学本科四年级结构几何课程中期成果

筑学教育的改革，2018 年，同济大学建筑与城市规划学院成立为国际学生开办的博士生课程项目，其中“数字未来”国际博士生项目聚焦建筑学在数字化变革中的诸多发展，涵盖从数字化建筑设计到空间性能化模拟与可视化研究等各个层面。该项目集合了数字设计领域世界领先的专家学者，包括帕特里克·舒马赫（Patrik Schumacher）、谢亿民（Mike Xie）、尼尔·里奇（Neil Leach）在内的 8 位博士生导师和菲利普·布洛克（Philippe Block）、阿希姆·门格斯（Achim Menges）、罗兰德·斯努克斯（Roland Snooks）在内的 10 位课程教授。项目研究方向包括数字建筑设计的基本原理、方法和理论、客观规律和创造性构思、参数化设计与建造方法，以及其他对建筑设计具有支撑作用的科学性元素。

同济大学“数字未来”国际博士生项目是在建筑学新工科教育转型背景下的一次大胆尝试，是为建筑学科“产学研”一体化教育模式的搭建的智能新工科平台。日新月异的数字时代，通过“数字未来”平台的建设与发展，新技术、新方法、新模式得以持续高效的产出，可有效推动企业、高校及科研院所的深入合作，进一步推动建筑学产业化创新发展。虽然建筑学的数字化教育相对其他工科起步较晚，但建筑学本身良好的综合学科基础，巨大的新工科建设前景以及一代代数字建筑领域的开拓者们的勇敢尝试，无疑使我们对建筑学的数字化未来翘首跂踵。

（基金项目：国家重点研发计划资助项目，项目编号：2016YFC0702104；国家自然科学基金面上项目，项目编号：51578378；国家自然科学基金中德科学中心国际合作项目，项目编号：GZ1162；上海市科学技术委员会项目，项目编号：16DZ2250500，17DZ1203405，16DZ1206502）

注释：

[1] 林健．面向未来的中国新工科建设 [J]．清华大学教育研究，2017，38（2）：26-35．

[2] 周济．智能制造——“中国制造 2025”的主攻方向 [J]．中国机械工程，2015，26（17）：2273-2284．

[3] KALAY Y E．The future of CAAD：From computer-aided design to Computer-aided collaboration [M]．Springer US，1999．

[4] 袁烽．从图解思维到数字建造 [M]．同济大学出版社，2016．

[5] MARCH L．Mathematics and Architecture Since 1960 [M]．Springer International Publishing，2015．

参考文献：

[1] Gramazio F，Kohler M，Willmann J．The Robotic Touch[J]．Park Books，2014．

[2] Grieves M．Digital Twin：Manufacturing Excellence through Virtual Factory Replication[J]． 2015．

[3] Kalay Y E．The future of CAAD：From computer-aided design to Computer-aided collaboration// Computers in Building[C]．Springer US，1999：13-30．

[4] Krieg O D．Performative architectural morphology：Robotically manufactured biomimetic finger-joined plate structures[J]．Ecaade Respecting Fragile Places，2011，171（1）：573-580．

[5] 林健．面向未来的中国新工科建设 [J]．清华大学教育研究，2017，38（2）：26-35．

[6] March L．Mathematics and Architecture Since 1960//Architecture and Mathematics from Antiquity to the Future[C]．Springer International Publishing，2015．

[7] Picon A．Digital culture in architecture：an introduction for the design professions[M]．Birkh user，2010．

[8] 袁烽．从图解思维到数字建造 [M]．同济大学出版社，2016．

[9] 袁烽，胡雨辰．数字工厂——数字建造的建筑产业化未来 [J]．城市建筑，2015（28）：47-52．

[10] 袁烽，阿希姆·门格斯，尼尔·里奇等．建筑机器人建造 [M]．同济大学出版社，2015．

[11] 周济．智能制造——“中国制造 2025”的主攻方向 [J]．中国机械工程，2015，26（17）：2273-2284．

图片来源：

图 1~ 图 5：作者自绘
图 6、图 7：作者自摄
图 8：学生作业（左：侯苗苗，右：姚冠杰）
图 9：学生作业（左：何美婷，中：贺艺雯，右：郑思尧）
图 10：作者自摄

作者：袁烽，同济大学建筑与城市规划学院　教授，博士生导师；赵耀，同济大学建筑与城市规划学院　硕士研究生

以国际视野，讲中国故事

全英语课程“当代大型公共建筑综述”建设

王桢栋　谭峥　姚栋　Daniel Safarik

Telling the Chinese Story from the International View: Construction of English Course "Introduction to Contemporary Large Public Building"

■摘要：全英语专业课程建设是同济大学建筑专业迈向国际化的重要载体，也是新的人才培养理念贯彻、培养标准和培养方式深化建设的积极尝试。以“当代大型公共建筑综述”全英语课程建设介绍如何在专业课中讲好中国故事：教学依托国际校企合作建立在地网络，授课内容以国际视野关注中国话题，组织方式结合开放研讨和实地调研。经过学习，学生将理解建筑与城市和社会的关系，认识当代建筑与城市的发展规律和趋势，形成建筑、城市与社会可持续发展的责任意识。

■关键词：国际校企合作　建筑教育　全英语专业课程　大型公共建筑　教学模式创新

Abstract: The English professional course construction is an important carrier for the internationalization of Tongji University's architecture major, as well as a positive attempt for the further construction of the talent training idea, standard and mode. This paper introduces the method of telling Chinese story well in professional course illustrated by the construction of English course "Introduction to contemporary large public building". First of all, the course is based on the international university-enterprise cooperation and established on the local network; Secondly, the teaching content is concerned with the Chinese topic from the international view; Lastly, the organization mode is combined with the seminer and field investigation. Through studying, students might be able to understand the relationships between architecture, city and society, know the development trend of contemporary architecture and city, form the sense of responsibility for the sustainable development of architecture, city and society.

Key words: International University-Enterprise Cooperation; Architectural Education; English Professional Course; Large Public Building; Innovation of Teaching Mode

一、课程背景

在 2017 年教育部公布的一流学科名单中，同济大学的建筑学专业榜上有名。可以说，国际化是同济大学建筑与城市规划学院的优良传统和办学特色，在国内院校中常年保持领先[1]。近 20 年来，我院与海外 100 多所大学建立合作联系，30 多所大学建立实质性合作，17 所大学共建双向双学位联合培养项目，其中本科项目 1 项（澳大利亚新南威尔士大学）、硕士项目 16 项，每年都吸引了大量国际学生前来求学交流[2]。在上述背景下，为代表学科核心的专业课程匹配全英语课程体系，自然而然地成为学院国际化人才培养理念贯彻、培养标准和培养方式深化建设的重中之重。

近十年来，我院全英语课程体系的建设日益完善，并先后有 16 门优秀课程入选"教育部来华留学英语授课品牌课程""上海高校外国留学生英语授课示范性课程""上海高校示范性全英语课程"等。"当代大型公共建筑综述"课程是同济大学－澳大利亚新南威尔士大学双学位建筑学本科项目的专业选修课，也是同济大学建筑学本科的专业选修课，同时还是向国际交流生（本科及双学位研究生）开放的专业选修课[3]。本课程成为我院最新获批"上海高校外国留学生英语授课示范性课程"的课程，也是我院获得世界高层建筑与都市人居学会（CTBUH）[4] 支持的两门课程[5]之一。

课程契合了同济大学培养"知识、能力、人格"三位一体的全面素质教育和复合型人才的教学目标，并展现了"知识先行"的教学理念。课程面向新时期创新型人才的培养，其实施和成果的付诸实践，对一流学科建设和一流人才培养的质量提升有积极意义。课程有效衔接本科阶段的主干设计课程，积极创造课程之间的协同性。经过课程学习，学生将逐步理解建筑与城市及社会的关系，进而形成建筑、城市与社会可持续发展的责任意识。

二、建设思路

（一）整体思路

公共建筑学科团队主持的系列核心课程是同济建筑设计教学的重要组成部分[6]。结合近年实际教学中积累的经验，团队发现原有的教学课程体系已经难以适应日益迫切的国际化教学需要：第一，当代大型公共建筑诞生于西方发达国家，其中蕴藏的先进理念需要通过全英文授课的方式进行原汁原味的呈现和剖析；第二，我国近年来建成了不少举世瞩目的大型公共建筑，随着对我国建设情况充满兴趣而来的国际交流学生不断增加，用国际通用语言，更有利于说好中国故事；第三，在学院已有英语小组授课的设计课程基础上，急需补充与之相配套的小班英语授课的设计原理课程。经过团队讨论研究，认识到有必要建设"当代大型公共建筑综述"课程作为"公共建筑设计原理"课程的补充[7]，通过对大型公共建筑发展历史、重要理论思想的介绍以及典型案例的剖析，帮助学生建立对当代公共建筑发展与社会基本特征的认识。

（二）课程定位

改革开放以来，我国成为世界上建设量最大的国家，吸引了大量国际知名建筑师，他们与本土建筑师共同努力，建成了大量大型公共建筑。这些建筑创造了独具特色的城市景观，并成为举世瞩目的焦点。在这个过程中，西方的先进理念和经验和中国文化相互碰撞，滋养了一代本土建筑师，并推动他们从被动学习走向主动创造。课程将基于上述弥足珍贵的历程，成为学生了解大型公共建筑最新设计理念和发展趋势的有效途径，并通过分析中国当代大型公共建筑实践的经验与教训，成为学生专业学习阶段自主学习的导论。课程将会帮助建筑学及历史建筑保护专业本科生建立建筑与城市可持续发展的理念，为专业拓展学习进行知识储备。同时，全英语的授课形式兼顾了国际双学位及交流学生的学习需要，以及学院本科专业英语课程改革的设想。

（三）建设目标

公共建筑是面向日常生活的建筑，也是城市公共生活的载体。随着城市人口增长和科技水平提升，尤其在高密度人居环境下，大型公共建筑已经成为城市发展的重要组成部分和改变人类生活方式的重要契机。当下，把大型公共建筑作为讨论对象，考察其发展历程，辨析其理论思想，回顾其建设得失，进而展望其发展趋势，是引导学生对当代建筑与城市发展规律和趋势进行思考，逐步理解建筑与城市和社会的关系的绝佳途径。本课程力求基于国际视野，讲好中国故事：利用上海在中国城市发展中的引领地位，以及中外合作交流前沿的地缘优势，借助 CTBUH 的国际平台资源，打造在地教学网络，以上海老城区城市更新和浦东新区 CBD 建设为背景，以大量本地典型案例为支撑，建设具有"当代性"的国际化专业理论课程。

三、课程内容

（一）课程重点

课程指导学生了解大型公共建筑发展历史，相关重要理论思想及其背景，以及深入研究遴选的代表性案例。帮助学生理解当代大型公共建筑的发展趋势，丰富建筑设计研究视角，在授课老师的引导下，透视其中包含的社会、环境、经济和历史文化意义。

课程旨在重点培养学生以下几方面能力：(1) 学习大型公共建筑设计的基本理论与方法，初步具备理论分析能力；(2) 理解大型公共建筑的发展历史与趋势，初步掌握公共建筑设计过程中需关注的重要内容；(3) 结合课程讲授及要求学生重点研究的大型公共建筑案例，了解这些项目的空间特征和城市特征。

（二）课程简介

课程围绕四个主题——更大、更高、更全和更密，对世界范围内的大型公共建筑发展的重要阶段和思想理论展开介绍，并和学生围绕未来高密度垂直城市的可持续发展命题展开讨论。课程采用模块化的教学组织方式，共分为 7 个部分（表 1），除去课程的绪论、结语和上海城市调研外，围绕四个主题建设教学模块，每个模块包含 1 次主题讲座、1 次专题讲座，选取历史上及当代最具代表性的案例进行深入剖析，进行类型化的公共建筑比较和知识编辑。前三个主题还安排有 3 次案例讨论，通过师生互动的形式来对我国重要的当代大型公共建筑进行讨论和研究。在主题四的教学模块中还包含 1 次特邀讲座，每次授课邀请相关领域的不同专家学者来为学生授课。在上海城市调研的案例现场教学模块，学生将在任课教师和助教的带领下亲身感受上海城市肌理的历史变迁及探访相应背景下的大型公共建筑实例，并由任课教师和项目建筑师现场讲解。

2017 年春季学期课程教学安排 **表 1**

教学模块	周	教学主题	授课老师
第一部分 绪论 (Prologue)	1	课程介绍（理论课时：1 学时） Course Introduction	王桢栋
		【引言】从城市到建筑：大型公共建筑发展概述（理论课时：1 学时） Prologue：From City to Architecture	王桢栋
第二部分 更高 (Higher)	2	【主题讲座】更高：高度的魔咒（理论课时：2 学时） Higher：The Skyscraper Curse	王桢栋
	3	【专题讲座】真，善，美：高层建筑设计的三种境界（理论课时：2 学时） TRUE，GOOD，BEAUTIFUL：Three Realms of Tall Building Design	王桢栋
	4	【案例讨论】大型公共建筑案例讨论 1：高层建筑（讨论课时：2 学时） Case Study 1：Tall Building	王桢栋
第三部分 更大 (Bigger)	5	【主题讲座】更大：覆盖的野心（理论课时：2 学时） Bigger：Ambition of Coverage	王桢栋
	6	【专题讲座】站·城（理论课时：2 学时） Terminal · City	谭峥
	7	【案例讨论】大型公共建筑案例讨论 2：大跨建筑（讨论课时：2 学时） Case Study 2：Large-span Structure Building	王桢栋
第四部分 更全 (More Complex)	8	【主题讲座】更全：协同的力量（理论课时：2 学时） More Complex：Power of Synergy	王桢栋
	9	【专题讲座】连接城市：城市综合体的城市性（理论课时：2 学时） Connecting City：the Urbanity of Mixed-use Complex	王桢栋
	10	【案例讨论】大型公共建筑案例讨论 3：城市综合体（讨论课时：2 学时） Case Study 3：Mixed-use Complex	王桢栋
第五部分 上海城市调研 (Field Trip in Shanghai)	11 12 13	【城市调研】上海城市实地调研（调研课时：6 学时） Field Trip in Shanghai	王桢栋 Daniel Safarik
第六部分 更密 (Denser)	14	【主题讲座】更密：从密度到强度（理论课时：2 学时） Denser：From Density to Intensity	王桢栋
	15	【专题讲座】大型公共建筑设计与城市形态（理论课时：2 学时） Architecture in Place：Lessons to Site-Specific Design	姚栋
	16	【特邀讲座】高密度城市人居环境（理论课时：2 学时） The Urban Habitat：Tall Building's "Other Half"	Daniel Safarik
第七部分 结语 (Epilogue)	17	【结语】从建筑到城市：迈向可持续的垂直城市（理论课时：2 学时） Epilogue：From Architecture to City	王桢栋

（三）考核方法

考核采用课堂表现和最终考试相结合的方式，并充分兼顾了班级集体交流、小组分工合作和个人独立工作。具体环节包括：(1) 平时考勤占 20%，缺席三分之一以上者重修本课程；(2) 课堂发言及讨论环节占总成绩 30%；(3) 期末作业成绩占总成绩 50%。

在课程伊始，即要求中外学生在助教的组织下，以2~3人为单位进行混编分组，并根据选题要求选择一个我国的大型公共建筑为研究对象[8]。三个不同主题的案例讨论课程由学生按组进行课堂汇报，由任课老师及其他学生现场提问进行答辩，并展开讨论。期末作业要求学生在课堂讨论的基础上，进行实地深入研究，最终按组以个人为单位提交成果报告。

四、教学方法

本课程结合主题讲座、专题讲座、特邀讲座、学生研究汇报和师生实地调研相互穿插和结合的方式，以核心教案为框架，通过每次授课更新不同的专题讲座和特邀讲座内容，不断充实与更新课程的前沿信息；利用中外学生文化及教育背景的差异，鼓励中外学生进行交叉分组组合自主研究，并以学生研究汇报的方式促进不同角度的研究思考，以达到多元互补的学习与认识目的。

（一）助教协助的分组合作学习

结合2016年度两次不同授课模式尝试[9]，确定将每教学周期授课人数控制在40人左右，招收本土和国际学生比例为2：1左右，15组以内，并保证每组均有本土和国际学生，以保证每位学生在调研合作中都能发挥作用，在讨论课中都能有发言机会。课程伊始，通过课程综述和开场讲座向学生传达明确的教学目标和计划后，要求学生在助教的组织下进行研讨并分组选定研究案例，并要求学生利用课外时间进行文献资料调研和现场调研。

（二）跨学科教学团队多元授课

在具体授课过程中，采用"主题讲座＋专题讲座＋案例分析讨论课程或特邀讲座"相配合、三周为一个教学模块的形式，通过跨学科组教学团队的联合授课，围绕课程"更高、更大、更全和更密"四个主题，引导学生循序渐进而又层层深入地认识课程的核心问题——如何通过大型公共建筑来创造可持续的高密度人居环境？借助CTBUH的平台资源，每学期邀请不同领域专家和学者参与教学，并先后组织多次高水平的特邀讲座（图1）。

（三）课堂学习与实地调研结合

在讨论大型公共建筑与高密度城市人居环境的最后一个教学模块"更密"之前，在CTBUH的协助下，组织全体学生在上海进行城市实地调研，5小时的路线由任课教师及助教带队，途径豫园商城、外滩SOHO、浦江轮渡、上海中心、国金中心、陆家嘴步行系统等上海最为典型的城市区域和大型公共建筑（图2），邀请项目建筑师实地讲解（图3）。实地调研既能够很好地让学生在城市背景下重新审视之前自己在案例分析讨论中的成果，进一步深入完成期末报告，同时也为下一阶段的学习提出问题并做好准备。

（四）跨国组合同伴式学习模式

采取国际学生＋本土学生合作学习的模式。在对本土案例的调研过程中，由于国际学生语言不通，往往在资料查找、文献阅读、现场访问等环节进展不利。而本土学生则相对内向，英语口语及合作意识相较国际学生存在差距。因此，课程采用了国际与本土学生混编的分组方式，保证调研和作业能够顺利推进。各国学生互取所长，国际学生的强逻辑性和新颖表达，以及国内学生的分析细致和善于沟通在交流中均得到了发挥，实现了跨国同伴式学习模式。

（五）统一模板循序渐进型作业

课程作业采用了模板（template）方式，规范了案例的研究重点、研究方法、研究内容以及表达形式，并建议了各部分主要内容与格式。课程还为学生提供以往的优秀作业作为参考，以保证

图1 2016~2017年历次课程邀请专家讲座海报和照片

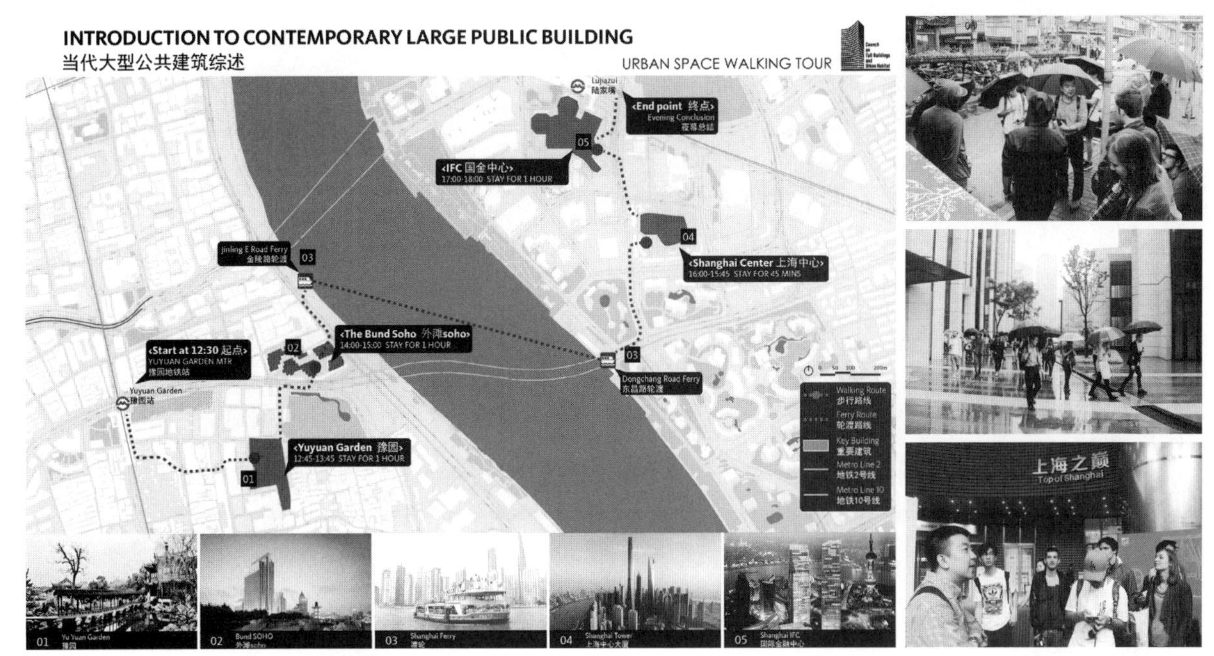

图 2　2017 年课程——上海城市调研路线图及调研照片

图 3　来自德国 GMP（左图）和美国 Gensler（右图）的建筑师现场讲解案例

学生汇报文件的基本水准，并可作为学生可参照的直观评价标准。学生通过在“个人分工”与“小组合作”间不断切换，依照“调研－研究－汇报－研讨－再调研－再研究－成果”过程，循序渐进地对研究案例进行全面而又深入的理解，最终完成课程作业（图 4、图 5）。

五、课程特色

课程以培养学生的创造力为纲，形成有针对性的教学内容和方式，并与现有教学体系

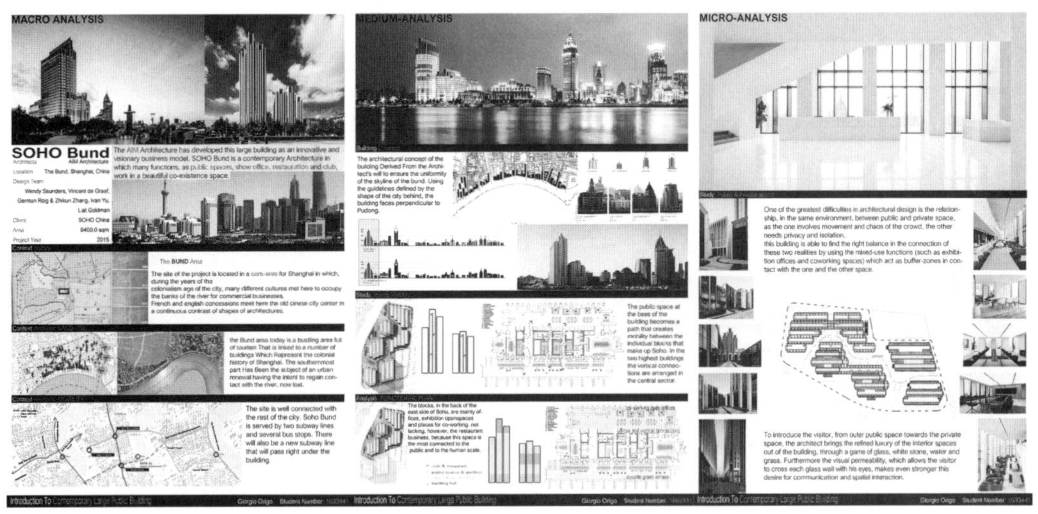

图 4　课程优秀作业 1（完成学生：Giorgio Origo）

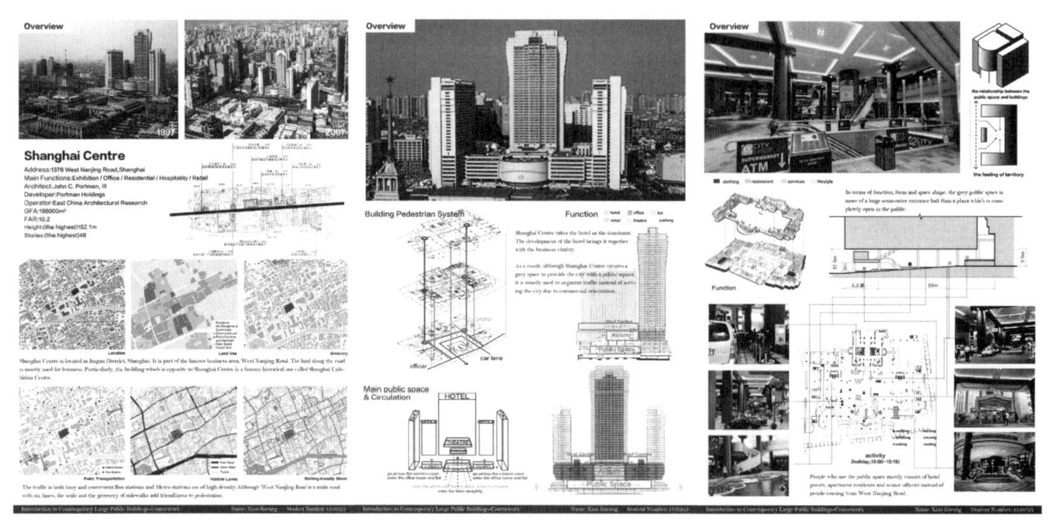

图 5　课程优秀作业 2（完成学生：肖佳蓉）

保持延续性。强调对大型公共建筑内核和外延的探索，使学生在掌握知识的基础上逐步创造性地运用知识。具体包括以下创新点：

（一）课程授课内容的创新——国际视野，中国话题

大型公共建筑是我国改革开放以来城市发展建设的重心，在过去的三十年间积累了大量的建成案例和经验。结合任课教师团队常年的科研实践积累和 CTBUH 在此领域的国际权威性，建构了课程以古鉴今的国际视野，这一独特的视角和多元的话题无论对国际学生还是国内学生都颇具吸引力，而这一课程也对建设有中国特色的兼顾国际话语权和影响力的全英语课程具有很好的示范效应。

（二）课程合作模式的创新——国际机构，在地网络

积极应对全球化背景下高等教育国际化的整体趋势，拓展创造性能力培养的有效途径。实践是创新教学体系的必要基础，依托国际机构 CTBUH 的国际平台，与上海本地的国际企业部门建立合作网络支撑教学，让学生充分了解工程实践的真实背景、建设过程和实际使用情况。与此同时，还基于已有的国际高校合作基础，尝试将教学团队成员最新科研成果融入课程教学中，让学生扩展专业视野。

（三）课程组织方式的创新——开放研讨，实地调研

增强教学的开放性，除固定讲座外，每次授课均根据当期学生情况邀请合适的专家进行讲座并参与课程互动，为学生提供更多的课程学习内容和选择余地。通过分组案例研究结合课堂讨论和实地调研环节，充分激发学生的学习主动性，为发展他们的志趣潜能和特长创造条件。和 CTBUH 共同建设上海城市调研路线，邀请 CTBUH 会员单位参与组织大型公共建筑参观和实地讲解。

六、课程评价

在课程建设过程中，教学团队经过调研，发现国内主要建筑院校鲜见通过建设讲座及研讨类专业课程为线索，来衔接和支撑本科核心设计课程体系的做法。而以美国为代表的知名建筑院校，则已将此类做法充分贯彻到了建筑学本科及研究生的专业教学之中。哈佛大学设计研究生院和麻省理工学院建筑系的课程体系均采用了围绕核心设计课程（Core Studio），每个设计均辅以 1 门以上相关讲座及研讨类课程的做法，很好地起到了强化学生理论学习，并拓展学生设计思路的目的。

课程负责人在美国麻省理工学院访学期间，曾对其课程体系进行过系统研究，并在此基础上认真梳理了本课程的核心框架。本课程在建设过程中，充分借鉴了麻省理工学院的三门城市设计核心课程（供不同专业方向本科及研究生必修或选修）：Julian Beinart 教授的“Theory of City Form”，Lawrence Vale 教授的“Introduction to Urban Design and Development”，以及 Anne Whiston Spirn 教授的“The Once and Future City”，并得到了三位教授的建议和指点；同时，在具体建设过程中，教学团队也结合中国的实际特色和上海的地缘特征，以及教学团队的专长进行针对性的建设。

“国际视野，中国话题”授课内容，“国际机构，在地网络”合作模式，“开放研讨，实地调研”组织方式，使得课程与国际一流水平接轨，教学效果不断提升。这在与国际学者交流，及国际学生（尤其是来自欧美的双学位研究生）的课后反馈中得到多次验证，大量学者和学生均表示母校没有这样主题的课程，在同类课程中也处于较高水平。同时，作为 CTBUH 亚洲总部办公室的副主任及学术负责人，课程负责人经常就课程的框架更新、对象分类、内容充实等问题与 CTBUH 的专家学者交换意见，不断提升课程品质，实现与国际并轨。

（基金项目：同济大学 2017 年度教改项目“以认知拓展为导向的全英语公共建筑设计理论课程建设”；基金项目：2017 年度上海市高校外国留学生英语授课示范性课程“当代大型公共建筑综述”，项目编号：2018 国交 301-46；基金项目：国家社会科学基金项目“城市公共文化服务场所拓展及其协同营建模式研究”，项目编号：16BGL186）

注释：

[1] 在 QS 世界大学排名中，同济大学在全球建筑与建成环境学科排名 20（2017 年数据）。QS 世界大学排名（QS World University Rankings）是由英国教育组织 Quacquarelli Symonds 所发表的年度世界大学排名，是历史第二悠久的全球大学排名。

[2] 校际交流国际学生每学期在册人数 100~120 名，其中 60 名左右是双学位国际学生。（数据来源：同济大学建筑与城市规划学院外事办公室，数据不包括学历学位中文授课的国际学生）

[3] 本课程可替代建筑学和历史建筑保护专业本科的专业基础课“建筑学专业英语”学分。

[4] 世界高层建筑与都市人居学会（Council on Tall Buildings and Urban Habitat，简称 CTBUH）是专注于高层建筑和未来城市在概念、设计、建设与运营等方面的全球领先机构。学会是成立于 1969 年的非营利性组织，总部位于芝加哥，同时在中国上海的同济大学设有亚洲总部办公室。学会的团队通过出版、研究、会议、工作组、网络资源等方式促进全球高层建筑最新资讯的交流。CTBUH 还设立了测量高层建筑高度的国际标准，被公认为是授予“世界最高建筑”头衔的仲裁者。学会网址：www.ctbuh.org

[5] 另一门课程为课程负责人主持的研究生国际联合设计课程“研究生建筑设计（二）”。

[6] 公共建筑学科团队前身为建筑系高年级设计课程教研组，主持的设计课程包括：建筑学和历史建筑保护专业本科三年级上学期的“建筑与人文环境和自然环境”，三年级下学期的“高层建筑与综合体建筑设计”，四年级上学期的自选题，四年级（或建筑学五年级）下学期的“毕业设计”，建筑设计及其理论研究生一年级的“研究生建筑设计（二）”等，涵盖博物馆、俱乐部、城市综合体、高层建筑等公共建筑类型。

[7] “公共建筑设计原理”为建筑学和历史建筑保护专业本科三年级设计课程的配套理论课程，以讲座形式用中文授课。

[8] 由于有实地调研要求，鼓励学生优先选择位于上海的案例，但考虑到某些案例的代表性，也有北京、广州和深圳等地案例供学生选择。

[9] 在 2016 年开课后，课程教学团队在 2016 年度两个学期先后尝试了 20 人左右的小班教学和 50 人左右的大班教学，并总结教学效果和经验。

参考文献：

[1] 蔡永洁．两种能力的培养：自主学习与独立判断，同济建筑设计教案 [M]．上海：同济大学出版社，2015：9-11．

[2] 王桢栋．多样化与专业性的统一：美国麻省理工学院及哈佛大学研究生院建筑设计教学特色浅析 [J]．时代建筑，2012（6）：153-155．

[3] 王桢栋．从 1K House 到 10K House：美国麻省理工学院建筑系 Option Studio 回顾 [J]．建筑学报，2012（9）：91-96．

[4] 王桢栋，崔婧，潘逸瀚，杨旭．公共与自治：我国城市综合体发展趋势刍议 [J]．建筑技艺，2017（7）：18-22．

[5] 王桢栋，阚雯，方家，杨旭．城市公共文化服务场所拓展及其价值创造研究 [J]．建筑学报，2017（5）：110-115．

[6] 王桢栋，佘寅．高密度人居环境下城市建筑综合体协同效应价值研究 [J]．城市建筑，2013（7）：15-19．

[7] 王桢栋，谢振宇，汪浩．以认知拓展为导向的城市综合体设计教学探索 [J]．建筑学报，2017（1）：45-49．

[8] 谢振宇．以设计深化为目的专题整合的设计教学探索——同济大学建筑系 3 年级城市综合体“长题”教学设计 [J]．建筑学报，2014（8）：92-96．

图片来源：

图 1：课程助教崔婧、于越及原青哲制作和拍摄

图 2：课程助教原青哲制作和拍摄

图 3：课程助教原青哲拍摄

图 4，课程学生 Giorgio Origo 绘制

图 5：课程学生肖佳蓉绘制

作者：王桢栋，同济大学建筑与城市规划学院 副教授，世界高层建筑与都市人居学会（CTBUH）中国办公室 副主任；谭峥，同济大学建筑与城市规划学院 助理教授；姚栋，同济大学建筑与城市规划学院 副教授；Daniel Safarik，世界高层建筑与都市人居学会（CTBUH）中国办公室 主任（2014-2017），CTBUH Journal 主编

在社区课堂训练自主学习能力
——建筑学本科“服务学习”课程探索

姚栋　肖夏璐

Engage Independent Learning via Community Service: Service-Learning Pilot Program in Tongji University

■摘要：自主学习能力退化正成为近年来建筑学本科学生的普遍问题。通过“在做中学”，服务学习有利于帮助学生在社区服务中检验自主学习能力和社会责任感，因而也适用于建筑院校的教学。同济大学建筑系于 2017 年在四年级自选题中开设了“服务学习”课程。课程分为准备、服务和反思三个阶段工作。作为成果的反思报告充分证明了学生们在专业领域里自主学习能力的提升，并集中体现在基地认知、沟通能力和个性化解决问题等三个方面。
■关键词：服务学习　参与式设计　自主学习　基地　交流　个性
Abstract: The deterioration of independent learning ability is common problem of the students in Bachelor of Architecture program. Encouraging social responsibility and independent learning, Service-learning has become popular course in high education, and it's pedagogy has been applied in various Architecture Schools. The Architecture Department of Tongji University established the first service-learning elective course in 2017 as a pilot program. The course composed of three sectors as preparation, serving, and reflection. The students' progress in independent learning has been proven by their reflections, which concentrated in the ability of site-recognition, communication and personalized design methods.
Key words: Service-Learning; Participatory Design; Independent Learning; Site-Recognition; Communication; Personalized Design

自主学习能力的退化已成为近年来建筑学本科生的普遍问题。课堂传授的知识能大体掌握，需要自主学习研究的问题则驻足不前。自主学习能力退化造成了连锁反应：以用地红线图代替基地环境，以任务书代替与合作者、使用者的平等沟通，以效果图和概念代替对具体问题的创造性解决，缺乏自主学习能力的课堂教学也变成了与生活脱节的纸面工作。诸如环境认知能力、沟通能力和个性化解决问题能力的不足都极大地阻碍了学生的未来成长。以提升自主学习能力为目标，同济大学建筑系于 2017 年春季开设了中国内地建筑院校首个服务学习课程。

1　“从做中学”与服务学习课程

服务学习（Service-Learning）指通过社区服务来实现经验学习的一种教学方法。“在做中学”可以帮助学生树立社会责任感，而联系实际可以增强自主学习能力。授之以鱼不如授之以渔，在建筑学习中开设服务学习课程的目标就是由例题化的案例建筑学习，转向自主地发现问题并应用以往学习到的知识技能加以解决。

“服务学习”是“一种以服务为载体的经验学习形式。服务学习适用于从小学到大学的所有学习阶段，提高学习的效果，让学生在与课程相关的情景中主动地参与到经验学习中”，在学生与社区之间形成终身的联系。这个最初由美国南部地区教育董事会（Southern Regional Educational Board）在 1967 年首次提出的词汇包含了“社区服务”与“经验学习”的两大核心内容。美国高等教育参与社区服务的历史传统可以追溯到 19 世纪 60 年代的大学赠地法案 [1]。经验学习理论由教育家杜威（John Dewey）提出，“学生不仅在经验活动中学到了很多在课程中不能提供的知识和技能，而且经验活动为学生提供了将课堂上所学的知识应用于实际，并将各学科知识有机地联系在一起的机会。”区别于单纯的社区志愿服务，服务学习强调在过程中通过反思学习运用知识的能力 [2]。

服务学习课程自 20 世纪 90 年代开始进入美国建筑院校，并逐步扩展到了世界各地。建筑院校的服务学习课程通常以社区为服务对象，采用以使用者为中心的参与式设计（Participatory Design）方法。例如美国华盛顿大学（西雅图）景观系在 2006 年开设的“唐人街夜市”课程，与唐人街青年社团 WILD（内城荒地领导力开发青年组织）合作，由专业大学生和非专业的中学生共同为西雅图唐人街庆熙公园设计了六组夜市景观装置。课程推动了唐人街的社区复兴，专业大学生和非专业中学生也在合作中拓展了知识与沟通能力。台湾地区的中原大学设计学院在 2012 年度开设的“社区营造与民众参与”课程，与桃园县霄里小学、美浓社区和桃间堡社区合作，调查并绘制社区资源大图。“通过有计划安排的社区服务方案，传达“专业”“服务”与“学习”相结合的重要性，推动学生、学校与社区的互惠发展。”香港地区的香港理工大学房地产系在 2015 年开设了“社区住房”课程，课程深入何文田爱民村社区调查不同收入群体的实际住房问题并由此提出对于未来住房政策的研究建议。学生不仅完成了反思报告，并在技能培训后进入低收入老年人家庭完成了简单的住房修缮服务。这些课程都为在内地建筑院校开展服务学习课程提供了有益的经验参考（图 1）。

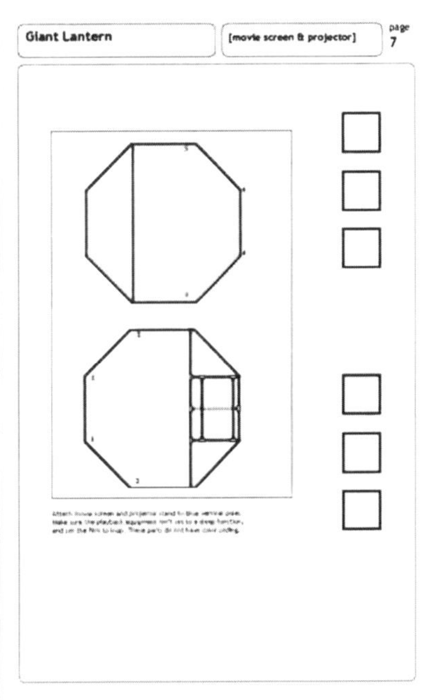

图 1　华盛顿大学（西雅图）的服务学习课程“唐人街夜市”

2 同济大学服务学习课程概述

2.1 教学设计

经过一年准备，同济大学建筑系在 2017 年春季开始了建筑学本科服务学习课程。社区服务是本次课程最大的特征，鼓励自主学习则是教学的主线。设计课程任务是在 N 小区举办一次社区互动日活动，并完成 100 份需求调查问卷[3]；在需求调查的基础上完成一个社区公共服务设施的建筑设计方案；并在设计结束后完成反思报告。

课题基地是位于上海市中心城区一处建筑密度超高、人口深度老化的非商品房街坊 N 小区。该小区始建于 1960 年代、由多层与高层住宅组成，其中多层最小单元建筑面积 18m^2，人均居住面积 4m^2。小区面积约为 3.5 公顷，人口密度每平方公里接近 17 万人。小区现有常住居民 5871 人，其中 60 岁以上老年人 2012 人，社区养老需求十分突出。作为参与式设计的一部分，课程设计任务是真实设计项目的简化版[4]，而社区互动日的活动也是社区动员与需求调查的有机组成。互动日活动强调了环境设计与搭建的内容以突出建筑学专业特色，同时也为社区动员提供了独特的节日氛围（图 2）。

为鼓励自主学习能力，在课程周期、任务书与评分方式等三个方面做了区别于一般设计课程的安排。课程选择在五年制建筑学本科四年级的自选题阶段，一学期长题的周期，没有同步课程的考试压力，充分保障了学习时间的投入。任务书仅对用地范围和社区公共服务设施功能做了简单要求，学生需要自拟任务书并根据自己的学习目标制定成果深度标准。为避免偏重表达的评分方式，课程评分主要依据反思报告对于设计过程的研究和表达，设计成果仅作为辅助。

2.2 准备阶段

共有 7 名（五年制）建筑学的四年级本科生选修了本次服务学习课程。参照服务学习的教学惯例，16 周的课程周期被分为准备、服务和反思的三个阶段[5]，而社区服务与自主学习作为两个核心贯穿在整个教学周期中。

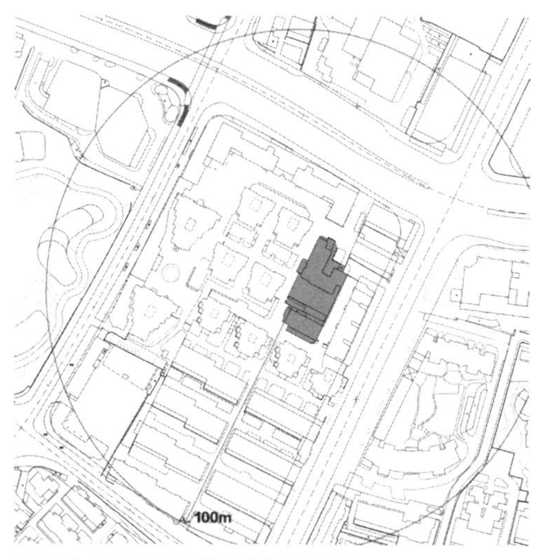

图 2　N 小区公共服务设施基地总平面图

准备阶段共四周，主要内容是传授社区服务技能与强化自主学习原则。知识传授方面包括 N 小区公共服务设施的设计实施方案介绍，以及基地出发的设计、社区规划、参与式设计方法的讲座；目的是递进强调设计思维与操作的逻辑性，以及对空间和行为的双向设计。强化自主学习的第一步是根据每个人的情况自拟任务书。作业方面由汇报自己的作品集开始，要求通过总结和汇报寻找自身特点与不足，并制定个人学习目标。后续的作业包括基地调查、案例研究、场地设计，以帮助学生在真实的社区环境中循序渐进地应用课堂传授的知识。

2.3 服务阶段

为期六周的服务阶段是本课程强度最高的一个部分，也是构建环境、空间与人互动的关键。具体工作包括三周的社区互动日参与工具设计，一周的图书馆快题设计，二周的互动日搭建准备，以及最后 2 天的互动日活动。除了任课教师外，外聘了专业社工和搭建专家作为授课嘉宾指导学生优化设计。参与工具包括了空间装置搭建、展览内容组织，以及海报、模型、问卷等道具。7 个学生分为 2 组，进行了三轮方案设计并最终整合为实施方案。

第一轮方案体现了前期基地调查的成果，关注环境但缺乏对人的思考。2 个小组都发掘出相对宽敞的社区空间完成了有一定展示性的装置设计，但缺乏功能组织与活动行为设计，不足以激发社区居民的参与热情[6]。针对这个问题，要求学生进行为期一周的社区图书馆快题设计，并思考建筑空间对组织者与参与者的双重作用。在快题提供的反思之后，接着推荐了一系列参与式设计活动，引出空间设计与行为设计的概念。两个小组的第二轮互动日参与工具设计都加强了与社区居民的互动，但却暴露出缺乏与环境互动的新问题。选择在干道一侧的方案与小区日常交通产生了冲突，选择社区活动中心内院展开的另一组方案则难以控制活动的规模；同时两组方案都缺乏与既有环境要素（墙体、地面、门檐、栏杆、台阶等）互动产生的设计感（图 3）。两个小组的第三轮方案都选择了小区干道一侧的转角空间，新选址减小了与日常交通的冲突，控制了活动规模也更能吸引到居民的注意力。两个方案都采用包裹的方式，将各种元素转化成活动所需要的牌匾、布景、展板和装饰，让空间有了更统一的组织。根据指导教师与外聘专家的建议，进一步收缩场地并优化参与工具，最终形成了整合方案进入了搭建组织准备。结合前期制定的个人学习目标，七个同学分别承担了影像记录、海报与问卷、互动展

图 3　第二轮参与式工具设计实景效果图

览、互动模型、展板、展台和休息座椅的具体工作。

经过与街道、居委的反复协商，最终选定在五一假期开展社区互动日活动。活动前一天将各种材料运抵现场并进行了基础的搭建。活动当天一早开始搭建，互动活动持续了整整 7 个小时，并完成了 100 份需求问卷的采集工作[7]。以上工作都牵涉到结合现场环境的搭建、与居民、供应商、合作伙伴的沟通等内容，为学生提供了难得的锻炼机会（图 4）。

图 4　第三轮设计方案与互动日现场

2.4 反思阶段

课程最后的五周是反思阶段。社区服务工作包括整理需求调查、意见田、微更新投票与模型工坊的结果，形成支撑社区公共设施设计优化的反馈意见。作业部分要求完成社区公共服务设施的建筑设计与反思报告。贯彻自主学习的原则，每个同学可以根据自己的兴趣与能力选择设计的规模与深度。以往设计能力强的同学设计了包含主楼和辅楼的整个项目，设计成绩以往不理想的同学只设计辅楼的建筑。但是所有的设计都应该能够反思自己在过去四年的学习，以及本次课程的学习定位，并将这个内容以报告的形式固化。除了基地与使用者的真实性，设计本身没有超出以往学习的范畴，因此反思报告才是本次课程的主要收获。课程有幸邀请到了新加坡技术设计大学的庄庆华教授、北方工业大学的林文洁教授和哈尔滨工业大学的薛名辉教授参加反思会，三位谙熟参与式设计和社区营造活动的教师为学生们提供了弥足珍贵的建议，为17周教学活动画上了圆满的句号（图5）。

3 设计反思

本次教学加强了高校与社区的联系，也提升了学生在专业领域的自主学习能力。后者又集中体现在基地认知、与人交流和个性化解决问题等三个方面。反思报告充分反映了自主学习对专业的理解与应用能力的提升。

高同学在他的反思报告中强调了对于基地认知的能力提升。"以往传统的基地踏勘……少有能与人的行为相结合的。因为一般课程设计中都有确定的任务书，原本鲜活的人的活动行为，统统化为功能泡泡图被直接给出，导致我们在设计中往往跳过寻找行为与行为之间的关系，直接进入排平面的'审美'阶段。在这次设计中，一方面任务书对功能的策划只有一个大概的方向，一方面尺度微小，需要我们将每个活动的组织方式、站位和流线，活动与活动间的联系都进行考虑，等于将原本潜藏的问题强逼着进入我们的视线。当行人流线、人际互动、活动组织都变得这么迫切且具体的时候，设计要考虑的层次和深度就增加了很多。"

周同学的反思更多地集中于团队合作中交流的价值。"合作精神的缺失主要来源于两个方面的影响。第一，传统的建筑教学大都以个别辅导为主，注重个人能力的提高，我们并没有太多的机会合作；第二，即使有合作的机会，学生也不重视合作能力的培养，而只是机械地完成老师布置的任务，甚至出现"混日子"的情况，成员之间很少交流，特别极少有人能面对面交流。"她不仅认识到了交流对于合作的重要性，也尝

图5 反思会

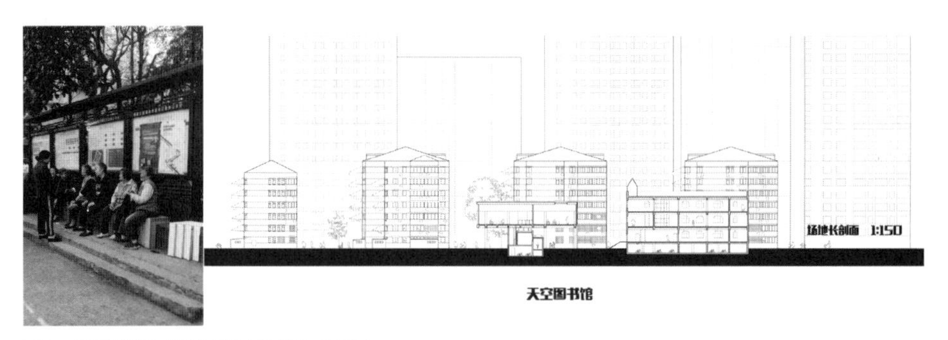

图6 赵同学的座椅设计和设计成果（局部）

试着提出信任、交流和人人参与的解决方法。"在分工的时候，应尽量根据每个人的特长，尽量不要遗漏一些重要的工作，如果出现了遗漏的工作……每个人都要承担起各自工作的统筹责任……即使出现了不可避免的意外因素，也要承担起责任，及时解决后续问题。"

赵同学的反思也许最有典型意义，也证明了个性化解决设计问题具备普遍的可能性。鉴于他的设计成绩长期处于中下游，建议他从简单的关系入手。"你要是觉得自己水平不太行，那就多去跑跑基地，多去感受一下基地的氛围，多去观察基地的信息，甚至像我这样，去做一些测绘的工作也是帮助自己找到有趣的切入点和设计思路的方法。"他在观察中发现社区中缺乏座席空间这个小问题，并主动承担了在互动日设计座椅的工作。"这个小小的座椅设计，是直接能得到居民反馈的设计。它鼓舞了我的设计热情，我是可以通过简单实在的观察思考以及轻松的设计来达到改善人们某一方面的生活。打动人心的设计可能就是简简单单，不需要太花哨，而简单的设计恰恰是我现在最有可能、最轻松就能完成的（图 6）。"

4 结语

建筑学是需要终身学习的一门学科。培养自主学习能力不是一门课程的工作，也不仅仅发生在课堂中，而是建筑师成长的必由之路。因为个体条件的差异，"因此施教"的教学目标也必定没有单一的模板。同济大学建筑系"服务学习"课程的教学探索仅仅是一个开始，仍存在许多不足需要在未来不断完善。然而通过这次活动，我们将自主学习的场所由教学楼、教室拓展到了社区中，扩展到了真实的建造环境中，这就是本次课程的一大收获！

（请上网观赏本次教学的记录短片《你眼中的未来南丹邻里汇》http：//v.youku.com/v_show/id_XMzE1ODkyMDI2OA==.html?spm=a2hzp.8244740.0.0）

注释：

[1] 赠地大学指的是国家投资高校，高校再服务社会的一种办学模式。1862 年开始的莫里尔法（Morril Acts）确立了国家捐赠土地给州政府，州政府利用该赠地产生的收益资助建立专门研究农业等科技并服务社会发展的高等院校的办学模式。参见参考文献 [4]

[2] 美国国家青少年委员会将服务学习形象 地描述为：组织学生沿着河岸收集垃圾称为"服务"；学生坐在实验室里利用显微镜研究水样称为"学习"；学生根据水质量标准分析从当地取回的水样，记录分析结论，把这些信息反馈给当地污染处理部门，并反思这些分析结论可能对未来的环境和人类行为产生 的影响，这一过程称为"服务学习"。

[3] 配合社区工作的变化，课程设计经历了一次基地变更。第一阶段的基地是在 W 小区，第二阶段后转移到了同一街道管辖的 N 小区。

[4] 课程来源于授课教师的真实项目，为 N 小区的一处社区公共服务设施进行改造更新的建筑设计。

[5] 16 周的教学中包括了国庆节的一周假期，故实际教学时间为 15 周。

[6] 第一轮搭建方案是在 W 小区，第二轮之后才转移到 N 小区。

[7] 社区互动日当天除指导教师与 7 位学生，还有 4 位学生志愿者和 2 位社工参加了活动。

参考文献：

[1] 孙颖，陈喆，李爱芳．卓越工程师背景下的四年级建筑设计教学探索 // 2012 全国建筑教育学术研讨会论文集 [C]．中国建筑工业出版社．2012.09：29–32.

[2] Robin Crews. What is Service-Learning?// University of Colorado at Boulder Service-Learning Handbook[C]. 1995：1.

[3] 周加仙．美国服务学习理论概述 [J]. 外国教育研究，2004 (4)：14–18.

[4] Tom Angotti, Cheryl Doble, Paula Horrigan. (eds.) Service Learning in Design and Planning：Educating at the boundaries [C]. New Village Press, 2011.

[5] 薛名辉，夏楠．"大图"媒介下的风景园林专业参与式设计教学研究 [J]．中国建筑教育，2015 (6)：56–62.

[6] 赵希斌，邹泓．美国服务学习实践及研究综述 [J]．比较教育研究，2001 (8)：35–39.

[7] 张天洁，李泽．关怀他者＼跨越边界——美国高等院校风景园林服务学习课程刍议 [J]．中国园林：2015 (5)：27–32.

[8] 中原大学服务学习网 – 景观学系 – 景观系 – 社区营造与民众参与．http：//sl.cycu.edu.tw/wSite/ct?xItem=55142&ctNode=19175&mp=00402 (登录日期：2017.08.13)．

[9] 从旧区公屋及套房住户的个案研究基层市民的住屋情况及面对的问题。

[10] Hui King Pui, Kan Tsz Yiu, Ng Wing Lam, Tai Yi Ning, Tsang King Fai, Yik Chun Cheung. Understanding the Housing Condition and Problems faced by the Disadvantaged Groups due to Urban Decay [R]. The Hong Kong Polytechnic University, BRE2S01 Housing for the Community final report.

图片来源：

图 1：http：//courses.washington.edu/nightmkt/；其余图片照片均为课程成果。

作者：姚栋，同济大学建筑与城市规划学院　副教授；肖夏璐，同济大学建筑与城市规划学院　讲师

实践建筑师参与设计教学的若干思考

章明　孙嘉龙

Some Thoughts on Practicing Architects' Participation in Design Teaching

■摘要：本文通过分析建筑学学科的实践性属性，总结了实践建筑师参与设计课教学所带来的"设计的边界""教室的边界""师生的边界"的拓展；并对当前的高校教师录用机制，以及实践建筑师参与设计教学的必要性和可持续性展开思考。

■关键词：实践建筑师　设计教学　边界拓展

Abstract：By analyzing the practicality of architecture, the article summarizes the expansion of "design boundaries", "classroom boundaries" and "teachers and students' boundaries" brought by the practice architects in the design teaching. At the same time, it discusses the current recruitment mechanism of college teachers and also the necessity and sustainability of practicing architects' participation in design teaching.

Key words：Practicing Architect；Design Teaching；Boundary Expansion

一、建筑学学科的实践属性

建筑学研究人居环境，是一门跨越自然科学和人文艺术、社会科学的综合性学科，涵盖了从宏观理论到历史研究、从城市到建筑、从形态空间设计到政策研究等人居环境学科的各个领域，兼具理论与实践双重属性。以同济大学建筑学专业为例，针对6个二级学科方向，设有建筑设计，建筑历史、理论和评论，以及建筑技术3大教学模块课程，由13个学科团队的教师分别承担。

建筑学自身的学科属性决定了其有别于其他门类学科的专业人才培养模式。近年来各学科逐渐兴起的"慕课"（MOOC，大规模开放的在线课程）、虚拟现实等新型教学授课模式和手段对建筑历史、理论和评论以及建筑技术两个模块的教学可以起到一定程度的补充作用，但针对建筑设计这一模块的适用度却相对有限。指向实践的设计课程虽然因为科技的发展可以采取更先进便捷的教学方法和手段，但因为学生对每个设计的创意不同，关注点各异，以及艺术和修养方面潜移默化的影响，其复杂性和矛盾性特征甚至依然需要回归类似师徒制的面对面的因材施教和个别交流。

二、现行高校教师录用机制与考核指标

与之相对应，国内各建筑院校现行的新进教师录用机制对于引进优秀的实践建筑师存在着若干硬性指标的掣肘。教育背景方面，要求新进教师需具备博士后经历或两年以上海外经历；录用考核指标似乎更重视拟录用教师的科研学术贡献，如是否发表重要论著，是否主持自然科学基金项目和其他国家或省部级科研课题，发表了多少 SCI/SSCI/EI/ 核心期刊文章等。在这种录用机制下，优先完成学术指标以及学术科研经历丰富的应聘者往往容易应聘成功，而一些成熟的、有着丰富实践经验的建筑师却由于缺乏硬性的学术指标或学术经历而被拒之门外。以同济大学建筑系为例，分析其近 5 年的新进教师的学术科研成果和实践经历，可以明显看出，现行教师录用机制对新进教师遴选的导向性和对专业特长的影响（表 1）。

对现有全体教师的考核指挥棒也同样指向了重科研轻实践的方向，教学、科研、实践三大板块中科研成果成为考核重点，导致教师会花更多的精力侧重于历史理论和技术科学研究及成果导出，其中也包括了本就缺乏实践经验的新进青年教师。长此以往，对建筑设计课的教学以及教学梯队的建设是不利的。近年来同济大学建筑与城市规划学院将教师分为教学型、教学科研型、教学设计型和科研型四类来分类考核，无疑是一大进步。录用机制何时能做相应调整，拭目以待。

三、实践建筑师参与设计教学情况及带来的边界拓展

实践设计师参与设计教学是国际上通行的设计教学模式。目前国内部分建筑院校对教学内容和教学培养计划也展开了实验探索，如借鉴国外知名高校建筑专业的培养经验，邀请外校著名学者和企业知名实践建筑师担任兼职或联合指导教师，通过正式聘任或模块化教学师资引入的方式承担学生设计指导。

同济大学自 2011 年起开展“复合型创新人才实验班”的教改探索。“复合型创新人才实验班”是学院为本科跨专业培养模式的探索而设置的班级及课程。这是一个新的完整的教学模式探索，并有一个相对长远的探索计划，由国家“千人计划”引进的张永和为领衔教授，学院建筑学、城乡规划、风景园林专业的王方戟、章明、钮心毅、董楠楠、王凯、王红军、李立等全职教师为实验班的基本教学团队，陆续邀请了来自不同设计机构的实践建筑师柳亦春（大舍）、张斌（致正）、庄慎（阿科米星）、祝晓峰（山水秀）、刘宇扬（ALYA）、王彦（GOA）、甘昊（木土）、孔锐／范蓓蕾（亘建筑）等组成实验班的客座教学团队（图 1、图 2）。学院为实验班设置了单独的培养计划，并且每年进行更新调整。此外还充分利用国际合作资源，采用讲席教授、模块化教授等方式邀请了刘克成、MVRDV 等国内外顶尖实践建筑师参与专业设计教学。

始于 2014 年的清华大学“开放式教学”改革影响巨大，“从校长、主管副校长，到人事处和教务处的领导，对这次开放式建筑教学的改革都给予了特殊政策，一次性聘用 15 位‘校聘设计导师’，也是没有先例的一次创新。[1]”聘任的建筑学设计导师有齐欣、邵韦平、王昀、朱锫、崔彤、胡越、王辉、徐全胜、李兴钢、梁井宇、张轲、董功、华黎、李虎、马岩松等 15 名一线实践建筑师，他们中有国家大型设计企业的总建筑师，也有国内知名设计事务所的合伙人和主持建筑师。受聘导师将直接参与 2014 年和 2015 年本科三年级为期 8 周的建筑设计专题课程教学，担任指导老师。“15 位校聘设计导师分成了两组，2014 年有 8 位作为指导老师参与教学，其余 7 位则参加设计评图，这样两年一轮换，保证了开放式教学的连续性。[1]”

东南大学则与上海现代集团和苏州设计院股份有限公司等共建首批国家级工程教育中心，这是一个校企联合培养工程人才的综合性教育平台，承担着指导学生工程实践、毕业设计的任务。俞梃、

图 1　同济大学建筑系“复合型创新人才实验班”在学院 D 楼半室外空间进行课程作业评图

图 2　同济大学建筑系“复合型创新人才实验班”在学院 B 楼专教进行课程作业评图

2013~2017 同济大学建筑系申请聘任教师岗位专业技术职务人员综合情况统计表

表 1

应聘时间	姓名	教育背景				科研成果			实践经历及成果		应聘岗位	应聘时年龄	专业特长
		本科学校、专业及就读时间	硕士学校、专业及就读时间	博士学校、专业及就读时间	博士后学校及在站时间	正式出版教材著作	国内外杂志刊物正式发表论文（SCI、EI、SSCI、AB 类核心期刊等）	承担科研项目（主持参与国家级／省部级项目、课题等）	实践经历	省部级以上设计实践奖			
##	A	鲁迅美术学院 油画系 （199609–200007）	德国卡塞尔美术学院 自由艺术系 （200210–200602）	中央美术学院 设计艺术学 （201009–201306）		1	0	0			助理教授	37	艺术与造型
	B	清华大学 建筑学 （200308–200706）	清华大学 建筑学 （200709–200906）	日本东京大学 建筑学 （200910–201209）		0	5	4	株式会社久米设计 （201210–201308）		助理教授	28	养老设施研究
	C	同济大学 土木工程 （200409–200807）	英国剑桥大学 工程系 （200810–200910）	英国剑桥大学 工程系 （200910–201307）		0	5	1			助理教授	27	建造技术
	D	同济大学 建筑学 （199809–200306）	同济大学 建筑学 （200309–200503）	同济大学 建筑学 （200503–201105）	同济大学 管理科学与工程 （201109–201402）	1	4	2			助理教授	33	里弄住宅与城市更新
	E	同济大学 建筑学 （199909–200406）	同济大学 建筑学 （200409–200706）	香港大学 哲学 （200801–201311）		1	3	2			助理教授	32	建筑历史与理论及历史建筑保护
	F	日本名古屋工业大学 建筑学 （200204–200603）	日本名古屋工业大学 建筑学 （200604–200803）	日本名古屋工业大学 建筑学 （200904–201203）	同济大学 建筑学 （201203–201403）	0	7	1	日本大和房屋工业股份有限公司 （200804–200903）		助理教授	32	光环境技术研究
##	A	同济大学 建筑学 （199709–200207）	同济大学 建筑学 （200209–200503）	美国加州大学洛杉矶分校 建筑学 （200909–201408）		0	9	0	项秉仁建筑设计有限公司 （200301–200608）		助理教授	36	城市基础设施建筑学
	B	同济大学 建筑学 （200309–200807）	意大利米兰理工大学 建筑设计 （200809–201009）	西班牙加泰罗尼亚理工大学 建筑设计及其理论 （201009–201404）		0	3	0			助理教授	30	设计基础教学
##	A	西班牙塞维利亚大学 建筑和城市规划 （1994–1997）	西班牙塞维利亚大学 建筑和城市规划 （1997–2001）	西班牙塞维利亚大学 建筑和城市规划 （2006–2010）		15	13	7			副教授	40	建筑历史与理论及历史建筑保护

续表

应聘时间	姓名	教育背景				科研成果			实践经历及成果		应聘岗位	应聘时年龄	专业特长
		本科学校、专业及就读时间	硕士学校、专业及就读时间	博士学校　专业及就读时间	博士后学校及在站时间	正式出版教材著作	国内外杂志刊物正式发表论文（SCI、EI、SSCI、AB 类核心期刊等）	承担科研项目（主持参与国家级 / 省部级项目、课题等）	实践经历	省部级以上设计实践奖			
##	B	大连理工大学 建筑系 （199009–199407）	同济大学 建筑学 （200009–200303）	同济大学 建筑学 （200703–201204）	同济大学 建筑学 （201211–201603）	2	5	3	核工业第四研究设计院 （199407–200008） 上海天锐建筑咨询有限公司 （200303–200702）		副教授	43	建筑历史与理论及历史建筑保护
	C	同济大学 建筑学 （200109–200607）	同济大学 建筑学 （200609–200907）	意大利帕维亚大学 建筑学哲学 （201111–201505）		3	5	4	上海天华建筑设计有限公司 （200907–201006）		助理教授	32	建筑评论
	D		德国卡尔斯鲁厄工业大学 建筑学 （199510–200207）	德国海德堡大学 人文地理 （200703–201301）	苏黎世联邦理工学院新加坡中心 （201103–201512）	1	2	0	德国 GMP 北京代表处 （200408–200612） 法国 AREP 北京代表处 （200803–200902）		助理教授	40	城市设计及其理论
##	A	同济大学 城市规划 （200109–200609）	东京大学 建筑学 （200610–200909）	东京大学 建筑学 （200909–201503）	奈良女子大学 （201504–201601） 东京大学 （201602–201610）	1	11	0			助理教授	33	建筑历史与理论及历史建筑保护
	B	华中科技大学 城市规划 （200409–200908）	荷兰代尔夫特理工大学 城市设计 （201009–201208）	香港大学 城市设计 （201209–201510）	苏黎世联邦理工学院新加坡中心 （201603–201609）	0	8	1			助理教授	29	城市设计及其理论
##	A	清华大学 建筑学 （200509–200907）		清华大学 建筑学（直博） （200909–201507）	同济大学 建筑学 （201511–201712）	0	10	0	上海博风建筑设计咨询有限公司助理建筑师 （201511–201712）		助理教授	30	建筑设计原理
	B	郑州大学 建筑环境与设备工程 （200609–201006）	同济大学 机械与能源工程学院 （201009–201203）	同济大学 机械与能源工程学院 （201203–201512）	同济大学 建筑学 （201601–201712）	0	14	1			助理教授	30	绿色建筑

杨明、坂本一成等国内外知名实践建筑师先后参与了本科生的设计课教学活动活动。

海外知名建筑院校在实践建筑师担任设计课指导教师的路上走在了前面。以美国各所知名建筑院校为例，在以通识教育为主要目的本科阶段，设计课一般为本校教授主持；而在以培养职业建筑师为首要目标的“建筑学硕士”阶段，则普遍会以“选修设计课”（Optional Studio）的形式邀请国际知名建筑师参与设计教学[2]。例如，哈佛大学设计学院（Graduate School of Design）通常会采取两种不同的方式在设计教育中引入实践建筑师的参与：一种为学生赴实践建筑师（如OMA、伊东丰雄等）事务所所在地实践学习，时长为一个学期左右；一种为邀请世界各地知名事务所的主创建筑师赴哈佛授课，如西班牙的RCR建筑师事务所（RCR Arquitectes）、挪威的斯诺赫塔建筑事务所（Snøhetta）、丹麦的BIG集团（Bjarke Ingels Group），等等。哈佛甚至会采取相对灵活的集中式课程安排，并在学院内部安排相应的教师和助教配合教学，使得优秀的海外实践建筑师抽出时间来校任教成为可能[3]。而欧洲各建筑院校则更加重视实践建筑师全过程参与教学的模式。以瑞士苏黎世联邦理工学院（ETH Zurich）为例，绝大多数参与设计相关课程的教师通常都经营着自己的事务所[4]，Herbert Kramel、Marc Angélil、Christian Kerez等优秀的实践建筑师都是ETH的全职教授，并主持低年级的基础教学[5]；而到了中高年级，学生会获得更多机会选择客座的海外知名实践建筑师或本土优秀青年建筑师开设的选修设计课[6]。学校更有常设的聘任机制将优秀的实践建筑师吸纳到全职教师的队伍中来，这不同于国内部分院校仅“实验班”的学生有机会获得实践类教师资源的现象。

实践建筑师参与设计教学的尝试，概括起来可以带来三个边界的拓展。

（一）拓展设计的边界

建筑学的综合性表现在具有工程技术属性的同时，具备很强的社会属性、人文属性、艺术属性。这就需要除本学科领域本体研究外，须加强跨系统、跨学科的合作研究，以满足复合型高品质人才培养的需要。

实践建筑师由于其丰富的教育背景，以及在多年实践中由于解决项目的复杂性而逐渐完善的知识体系，往往具备更全面的视野和更敏感的切入问题关键点的能力。在设计课教学中，可以自发地将这种跨专业的融会贯通以及在学科交叉领域的从容判断传递给学生，大大拓展了学生设计的边界。

以同济大学为例，建筑系经过长期学科方向的探索与实践，学科发展框架不断完善，提出以“生态城市环境”“绿色节能建筑”“文化遗产保护”和“数字设计技术”四大前沿领域为发展重点，通过学科交叉平台力求实现新的学科突破。邀请与近年来的学科发展方向一致的各领域有专长的实践建筑师参与设计教学，可以进一步扩大学生对设计专题理解的广度和深度，拓展设计边界的同时，对学科发展起到促进作用。

（二）拓展教室的边界

由于实践建筑师参与设计教学，传统意义上的教室与教室之外的边界变得模糊了。

实践建筑师带来的真题由于直面建造，往往具有一定的综合性和复杂性，原本传统的教室开始具有“实战感”和“现场感”。实践建筑师在实践中多年摸爬滚打来的经验成为教学中宝贵的资源，实践作品以及建筑师对其进行的分析（甚至是现场分析）和思考成为最有说服力的教案。

另外，学生在课堂外以多种方式追随实践建筑师参与的实践项目。实践建筑师的实践场所以及部分具有实践背景的全职教师的实践工作室由此拓展成为建筑系学生的第二课堂，这对于培养学生职业素养和职业精神具有潜移默化的作用。

建筑学专业需时刻积极面对时代和社会发展对于人才培养带来的挑战。当下，建筑师必须面对国际竞争加剧这样一个课题，以及从粗放型大拆大建到存量更新这样的设计任务转型，实践建筑师参与设计教学打破了教室的边界，为培养具有宽广国际视野和卓越实践创新能力的复合型人才提供了真刀实枪的“战场”。

（三）拓展师生的边界

如果用“教学相长”来形容实践建筑师参与设计教学所带来的相互影响则再合适不过。在设计课教学过程中，实践建筑师、非实践建筑师背景的教师与学生三者之间的碰撞，成为相互促进的催化剂（图3）。

明星建筑师的效应不言而喻，在大大激发学生设计热情的同时，也影响了学生对待设计的态度，“耳濡目染”往往是最直接有效的教学促进。而不同设计组之间的互相品评交流以及实践建筑

图3　同济大学建筑系“复合型创新人才实验班”授课中，实践建筑师与全职教师进行交流

师和非实践建筑师背景教师之间的碰撞和互补，则令整个教学环节更加立体，学生会自发地观摩他组的设计，从比较中做判断。反过来，学生的一些创意和想法也会引发实践建筑师一些新的思考。

四、几点思考

随着国家和社会对于专业人才培养要求的不断提高，结合建筑学专业培养规律，应当进行培养模式和教学方法的持续改革和完善。

（一）教师录用机制的改变

目前大部分建筑院校的师资聘用条件尚显单一，对学科和专业特殊性的考量不足。

建议探索引进高水平实践建筑师参与设计教学的机制和方式，加强兼职教师队伍的建设，进一步增加师资学科专业背景的多元性，形成对现行教师录用机制与考核指标的分类机制。与此同时，以校办设计院［如同济大学建筑设计研究院（集团）有限公司都市建筑设计院］或教师实践工作室（如原作设计工作室、创盟国际、麟和建筑工作室等）为平台，进一步加大对现有青年教师的实践培养力度，使学科梯队结构更趋合理。

（二）实践建筑师参与设计教学的可持续性

实践建筑师参与的设计教学不是一次孤立的教学活动，是整体培养计划的一个节点。

在整个设计教学计划当中，应当遵循系统的课程计划，主线清晰，训练的节点、知识点互相贯穿。在建筑设计课教学师资的配备上，当以本校全职教师为主导，以保证教学链条必要的连贯性。实践建筑师要对整个培养计划的内容和成果要求有所了解，其个人的关注点和特长应当与整个教学体系相融合。

此外，教学毕竟不同于工程实践。重复的设计基地、设计题目、设计环节同实践建筑师自身的实践状态是截然不同的。这对于实践建筑师能不能持续专注于教学是一个不小的挑战，包括实践建筑师的身份认同和身份约束，都是关系到这种教学模式是否具有可持续性的因素。在学院乃至学校层面的实践建筑师参与设计教学的政策和机制制定，是这种教学模式是否具有可持续性的重要保证。

（三）教育资源的公平性与实践建筑师参与设计教学的可推广性

实践建筑师参与设计教学的另一个值得思考的问题是教育资源的公平性以及这种模式的可推广性。

目前不少学校的“实验班”是选拔有学习热情和学习韧性的学生，专门化地请实践建筑师参与授课，这其中有一定的实验和借鉴价值，但未必能全面推广。如果不能在其他的普通班中得到推广，那实验的价值就会大打折扣。相较于将优秀学生集中在一起做实验班，以普通学生为教学对象可能更具普遍意义。选择年级当中的一个班，对教学内容和教学培养计划展开实验探索，进而使实验教学成果在将来得以全年级推广和发展可能会更有意义。

注释：

[1] 庄惟敏．开放式建筑设计教学的新尝试 [J]. 世界建筑，2014（7）：114.
[2] 王桢栋．多样化与专业性的统一：美国麻省理工学院及哈佛大学研究生院建筑设计教学特色浅析 [J]. 时代建筑，2012 (6)：153–155.
[3] 吴锦绣．哈佛大学设计学院的建筑教育 [J]. 建筑学报．2009 (3)．92–96.
[4] 许晓东，刘波．设计教育推动建筑研究——访东南大学建筑学院副教授 葛明 [J]. 设计家，2010 (2)：48–52.
[5] 吴佳维．从 Hoesli 到现在——1959 年至今的 ETH 建筑设计基础教学 [OL]. https：//www.douban.com/note/524331421/.
[6] 详见 ETH 客座教授名单（截止到 2016 年底），名单中有中国建筑师刘珩、荷兰建筑师事务所 MVRDV 等，https：//www.ethz.ch/content/specialinterest/arch/visiting-faculty-arch/de/gastprof.html.

参考文献：

[1] 李振宇．复合与实验 [J]. 建筑创作，2017 (3)：8–9.
[2] 章明．实验班不是一次孤立的教学活动 [J]. 建筑创作，2017 (3)：146–147+145+144.
[3] 庄惟敏．开放式建筑设计教学的新尝试 [J]. 世界建筑，2014（7）：114.
[4] 单军．开放式“集群设计教学”的启示 [J]. 世界建筑，2014 (7)：115.
[5] 李保峰．对演变的应变——关于当下建筑教育的若干思考 [J]. 新建筑，2017 (3)：50–51.
[6] 卢峰，黄海静，龙灏．开放式教学——建筑学教育模式与方法的转变 [J]. 新建筑，2017 (3)：44–49.

图表来源：

表 1：作者整理
图 1～图 3：同济大学建筑系提供

作者：章明，同济大学建筑与城市规划学院建筑系 副主任，教授，博士生导师，同济大学建筑设计研究院（集团）有限公司原作设计工作室 主持建筑师；孙嘉龙，同济大学建筑与城市规划学院 博士研究生，同济大学建筑设计研究院（集团）有限公司原作设计工作室 副主任建筑师

助教眼中的三年级建筑设计课程

——实验班“小菜场上的家”教学总结

王方戟　杨剑飞

The Third Grade Architectural Design Course in the Eyes of Teaching Assistants: Teaching Summary of Special Program Course “Home Above Market”

■摘要：本文基于对曾经担任过同济大学建筑与城市规划学院实验班三年级上建筑设计课题“小菜场上的家”的21位本科来自不同院校的助教的回溯采访，从教学过程中调研、概念、功能以及技术等四个层面进行与助教本科学习经历异同的比较。本文将采访结果中的共识性和个别性的结果整理出来，为实验班的教学评价提供一个新的参考维度，同时带来对其中某些问题的反思。

■关键词：建筑设计教学　助教　调研　设计概念　功能　结构及构造

Abstract: This paper is based on an interview with 21 teaching assistants from different institutions who once take part in the third grade architectural design courses of the special program in CAUP. The interview compares the differences between the special program design course and the assistants' personal study experience in four aspects of research, concept, function and technology. In this paper, the consensus and individual results of the interview are sorted out, providing a different reference dimension for the teaching evaluation of the special program design course and bringing the opportunity to rethink the teaching problems.

Key words: Architectural Design Course; Teaching Assistant; Research; Concept; Function; Structure and Construction

助教眼中的课程

本文针对同济大学建筑与城市规划学院实验班[1]三年级上建筑设计课题“小菜场上的家”[2]课程中的四个内容展开讨论。任课教师们对于该课程进行过不同的总结[3]。此次讨论希望在此总结的基础上引进新的视点，以增加讨论的广度。此课程每年都有硕士或博士研究生参加助教工作[4]，这些研究生都已完成本科建筑学学习，经历过不少建筑设计课程的训练，对于建筑设计课程有各自不同的认识。通过助教工作，他们得以回望以前受到的建筑设计教学训练，结合新的教学指导内容，得到一些心得。对于教学来说，他们的心得不但是新鲜的，而且评价直接，有新的切入角度，是值得借鉴的视点。

为此，我们与多位助教就他们对教学的总体印象进行了两轮相关讨论。第一轮的讨论是发散的，助教按照他们的理解随意发言。从这一轮讨论中，我们总结得到了四个大多数助教关注的话题，它们是：一，调研与课程的关系是什么；二，概念与设计的关系是什么；三，如何通过功能设置推动设计；四，设计方案中如何进行技术的深化。然后我们就这 4 个话题与参加过教学的 21 位助教进行了第二次讨论，并请每位助教最后将针对每个问题的感想总结为 50 字左右的文字，并编入 4 个表格。助教们本科来自国内不同的院校，接受的建筑设计训练模式略有差别。给到的问题也包括对自己以往经历过的类似课程进行异同的比较。在得到大家的反馈后，我们对大家的评论进行了分析，总结成此篇文章。

调研与课程

在前期第一次讨论中，有多位助教谈到，在这个课题中调研的作用是很关键的。调研是推动课题后续讨论的关键，简单的基地走访很难为课程积淀有效的讨论基础。实验班“小菜场上的家”课题将调研设置为课程最重要的内容之一，正是希望学生能通过研究发展自己的设计。为此，课题非常明确地设置菜场、居住、商业这些调研的对象，让学生对这些内容进行轮番调研及调研汇报。有的放矢的调研让学生对任务书的现实版结果有了观察，对场地有了细致周密的踏勘，对任务功能可以拓展的条件有了初步的掌握，对现场及周边的空间有了身体上的体验。反复调研后得到较深的调研成果，相当于深化课程的任务书，为后续设计准备了必备的基础条件。助教们看到明确调研内容及汇报的恰当引导，为后续课程铺平了道路。问卷中有 8 位助教表达了这方面的感想（表 1）。

调研与课程　　表 1

姓名	本科毕业时间（年）/ 院校	助教时间（年）	调研层面的差异	关键词	归类 / 描述
肖潇	2010/ 哈工大	2012	都市微更新的专项调研及设计与整体性的基地环境调研结合，有助于从调研到设计的转化	转化	A/ 调研对后续设计产生实质性作用
刘一歌	2011/ 东南	2012	小菜调研较深入，涉及物流、后勤，特别好。但是由于时间有限，后期好像并没有在这个方面挖得很深的设计，只是综合考虑因素之一。我觉得是好事，因为建筑的理解应该综合。但是也就很难出一些比较有争议或某方向想法比较特异一点的方案	深入 / 综合 / 特异	B/ 精选调研对象，保证内容及深度；对多约束课题的质疑
董晓	2012/ 同济	2013	实验班课程调研与设计内容相关，但不局限在通常的功能、动线划分、空间特征等常规内容上，重视功能、基地特征等背后的社会、经济关系	社会	C/ 调研促进设计囊括社会性内容
钱晨	2013/ 大工	2013/2014	我经历过课程中的调研多是对案例、基地进行观察，形成调研报告，感觉这样会与设计脱节。“小菜场上的家”课程以城市更新概念设计为调研目的，学生观察场地时更敏锐，也更容易理解场地	目的	D/ 调研目的明确
袁烨	2013/ 重大	2013/2014	这个课程设置中安排了有方向性议题的调研	方向性	D/ 调研目的明确
陈又新	2013/ 湖大	2013/2014	我参加过的课程对于调研内容没有限定，让学生在调研中去发现。菜家课程的调研老师给每组学生特定主题，调研目的性强，更容易深入。从课程作为训练的角度看，这样更高效	特定主题	D/ 调研目的明确
何啸东	2014/ 同济	2014	调研比较有自主性，因为调研有自己的线索，目的也会相对明确	目的	D/ 调研目的明确
陈长山	2014/ 厦大	2014	这个课程中的调研是为后续的微更新和大设计做铺垫的，所以更注重对现实问题的深入发掘，以期让后续设计与现实挂钩。这样学生对问题更加敏感，培养了他们分析问题的能力	现实	C/ 调研促进设计囊括社会性内容
林哲涵	2015/ 同济	2015	这个课题更关注具体个体的行为记录而非整体性的归纳	具体	B/ 精选调研对象，保证内容及深度
游航	2015/ 重大	2015	调研更加细致，会从解决某个细小具体的实际问题出发，并给出应对方案。相比起来，以前经历的课程调研没有指定的关注点。调研出来的内容会显得相对片面	具体	B/ 精选调研对象，保证内容及深度
林婧	2015/ 武大	2015	以前参加的调研多是自发去现场看个大概，很少会像这个课程这样需要测绘、采访，还要回来汇报	汇报	E/ 调研成果通过课程得到加工总结
张婷	2009/ 清华	2016	菜家重视对常规建筑的调研，学生要对建筑的使用和空间关系进行观察，在此基础上做设计，这自然让设计包含了社会性的思考。以前参加的设计调研多是看基地，再带着预设的概念（通常是形态性的）做设计，这么做很难将社会性内容囊括进设计	社会性	C/ 调研促进设计囊括社会性内容
李欣	2016/ 华南	2016	将资料查找的过程变成对实际案例的调研，更能发现设计课题需要关注的具体问题有哪些方面	具体	F/ 将任务书转化为现实问题

续表

姓名	本科毕业时间（年）/院校	助教时间（年）	调研层面的差异	关键词	归类/描述
王梓童	2016/湖大	2016	学生通过对场地初步的认知之后，选重点需要调研的区域、类型，以分组的方法进行调研。相对于我参加过的课程，这么做可以更全面和细致	分组	B/精选调研对象，保证内容及深度
唐文琪	2016/重大	2016	这个课题的调研周期长，要求细致，并有独立的调研成果与城市微更新为后续设计热身	热身	A/调研对后续设计产生实质性作用
姜宏博	2016/同济	2016	并非简单的事实的堆叠罗列，在描绘现状之外，还会从中找出相关主题，进行有意识地整理与表达	整理与表达	E/调研成果通过课程得到加工总结
杨剑飞	2016/华科	2016	时间更长，通过对案例和场地的体验强化学生对设计课题的带入感，并能够影响设计过程中的判断	影响	A/调研对后续设计产生实质性作用
孙帧	2016/同济	2016	不仅是对基地环境的调研，而是更关注居住和菜场背后的社会性，关注两种功能的共存关系和周边居民的社会活动	社会性	C/调研促进设计囊括社会性内容
卢宇	2017/华南	2017	这个课题暑期调研部分得到有价值的内容，场地调研比较深入。调研部分在后续设计中被学生利用的程度因人而异	因人而异	G/调研成果不能被每个学生直接利用
常潇文	2012/东南	2017	假期作业让学生有足够时间在压力不大的时候慢慢观察、体验和记录，成果丰俭由人，这应该是提前感受设计的充实暑假吧。有的同学调研成果的展示方式很有趣	假期作业	H/假期作业丰富了调研成果
赵鹏宇	2017/华南	2017	作为长题，调研的时间长，强调真实地体验场地，并从中抓取感兴趣的点。这点与我以前的课程感觉没有很大不同	时间长	I/调研时间长

关于调研，助教们关注的另外一个话题是调研对于后续设计的推动机制是怎样的。有的助教认为有推动，有的认为不完全有推动。从课程设置的角度来说，并没有期待调研成果对后续课程有直接的作用（虽然不少作业的构思确实明显的受到调研成果的启发）。调研在课程中的核心目的是希望学生能立体地理解任务书，从而脱离将面积数据等同于设计功能的那种意识。学生要是在这方面有了意识，调研自然起到了必要的推动作用。

也有 4 位助教意识到，通过调研可以在课题中展开以前很难在课程中进行的建筑中社会性问题的讨论。调研是这种讨论的必要铺垫。这确实也是课程中调研设置的目的之一。社会性是建筑的基本属性，要是将建筑中的社会性剥离，建筑设计很容易变成纯形态操作。失去这一基本特征的建筑也就很难说是建筑了。调研让学生了解了特定功能建筑在特定区域中的现实问题，当老师在课程辅导中跟他们谈现实问题与他们自己方案的关联时，他们就很容易理解并接受。

概念与设计

建筑设计课程中什么是概念？设计是否一定要有概念？教学中如何对概念进行把控？这些问题对于大多数学生都是好奇而困惑的。课程助教们同样对于这个课题中强化设计中概念的做法提出了自己的见解（表 2）。

建筑设计教学基本是一个了解学生的思考逻辑，指出其中的正误和亮点，引导学生以概念为线索进行各要素间的平衡，最后得到有效解的过程。教学的各个阶段都要依靠语言沟通，但是语言之中充满误解。同一个专业词汇在老师及学生那里可能有不同的理解和认知。为了建立师生间对于同一个方案可以成立的前提的基本共识，并围绕这个共识来进行讨论，这个课程要求学生在设计的最初以关键词的方式提出自己的基本概念。一个词的意义比较容易达成迅速共识，可以避免讨论因为过于发散而失去讨论的价值。这个关键词应该是可以在设计的各个阶段对设计起引导作用，并与设计者的意愿结合在一起的。用一个有共识的词来将讨论聚焦，避免无谓的争论，这是课程强化概念的第一用意。

建筑的成立离不开形态。在大多数情况下，设计中的形式是一种感觉。不同的人心目中对形的感觉是不同的，因而设计往往是一种个人化的活动。然而教学中要是以教师的形式判断为前提标准，将教学建立在无法言说的个人感觉基础上的话，不但无法将建筑学中的基本要点教授给学生，也会让学生在课程中感到无从下手。让教学可以言说，并让学生自己建立言说的开始，这是我们这个课题的一个目标。学生提出来的概念是言说的开始，这个概念本身是否成立，如何成立，它与形态之间的关联如何成了设计推进的基本路径，以可言说及论证的词语为媒介，避免了以形式感为前提进行教学，这是课程中强化概念的第二个用意。

有 4 位本科来自不同学校的助教认为，他们经历过的一些课程也是以类似的方法来进行引导的。这说明国内很多建筑设计教师意识到相同的问题，并在课程中使用了相似的教学方法。

概念与设计 **表 2**

姓名	本科毕业时间（年）/ 院校	助教时间（年）	概念层面的差异	关键词	归类 / 描述
肖潇	2010/ 哈工大	2012	相比来说，这个课程在概念讨论方面更为抽象和长线，这有助于概念在课程中的延续	延续	A/ 概念在整个设计过程进行讨论
刘一歌	2011/ 东南	2012	概念方面，各个课程差别不大。这个课程相对稍微实在、具体一些	差别不大	B/ 概念构思层面通行做法
董晓	2012/ 同济	2013	这个课程中的概念需要可描述并可建筑化。这不仅是从功能合理、和基地契合的角度，还从资源配置的社会化角度判断概念是否合理。相比起来，我经历的课程都没有这样，从资源配置角度来衡量你的设计	角度	C/ 概念应该在多个层面进行统领
钱晨	2013/ 大工	2013/2014	以前的课程中不太强调概念，概念往往成了课程完成时对设计结果的总结。"菜家"的概念作为引导设计的方法贯穿始终，以关键词的方式呈现	贯穿	A/ 概念在整个设计过程进行讨论
袁烨	2013/ 重大	2013/2014	以前做设计也是这样的，各个课程在这方面比较类似	类似	B/ 概念构思层面通行做法
陈又新	2013/ 湖大	2013/2014	以前经历的教学中对于概念不是非常重视，概念更像是学生自己的东西。而"菜家"课题中，概念是老师会和你一起打磨的东西，用来检视设计	一起打磨	D/ 概念的"词"作为师生间沟通的媒介
何啸东	2014/ 同济	2014	概念方面与我以前的课程之间没差别，可能对概念的接受范围更宽泛一些	没差别	B/ 概念构思层面通行做法
陈长山	2014/ 厦大	2014	每位老师对于概念的理解以及在设计中切入的方式不大相同，但明显的一点是概念在这个课程中是用来在各阶段来推动设计的，而不仅仅是一个说辞。将抽象的词转变成三维的实体，训练了学生抽象思维的物质转变以及语言跟设计糅合的能力	各阶段	A/ 概念在整个设计过程进行讨论
林哲涵	2015/ 同济	2015	强调关键词对于初期方案形成的主导作用。方案推进的整个过程始终有明确的由关键词控制的方向性	始终	A/ 概念在整个设计过程进行讨论
游航	2015/ 重大	2015	我以前上的课程在概念阶段比较自由，相比起来，在这个课程中，经过老师的引导，学生会在概念阶段加入对建筑社会性的思考。本科阶段建筑观不成熟，没有这类基本思考的引导，学生会沉迷在形式趣味的陷阱之中	社会性	E/ 概念中有对社会性的回应
林婧	2015/ 武大	2015	以前我以及很多同学设计中提概念是比较感性的，天马行空、非常丰富。这个课题中，大家比较理性，很多都与空间直接相关；不好的地方是有些概念会重叠	理性	F/ 概念的提出需要有基本的前提
张婷	2009/ 清华	2016	概念通常是能够把控全局的一组要素的关系。以前经历的教学中，教师一般对概念不太进行把握。这样学生很容易陷入局部，让设计变成一系列局部精彩空间的拼凑	全局	C/ 概念应该在多个层面进行统领
李欣	2016/ 华南	2016	以前没有经历过用概念控制和推进设计的方法，或者说以前做设计中的概念有点"虚"，概念和设计操作衔接有问题。"菜家"课题要求每一步都有设计对概念的反馈，这样概念能比较有效地控制设计	每一步	A/ 概念在整个设计过程进行讨论
王梓童	2016/ 湖大	2016	关键词的作用，以简单的语言来记录自己对场地的最直观感受，通过和老师一起的慢慢梳理，由概念转化成组织关系。而我以往课程中往往追求的是形式上的概念	组织关系	G/ 概念是用语言概述的建筑基本关系
唐文琪	2016/ 重大	2016	我觉得各个课程之间并无差异，都是因人而异	无差异	B/ 概念构思层面通行做法
姜宏博	2016/ 同济	2016	在这个课题中出现比较多的是以调研发现的具体问题为基础，进行发散性的思考后，得到概念，而非由直觉得到的自上而下的大概念	调研得到概念	F/ 概念的提出需要有基本的前提
杨剑飞	2016/ 华科	2016	以前我经历的课程中概念比较偏形态，在这个课题概念更是一种关系。课程前期概念会被不断地讨论，并在老师很多反问中得到明确，最后确立。这样更加理性	关系	G/ 概念是用语言概述的建筑基本关系
孙帧	2016/ 同济	2016	在概念上第一次用关键词的方式，将所有设计想法归结成一个词，使整个推敲过程把控在同一个简单的理念之内，更有助于设计深化，而不会出现陷入细节回归不到总体的情况	简单的理念	H/ 用一个词汇控制大局
卢宇	2017/ 华南	2017	这个课题非常重视概念，尤其是关键词在整个方案中有提纲挈领的作用。这让大部分同学都能用简练的语言概述自己的方案	概述	G/ 概念是用语言概述的建筑基本关系
常潇文	2012/ 东南	2017	感觉第四周汇报宣言书和草案那节课很核心，用关键词去驱动设计的做法对我来说很新颖，老师对 21 位同学的关键词的评价和建议很有启发	关键词	D/ 概念的"词"作为师生间沟通的媒介
赵鹏宇	2017/ 华南	2017	强调关键词，在抽象的关键词上发展设计。到后期，关键词可以根据设计变化。这点以前没有体会	关键词	D/ 概念的"词"作为师生间沟通的媒介

有3位助教意识到课程中强化了概念，有了关键词作为讨论的焦点后，教师与学生之间的沟通变得更加容易。有5位助教发现这种沟通也使设计的概念不仅仅是完成阶段的一个说法，它可以被扩展到整个设计过程，让设计的每个阶段都有可以围绕进行讨论的同一个焦点。另外2位助教觉得这个课程的引导方式，使学生可以用概念将设计中多个层面的要素统领起来，不同要素不再需要分头设计了。强调概念及关键词的方法在这个课程的一开始并不明朗，随着6年的课程发展，教师们逐渐尝试和总结出了这样的方法。在教学的发展过程中，它必然还会有所变化。

功能设置推动设计

在有的设计课程中，功能被等同于面积指标。本课程对于功能有更多要求。这些要求带来了课程成果的特点。助教们对于这样的教学方法表达了自己的看法（表3）。

简单地说功能就是建筑好不好用，它涵盖了很多层面，不仅仅是面积分配的问题。为此这个课程在常识、默认及规范等方面对学生有较为严格的要求。诸如住宅的采光通风、菜场流线的顺畅、建筑在街道上展示的形态特征、建筑的疏散等都有要求。这些要求不仅仅是满足建筑的基本使用，也会对学生作业中容易产生的形态优先的做法形成制约，使设计无法以单一线索进行发展，让设计能因此得到应有的深度。

同时，课程对于功能又有"宽松"的一面。课程要求学生不拘泥于当下已经成熟的功能模式，通过研究探索不同模式，并以模式创新促成新的建筑形态。这样得到的形态可以比没有功能挂牵的形态带来更加全面深远的影响。挖掘功能模式在很多情况下是当代建筑设计的突破点。课程在这方面鼓励了学生进行探索。

对于大多数学生来说围绕形式进行设计是他们习惯的设计方法。将功能问题前置，甚至以功能模式、功能与空间的新关联为前提来进行设计，对于学生及助教都是具有挑战性的。助教们在这个问题上的回答表现出很大的丰富性，提出很多不同的感想。相对集中的是有些助教对于功能的复合提出了自己的设想。词语上的"复合"包含了两方面的内容。第一，是不同功能之间的相互影响、相互叠加，以带来新的功能状态的意思。课题中菜场及住宅这样的功能设置期待的就是复合的探索。虽然措辞不同但有多位助教提到了这方面的内容。第二，是功能设定不作为独立的事情，而是将它与设计相关的其他要素形成相互关联。有了这种关联，各个要素可以相互借力，使建筑成为一个更加具有整体性但又有内力的综合体。也有多位助教提到了类似这个问题。

希望从功能角度突破的学生，必须有相关的前期研究。调研工作成为设计中这种探索的基础。课程中有的学生正是这样来进行设计的，有几位助教提到的是这个方面的事情。无论在课程设置还是辅导方式上，功能问题已经成为课程发展的暗线，是课程的重要内容之一。

方案中的技术深化

作为一个以实践建筑师为主要任课教师的课程，其技术训练也是助教们关注的内容之一。

每个项目的技术解决方案涉及与设计相关或无关的很多内容。具体设计中，要是不设定诸多的先决条件，就很难找到最佳技术方案的答案。设计课程只能设定有限的几个条件，这使技术设计注定很难通过模拟的方式在课程中进行训练。但这也不是说技术方面的设计无法学习。专业课程中的结构、构造、建筑物理等课程给了学生一些基本知识和信息。学生毕业后要是从事实践工作的话，通过与工程中实物的比对及与不同工种的配合就能学通这方面的技能。因而，建筑设计课程中教给学生的不应该仅仅是知识，而应该是技术设计的基本概念，也就是技术与设计方案之间如何建立关联的意识及思考方法。

具体辅导中，这种思考方法如何进行引导呢？8位助教观察到了在这个课题中，技术的讨论往往不是独立进行的，无论在进度节点设置、辅导方式，还是内容设置上，它们都被与方案的发展及特征结合起来。这不仅使学生的方案因为有了技术介入而得以深化，也使学生通过这个技术介入的过程理解技术与方案设计之间应有的关系，也就是通过操作体会及学习了思考方法。

建筑学院引进实践建筑师进行建筑设计教学的做法在国际上是非常普遍的。受体制制约国内院校尚无法大规模进行这种尝试。从趋势看，中国建筑设计教学必然会走上同样的道路。本课程在这方面进行了尝试。校园外的实践建筑师将最新的实践思考带进课堂，给课程在技术讨论方面带来了特有的语境。有3位助教表达了这个方面的认识（表4）。

另外，有4位助教提到正因为这是一个长周期的课程才有条件进行技术的讨论。从一定程度上看这是事实。不过教学实践中我们也发现，技术思考的深度与周期有时候不绝对挂钩。节奏加以控制的话，整合进课程中有技术介入不必需要很长的周期。我们尝试过在相对短的周期内成功进行了类似的训练。

功能设置推动设计 表 3

姓名	本科毕业时间（年）/ 院校	助教时间（年）	功能层面的差异	关键词	归类 / 描述
肖潇	2010/ 哈工大	2012	这个课程在功能上要求更为严格，但在合理前提下又允许学生对功能进行调整。这使设计有了可以依据的基本条件，方案构思又可以有一定的自由度	基本条件 / 自由度	A/ 课程任务设置把握基本功能要求及功能灵活调整之间的度
刘一歌	2011/ 东南	2012	"菜家"课题对功能的要求比较更细致，设备、店招、人体尺度及具体使用方面都需要学生进行考虑，这让设计成果显得更为生动	细致	B/ 对面积指标之外的"功能"有较多的要求
董晓	2012/ 同济	2013	课程中缺乏从功能推进设计的例子，多还是以空间体验而非行为模式、生活方式切入。或许调研中加强对功能的探索，重定义空间体验之外的内容有助于改变这个状况。我以前经历的课程功能设置上比较单纯，体验方面的训练也不怎么有	功能推进	C/ 希望有以功能为依据进行的设计作业
钱晨	2013/ 大工	2013/2014	以前经历的课程中功能就是任务书，这成了设计的既定前提。"菜家"课题任务中功能混合的潜台词给予设计中功能设置新的可能性。功能与其他要素互动后在不同设计方案中有所体现	混合	D/ 任务设置为设计功能的混合创造了条件
袁烨	2013/ 重大	2013/2014	这个课程中非常注重功能与形式及概念同时进行推敲的方式方法	同时	E/ 功能需要与多项其他要素一起成立
陈又新	2013/ 湖大	2013/2014	虽然不同课程对功能都非常强调，但这个课题因为对"概念"强调在先，其与现实的"功能"进行纠缠的时候常常会产生意想不到的结果	概念 / 功能	F/ 强调概念，再强调功能，两者间的张力产生特殊的结果
何啸东	2014/ 同济	2014	功能的定义比较单纯而明确，因此带来空间的定义也比较明确	明确	G/ 简洁的任务书导致产生明确的设计成果
陈长山	2014/ 厦大	2014	课程对于如何使用空间以及设计中的功能分配都比较宽松。作业中从功能出发并具有突破性的例子不多	宽松	H/ 学生在功能设定上有较多的自由
林哲涵	2015/ 同济	2015	功能的布局是可以根据概念形式和结构进行调整的，甚至可以强化概念，而非纯技术性的操作	调整	I/ 功能追随概念
游航	2015/ 重大	2015	一般课程里功能都多是一个标识，并且是单一的，这个课程鼓励学生将功能复合起来，进而形成比较特殊的功能状态	复合	J/ 复合功能增加建筑活力
林婧	2015/ 武大	2015	以前做设计基本是功能顺应造型。这个课题中功能会跟造型、尺度、人的行为等多个条件进行磨合	磨合	E/ 功能需要与多项其他要素一起成立
张婷	2009/ 清华	2016	以前的课程中任务书一般是给定的。"菜家"课题虽然也有一个任务框架，但学生可以根据研究结果对任务书进行调整，这便将功能问题纳入到设计思考当中	调整	K/ 学生需要主动思考功能问题
李欣	2016/ 华南	2016	住宅方面有许多实际的问题和要求，并重视户型设计，这点在其他课程中没有体会到	住宅	L/ 用住宅的实际功能需求制约设计
王梓童	2016/ 湖大	2016	学生根据自己对相关案例的理解，可以微调任务书，有的同学的概念就是从具体的功能出发的。我以前没能充分理解功能所承载的具体行为和它与空间组织关系的关联，所以排平面比较机械，往往简单地用了"分房间"的做法	承载	M/ 处理功能是对具体行为的响应
唐文琪	2016/ 重大	2016	相对于我了解的其他课程，这个课题在功能设置上要求更具体，更重视空间与流线之间关联的内在逻辑关联	关联	E/ 功能需要与多项其他要素一起成立
姜宏博	2016/ 同济	2016	菜场与住宅是一种公私混合的功能设定。相比之下，其他类似课题功能设置上没有类似设置	公私混合	D/ 任务设置为设计功能的混合创造了条件
杨剑飞	2016/ 华科	2016	这个课程功能要求比我以前上的课程更严格，不仅要满足面积指标，还要能经得住各方面合理性和体验的质问	严格	N/ 面积、逻辑及体验都成为功能的一个部分
孙帧	2016/ 同济	2016	和其他课题不同的是功能上的复合性，需要同时考虑两种不同开放性的功能，互相权衡和退让，最终达到一种平衡	复合性	O/ 功能设置之间相互制约，设计是寻找平衡
卢宇	2017/ 华南	2017	看似更加贴近生活，但同学们的理解体会不一定比图书馆等公建更深；更加复合，并且更加注重方案与城市的关系	复合	P/ 功能不仅仅局限在建筑内，也需要与城市关系相复合
常潇文	2012/ 东南	2017	这个课题在排布功能的时候可能产生很多的矛盾和冲突，因而相比我以前经历过的课程，功能上也会显得更难排一些	冲突	Q/ 要协调好不同的功能会比较难
赵鹏宇	2017/ 华南	2017	课程强调功能和活动之间的关联，强调功能设置的逻辑应该是对关键词的强化。相比起来，我了解的其他类似课程功能更是"死抠"面积、流线	强化	R/ 功能设置与设计概念之间建立关联

方案中的技术深化 表 4

姓名	本科毕业时间（年）/院校	助教时间（年）	技术层面的差异	概念	归类 / 描述
肖潇	2010/ 哈工大	2012	这个课程中技术讨论会与概念有关联，有助于学生理解设计中应该存在的这种基本关系	关联	A/ 技术与方案之间相互支持
刘一歌	2011/ 东南	2012	不清楚这个课程这几年在技术辅导方面的变化，当时感觉和其他课程差别不大，只记得个别作品设计与结构结合得很好	差别不大	B/ 设计课程中技术培养的方式相似
董晓	2012/ 同济	2013	建筑技术多以经验为基础，实践建筑师和高校教师在这方面的差别很大。老师本身的实践经验，决定指导出来学生作业的技术真实度。未来行业细分化可能会明显，技术的专题性和研究性也许是未来长课题可以涉足的	实践	C/ 实践经验保证课程的技术训练
钱晨	2013/ 大工	2013/2014	以前经历的课程讨论技术时会引入类似生态节能、绿色建筑这样的概念，但方案总是无法结合。这个课程通过 1 ：20 构造图等训练，让学生理解了设计与工程及建造的关系，建立职业建筑师的视域	关系	A/ 技术与方案之间相互支持
袁烨	2013/ 重大	2013/2014	这个课程中更加注重构造和结构，并且在课程设计中安排足够的时间保证这个教学内容	时间	D/ 长周期课题保证技术的讨论
陈又新	2013/ 湖大	2013/2014	我经历过的教学与这个课程在技术培训方面不存在本质区别，只是在这个课程中，即使有一上来想从技术出发思考设计的学生，课程也能够在辅导及引导上予以支持	支持	E/ 教师以技术经验支持学生的概念
何啸东	2014/ 同济	2014	这个课程在构造方面会做研究，搭一个具有可实施性的构造框架，感觉还挺好的	研究	F/ 对技术的可行性进行研究
陈长山	2014/ 厦大	2014	实践建筑师作为教师可以传授很多实际建造的知识，对于结构和构造的重视让最后每个案子看起来具有落地性，不再是纯概念的意愿表达	实践	C/ 实践经验保证课程的技术训练
林哲涵	2015/ 同济	2015	这个课题中技术是解决实际问题的、落地的，并和方案整合在一起。很多其他教案中，缺少这方面设置，方案与技术往往是脱节的	整合	A/ 技术与方案之间相互支持
游航	2015/ 重大	2015	以前经历的课程多为 2 个月周期，技术部分只能简单带过，来不及深入推敲。作为 15 周长题，这个课题中有更多的机会讨论结构和构造，也有机会考虑技术与空间的结合	周期	D/ 长周期课题保证技术的讨论
林婧	2015/ 武大	2015	以前课程中技术一般起辅助作用，空间做好后在方案里面加点技术。这个课题中，技术会被整合进方案，让技术与方案成为一体	整合	A/ 技术与方案之间相互支持
张婷	2009/ 清华	2016	这个课程要求学生将设计中的各个要素进行整合。教师会在每个阶段把握好这个阶段的核心问题。之前经历的课程往往把这些问题拆分开进行训练，城市设计只做与城市尺度相关的部分，技术专题只做"绿色建筑"部分，这使学生无法理解形式与其他要素间的互动是建筑设计的关键	整合	A/ 技术与方案之间相互支持
李欣	2016/ 华南	2016	印象很深的是这个课程要求有带构造层的大剖面，并强调空间和结构的互动性	互动	A/ 技术与方案之间相互支持
王梓童	2016/ 湖大	2016	或许因为老师们是实践建筑师，这个课题的指导中，构造和立面是并行的，构造讨论培养了学生处理技术问题的能力。经历过的课程中，构造基本都在出图前临时画的，很难与设计发生关系	实践	C/ 实践经验保证课程的技术训练
唐文琪	2016/ 重大	2016	从成果上作业之间虽差异不大，但在老师导向上，这个课程更关注技术与概念及功能的契合度	契合	A/ 技术与方案之间相互支持
姜宏博	2016/ 同济	2016	在这个课程中的作业多是以技术来辅助设计，少有从技术出发的那种设计	技术出发	G/ 希望有从技术出发的设计
杨剑飞	2016/ 华科	2016	由于是长题设计，课程更加成体系，老师能够在设计的各个阶段引导学生去解决问题，非常具有职业培养的性质	长题	D/ 长周期课题保证技术的讨论
孙帧	2016/ 同济	2016	一学期的长课题让大家有更多的时间深化设计，可以深入到构造层面推敲设计，对于构造的认识又反过来回馈到设计本身。	回馈	A/ 技术与方案之间相互支持
卢宇	2017/ 华南	2017	对于材料选择和构造有更多的探讨，老师能够传授更多实际项目的经验	多	C/ 实践经验保证课程的技术训练
常潇文	2012/ 东南	2017	我感觉各个课程在这个环节是差不多的	差不多	B/ 设计课程中技术培养的方式相似
赵鹏宇	2017/ 华南	2017	因为是长题，所以有机会与跟上进度的同学讨论结构、构造等技术问题。我三年级的 8 周设计很少能讨论到这一点，但大四的长题也有机会在设计后期与结构老师、构造老师讨论	长题	D/ 长周期课题保证技术的讨论

模型照片

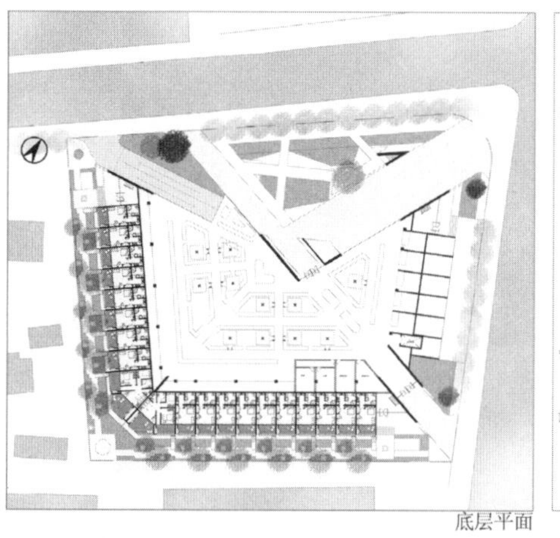

底层平面

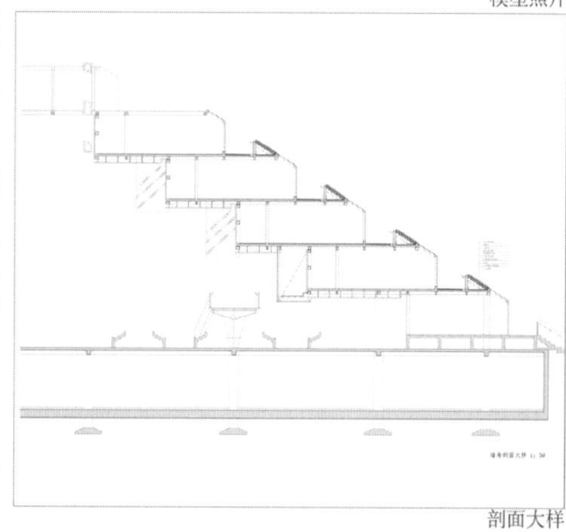

剖面大样

图1　17年作业局部，设计：肖艾文，关键词：市井的图框

模型照片

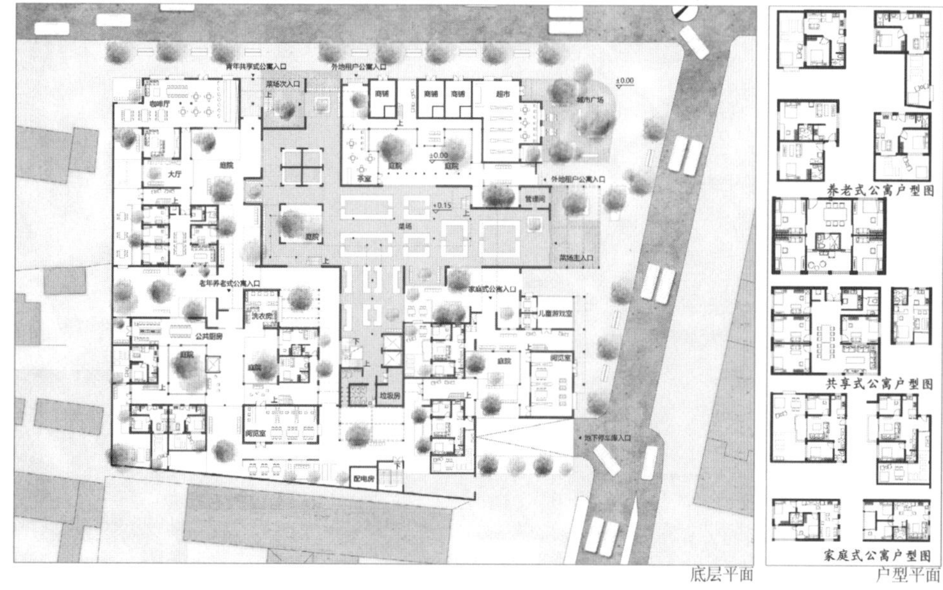

底层平面　户型平面

图2　17年作业局部，设计：任晓涵，关键词：温暖（诗意）地“合”居

内院透视

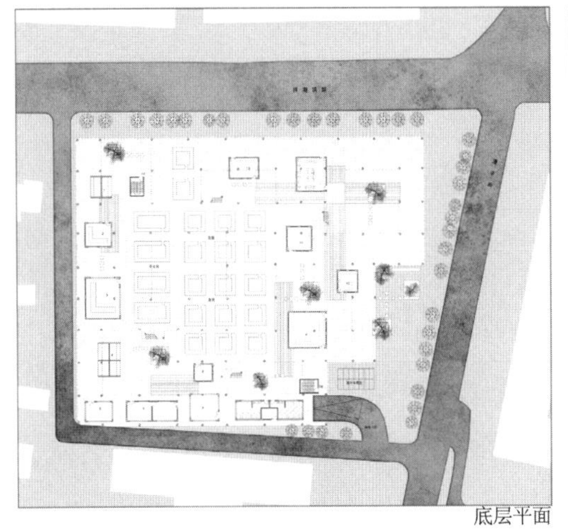
底层平面

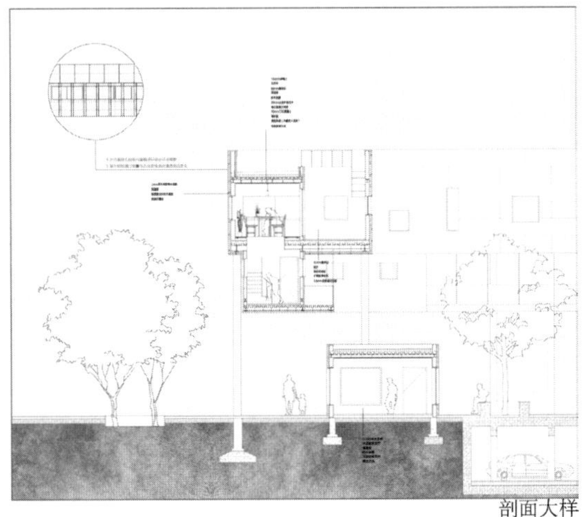
剖面大样

图 3　17 年作业局部，设计：高博林，关键词：层级

总结

通过与助教们的讨论，几个事情变得更加清楚。调研不仅是课程后续训练的基础条件，学生还可以通过调研来自己发现问题推进设计，以提高他们自主研究的能力及意识。对概念的强调可以引导学生在抽象的语言及具象的建筑之间来回思考，避免将个人感觉作为课程讨论的前提。技术部分的训练则强调了建筑的实践特征，使方案脱离纸面性。

在 4 个讨论内容中，关于功能的讨论引起了我们的特别关注。有助教提出希望看到更多的以功能为线索的设计方案。虽然课程在这方面有思考及辅导，但尚没有进行有意识的整理。教学是模拟设计，课程中容易将功能简化为房间使用及房间面积，对于建筑来说这只是狭义的功能。功能本身的含义非常广阔，除了使用及面积分配外，人的行为模式、空间的社会性、流线的合理性、建造的经济及便利性等都应该被看成功能的一部分。教学无法覆盖所有的问题，但可以模拟部分问题。这是后续教学中可以加强的一个方面。另外，功能会随着时代、地域的变化而发生演变。在当下迅速变化的社会条件下，我们的课程需要对功能的当代性及本土性足够地重视，并鼓励学生将新的功能关系进行空间化。这是设计课程，也是当代建筑设计的突破点之一。

实验班教师对课程的总结都是从大的教学体系着眼，描述了教学的系统。助教们对课程的印象则更为直观和生动。虽然他们在教学中最感兴趣的四个点都是片段性的，但是直接抓到了课程的特征点。教学中的这四个点之间彼此关联，在教学中起到了很大的作用。借这次机会做了一个梳理，为我们后续重新思考课程的走向提供了很好的启发。通过这次与助教的讨论，我们意识到，在教学计划编制时，在强调系统性的同时，如能对几个焦点问题予以专门的重视，或者将这些问题作为专项，进行专门的研究和加强，使教学体系除了有框架之外，还可以因为这些节点，而变得更加丰满。

（基金项目：国家自然科学基金，项目编号：51778421）

注释：

[1] 实验班全称"复合型创新人才实验班"，是同济大学建筑与城市规划学院为本科跨专业培养模式的探索而设置的班级及课程。这个计划从 2011 年开始，至今已经有 7 届的尝试。

[2] "小菜场上的家"是实验班三年级第一学期建筑设计课程。课程周期 15 周。历年参加的任课教师包括王方戟、张斌、庄慎、水雁飞。在这个课程中学生要完成 3 个作业。作业 1"当代居住状况暑期调研"为暑期作业，在前一个学期放假前布置。学生利用暑假进行相关调研，并在开学后进行汇报。这个作业希望以调研及绘图的方式，让学生通过亲身体验从而对生活中的住宅和菜场有一个感性的认识。作业 2"基地调研及都市微更新设计"要求学生结合自己的兴趣，以观察研究的方式对课程基地及其周边地区进行调研，然后结合调研提出一些可以提升城市环境品质的设计策略。作业 3"小菜场上的家"是课程的骨干内容，在这个阶段中学生需要完成一个建筑设计作业。通过前面两个作业的调研积累，学生基本都能自觉地将自己对建筑与社会关系的思考结合进设计概念之中。

[3] 教师们对于本课程的发表包括三本出版物：《小菜场上的家》（同济大学出版社，2014/03）、《建筑教学的共性和差异——小菜场上的家 2》（同济大学出版社，2015/12）及《设计方法与建筑形态——小菜场上的家 3》（同济大学出版社，2017/05），以及多篇教学论文：《本科三年级建筑设计教学中的课堂记录及思考》（《建筑学报》，2013/09，541 期）、《长周期建筑设计课在不同阶段中的教学手段探讨》（《2013 全国建筑教育学术研讨会论文集》，2013/09），《一次建筑设计课程中的三个设计方案的发展比较》（《室内设计师》，44，2013/11），《以常规建筑作为设计任务的建筑设计教学尝试》（《建筑师》，2014/06，169 期，2014 年 06 月），《建筑设计教学中的关键词教学法》（《domus 国际中文版》，Jan/Feb 2015，094 期），《设计工具及其在建筑设计教学中运用的探讨》（《2015 全国建筑教育学术研讨会论文集》，2015/10），《社会性内容是设计中无法回避的因素》（《建筑创作》，196，2017/06）

[4] 课程从 2012 年开始，至今完成了 6 届。每届有硕士研究生作为助教协助教学。在助教们的努力下，历年的课程内容都进行了记录，并公开呈现在网络上。网址：https：//site.douban.com/126289/

参考文献：

[1] 胡滨．地形的意义 [J]．建筑师，2011 (5)：23–26.

[2] 胡滨．面向身体的教案设计——本科一年级上学期建筑设计基础课研究 [J]．建筑学报，2013 (9)：80–85.

[3] 胡滨，金燕琳．从大地开始——建筑学本科二年级教案设计 [J]．建筑学报，2008 (7)：81–84.

[4] 王凯，李彦伯．从现场开始一次建筑学入门教学的实验 [J]．时代建筑，2017 (3)：50–55.

[5] 张建龙，徐甘．基于日常生活感知的建筑设计基础教学 [J]．时代建筑，2017 (3)：34–40.

[6] 王红军，王凯，王彦．基本练习关于实验班"城市宾馆设计"课程的对谈 [J]．时代建筑，2016 (1)：138–141.

[7] 李振宇．从现代性到当代性同济建筑学教育发展的四条线索和一点思考 [J]．时代建筑，2017 (3)：75–79.

[8] 胡滨．从大地开始，到天空之下：建筑设计基础教学实践 [M]．北京：知识产权出版社，2013.

[9] 顾大庆，柏庭卫．空间、建构与设计 [M]．北京：中国建筑工业出版社，2011.

[10] 赫曼·赫茨伯格．建筑学教程：设计原理 [M]．仲德崑译．天津：天津大学出版社，2003.

[11] 赫曼·赫茨伯格．建筑学教 2：空间与建筑师 [M]．刘大馨，古红缨译．天津：天津大学出版社，2003.

图片来源：

图 1：15 级实验班肖艾文提供

图 2：15 级实验班任晓涵提供

图 3：15 级实验班高博林提供

作者：王方戟，同济大学建筑与城市规划学院 教授；杨剑飞，同济大学建筑与城市规划学院 16级硕士研究生

"产学研"协力共进下的建筑光环境教学探索与创新实践

郝洛西

Education Exploration and Innovation of Architectural Luminous Environment with the Industry-University-Research Cooperation

■摘要：建筑光环境课程经过多年的探索与创新，已经发展形成了研学耦合、产学互联的"产学研协力共进型"教学体系。课程坚持重创新、重能力的教学理念，将专业教育与科学研究、社会实践有机结合，融入前沿科研课题，建立先进实验平台，形成关注学术前沿与科技创新的特色教学模式。通过"产学研"协同效应的激发，培养学生成为具有学研探索能力、勇于突破创新的卓越设计人才。

■关键词：建筑物理　光环境　产学研　创新实践

Abstract：The course of architectural luminous environment develops a teaching system of "industry—university—research cooperation" after years of exploration and innovation. The curriculum that emphasizes innovation and ability integrates professional education with scientific research and social practice. And the course forms a characteristic teaching mode with frontier scientific research projects and advanced experimental platform, which focuses on academic frontiers and technological innovation. The students are trained to be the excellent design talents with the ability of exploration and innovation through the teaching system of industry—university—research cooperation

Key words：Architectural Physics；Luminous Environment；Industry—University—Research Cooperation；Innovation Practice

作为建筑学一门重要的专业基础课程，建筑光环境教学团队在传承老一辈学人开创的经典教学体系基础上，面对现代科学技术颠覆性发展的全球趋势，经过近二十年的教学改革和探索，提出了"产学研"一体化的教学理念，逐渐形成了关注学术前沿与科技创新的特色教学模式。

一、建筑光环境特色教学的传承与开拓

以杨公侠教授为首开创的视觉功效与光环境学术研究方向，在国内外享有很高的声誉。他所开设的建筑物理光学课程，治学严谨，视野广阔，注重教学与研究共进，出版了《视觉与视觉环境》、《环境心理学》等多本国内权威著作，在学术界处于领先地位。

21 世纪以来，建筑学专业教学内容与方式面临前所未有的挑战。随着 LED 新型光源的出现，光与照明科技对建筑的影响愈发显著，成为建筑空间认知和表达的第四维。在相关教师的努力下，教学团队承前启后地建立起针对性强、特色鲜明的建筑光环境教学体系。该教学跨越了本科生、硕士生、博士生等不同教学层次，包含了课堂讲授、实地调研、科学实验、实践操作、前沿研究等多种形式。通过创新的教学模式，充分激发了学生的学习热情，使他们更直观地认识和掌握光与视觉的专业知识，更主动地应用所学技能。学生作业也多次获得国内外设计竞赛的大奖。建筑与城市规划学院光环境实验室通过持续建设，目前已经成为国内高校光环境体验与实验的教学与科研平台。

2010 年起，同济大学全面推进以培养未来卓越工程师为目标的人才培养模式改革，光环境课程也向研学耦合、产学互联的“产学研协力共进型”的教学体系发展。国内建筑与照明行业面临新机遇与新挑战，高校的教学与研究资源面临制造企业和设计公司日益多样的需求；同时，技术的革新和企业的需求给了在校学生展示自我的机会，课程在企业的支持下寓教于实践设计与工程。教学团队一方面积极开展各项关于视觉与光环境的科学研究，通过国家科技攻关项目、国家 863 高技术研究发展计划课题、国家自然科学基金项目、上海市科委世博重大科技专项等科研活动，将照明科技的新知识、新技术、新动态融入课堂教学，将最前沿的光环境学科发展动态应用于专业学习中；另一方面通过学校与企业、学校与国外高水平大学的密切合作，以实际工程为背景，以工程技术为主线，着力提高工科专业学生的工程意识、工程素质和工程实践能力，是与同济大学卓越工程师培养体系相一致的专业教学。

基于在建筑光学领域深厚的学术基础和研究积累，教学团队大胆尝试教学改革，将校企战略合作带入建筑物理光环境课堂，通过光艺术装置的研究型教学，完成了一系列对工程实践、科学研究都具有指导意义的学生作业作品，凸显“产学研”一体化的教学思想。任课教师在中国照明学会、中国照明设计论坛等全国性组织的课堂中，也积极开展示范性教学，向社会展示学校的光环境课程，为建设“产学研”一体化的教育模式提供指导方向，在完成教学任务的同时承担起更多的社会责任。

二、凸显“产学研”一体化的教学体系构建

建筑光环境是一门理论性和实践性都很强的课程，是用技术的手段实现艺术效果的独特学科。基于教学、科研与工程实践三方面工作，教学团队积极开展并不断优化“产学研”一体化的教学体系构建工作，希望通过实验平台的更新建设、独创性的课程设计及教学方法改进，达到综合性设计创新人才培养的目的。

2.1 实验室平台的更新建设

学院于 2001 年建成了全新的视觉与照明实验室，成为教学和科研的重要基地。为了配合“产学研”一体化教学体系的建立，实验室从最初的单纯教学体验空间发展成为如今能够承担全院本科生和研究生教学、国家科研项目的实验基地。近二十年来，实验室持续关注国内外该领域的技术发展，并依据学院教学与科研的需求，与德国联合研发了大尺度日光模拟、全阴天模拟等分析系统；与虚拟现实技术团队合作开发了健康光环境虚拟现实实验平台；分步建成了升降 GANTRY 吊顶系统、各类建筑化灯具和 Lightcontrol、DALI 调光系统等先进设备。除此之外，购置了各类教学实验仪器（如 EEG、LMK 高分辨率亮度分布测试仪、日本 Topcon 彩色亮度计、照度计、分光测色仪、色卡等），逐步完善了建筑光环境领域的学生实验平台，为学生更深入地进行设计、研究和应用提供了技术支持。

实验室目前分为六个部分：照明场景演示与实验系统、电光源史实物展示、DALI 数字控制照明模拟系统、数字媒体互动系统、自然光模拟系统、人居空间光环境模拟实验室。根据相应的实验操作，实验室配备了详实的实验操作手册。授课教师可指导学生自主利用各种灯光效果及照明手段，例如射灯效果、投影影像效果、连续转换场景、移动感应、暗光技术、

双重反射投光技术、完整射灯技术等，进行光的实验探索，实验内容涉及植物夜景表现、食物的照明表现、人物造型的用光等（图1、图2）。

2.2 教学内容的调整优化

加强课程内容的探究性和实践性，使得教学过程与生产实践、科学研究相互深入渗透，从而培养学生研究性思维和实际应用能力，扩展学生视野，提升学生自主学习的能力和热情。教学团队针对不同年级的教学对象，设置了不同形式的课程。

"建筑物理光环境"课（本科二年级）教学通过引导学生自己动手操作，完成光艺术装置设计作业，从而感知光的魅力，目前该教学方法已进行了15届。近三年对作业的形式进行了新的探索，相比之前单纯地进行"光艺术"创作，新的作业设置要求灯光结合其他元素（如主题、音乐等）共同完成概念传达。学生的设计成果以"光艺术装置"的形式在大型灯光秀活动中进行展示，并用多媒体动画展现他们对主题的理解，以此提升学生的实践应用能力、综合素质能力和跨学科学

图1 光环境实验室之一——人工照明

图2 光环境实验室之二——日光系统 Heliodon

习能力，贯彻了“产学研”一体化的教学思路（图3、图4）。

“照明设计”课（本科四年级）教学中特别强调独立研究、自主设计这两个教学环节。实地调研分析环节中，教学团队引导学生在感受光环境的同时运用科学研究的方法对设计空间进行光环境的测量与分析，帮助他们建立光环境的概念。自主设计阶段，针对专业照明软件Dialux进行教学，要求学生根据各自的设计方案制作整个建筑或是局部片断的照明模型，进行光环境的模拟计算。到目前为止，已经分别针对博物馆、学生宿舍、食堂、办公空间等进行了相关的研究性学习和设计（图5）。

“日光与建筑”课程（本科四年级）以建筑光环境实验室的大尺度日光直射光模拟分析系统及全阴天模拟分析系统为硬件依托，围绕日光对建筑的空间塑造、光健康效应、人群行为、能源消耗等多个维度进行课程设计，重新梳理了日光与建筑课程的教学框架。学生以小组形式推进研究性设计，通过发现问题、分析问题、解决问题的主动学习过程，直观地掌握相关知识点，有效地培养了学生的知识获取能力及逻辑思维能力；小组式的探索式教学模式，提高了学生们的统筹管理、交流协作等优秀品质。

建筑学照明专门化毕业设计选题都是以光为主要设计元素，进行照明专门化设计。凡是选择这个毕业设计题目的同学似乎都具备一种探索的精神，往往不满足于已学的专业知识，或是在以前的设计中遇到过此类问题，想进行进一步探究。通过对参加照明专门化毕业设计同学的访谈，得知他们通过此项教学环节的学习，不仅改变了以往从空间到空间的设计思路，并且对建筑技术的认知更加深入。近年来，教学团队以健康光环境为切入点，以人居空间为载体，以光为主要设计元素，完成了多项光环境专项循证设计课题。课程选题关注学科前沿、技术创新、紧跟社会重大热点问题，围绕大健康概念，基于光对人的视觉功效、生理节律、心理情绪的复合作用，先后在失智老人照护中心、老人与自闭症儿童综合福祉设施等方向做出了尝试。未来，团队将不断带领学生，探索以医疗空间为代表的各类人居空间健康光环境的设计与应用。

2.3 教学方法的创新探索

（1）教学组织

将枯燥的理论课堂教学转化为可视化的场景教学，让学生们能够身临其境，获得第一视觉感受；将抽象的理论知识学习变成形象的研究性学习，充分挖掘学生对新知识的学习能动性，使得学生能主动地运用所学知识；将理论化知识的学习转变为实际应用的设计作业，让学生掌握理论的同时具有实践操作的能力；积极开展互动性教学，课堂教学使用的部分实例由学生亲自收集获得，既调动了学生获取知识的主动性，又丰富了教学内容。

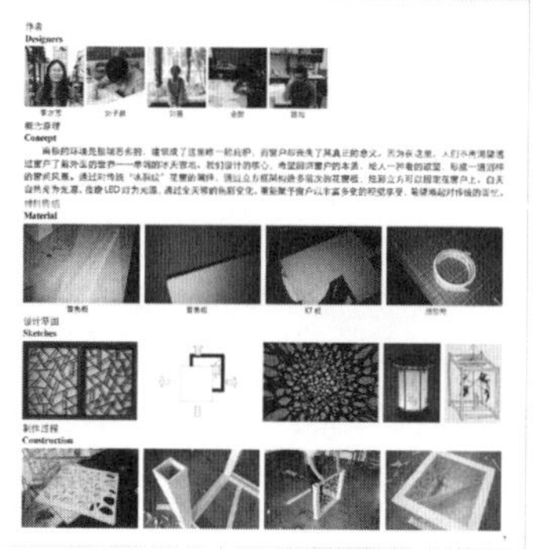

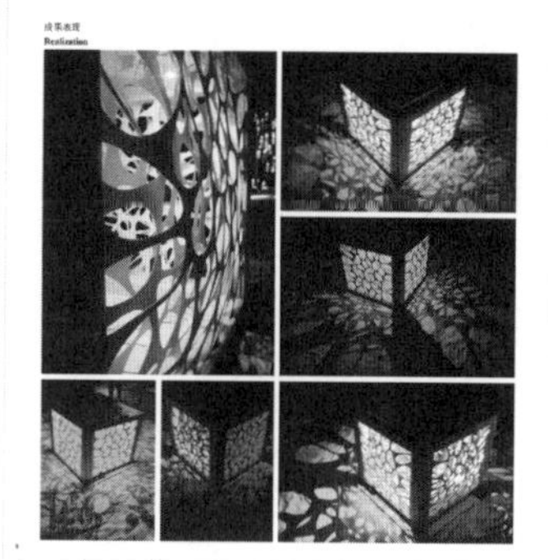

图3 建筑物理光环境作业一——南极之窗

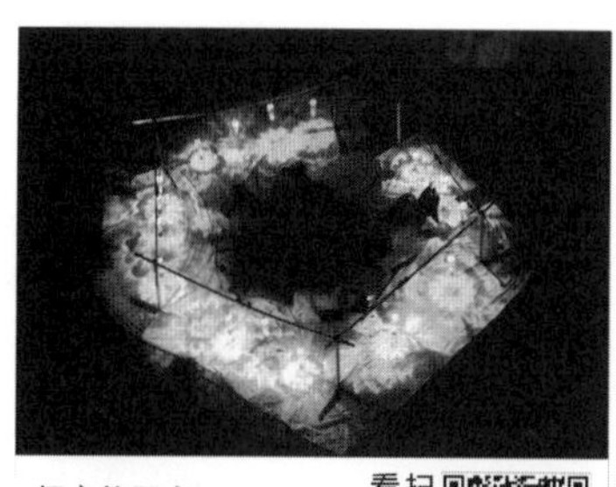

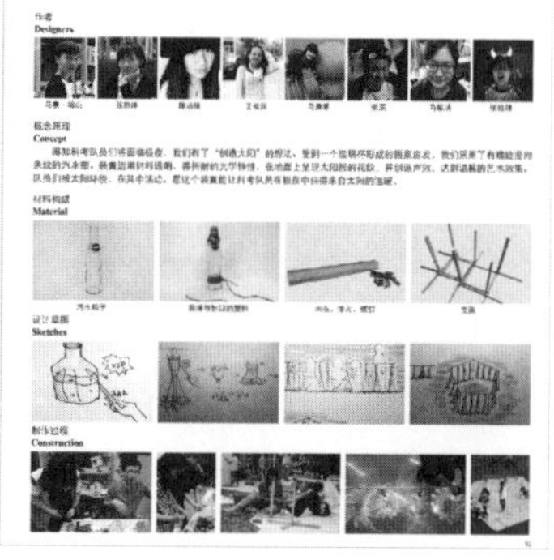

图4 建筑物理光环境作业二——极夜的阳光

作业成果——学生餐厅照明设计（获第12届中国环境设计学年奖"光与空间"金奖）

1．基地调研与分析

2．研究性实验

3．照明设计成果

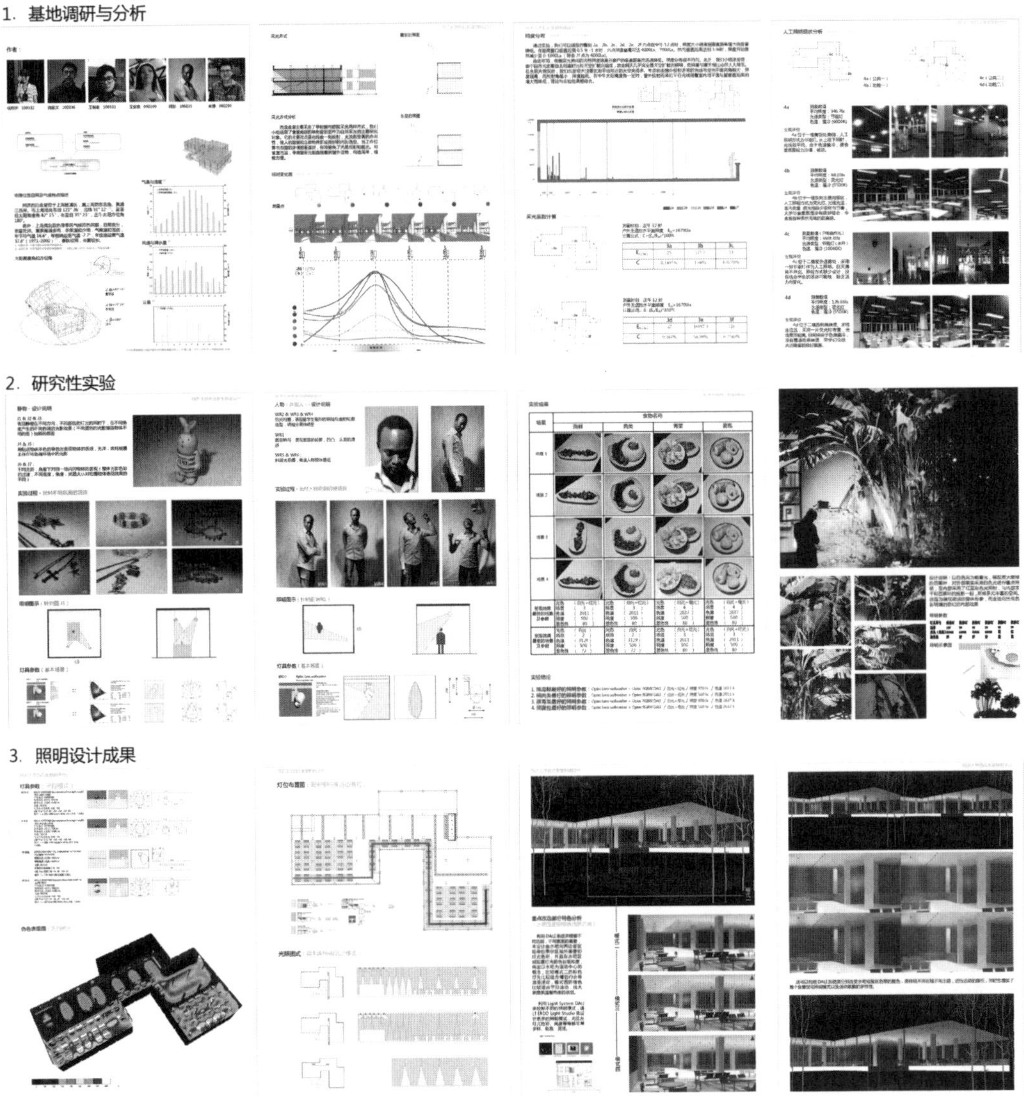

图5 "照明设计"课作业成果

（2）作业设计

另外，学生的课程作业经过教学团队的精心设计，摒弃缺乏应用的理论计算，向着自主学习型、设计探索型和实践应用型的学习方式迈进。培养学生独立思考、推陈出新的思维能力以及实践操作的动手能力，使得学生课程作业具备一定的开拓性和成果性。作业完成以小组为单位，培养学生合作与共赢的意识、协同作战的能力，为未来投入工程实践或科学研究的工作打下坚实的基础（图6）。

三、关注学术前沿与科技创新的教学模式探索

3.1 关注学术前沿的研究性教学

研究性教学强调教学与科研相结合，让学生参与到与课程内容相关的科研课题中，在老师的指导下，学生借鉴或模仿科学研究的思维方式和行为方式，学会研究性学习的方法，进而进行创造性的学习。课程体系的总体设计除了保证课程内容的基础性外，还强调课程内容的前瞻性与综合性，将学科的基础理论知识与学科前沿动态相结合，用科研成果指导教学和丰富教学内容，保持教学内容始终具有新颖性和先进性。教学组织形式打破了传统的课堂教学形式，学生以探究性学习小组的形式参与到科研课题中，充分调动了学生学习的积极性，使学生在自主学习、研究活动中逐步建立基于教师指导下的探索研究的学习模式。通过研究性学习可以使学生获得搜集信息的能力、人际交往能力、综合运用知识解决问题的能力以及创新精神和创新能力，秉承科学精神与科学道德，具有强烈的社会责任感

图 6　基于 LED 和光介质的媒体界面教学

和使命感。

教学团队积极开展各项关于视觉与光环境的科学研究，教学中以科研课题或实践中的问题为教学导向，让学生主动分析现实中存在的问题和探索解决对策。这种以科研带动教学的模式在学院课程系列中极具特色。参与课程的本科生、研究生、博士生均获得机会参与到教学老师担任的科研项目中，促进了科研与教学更为紧密的结合，同时科学研究成果又能反哺课堂教学。

在国家高技术研究项目 863 课题“2010 上海世博会城市最佳实践区半导体照明的集成应用研究”中，本科生参与进行了 LED 灯具的设计，灯具在深化设计后已委托灯具厂商进行试制，并已完成灯具手模。在国家科技支撑项目“面向办公及商业照明的模块化整体式 LED 灯具开发”中，大量的本科生、研究生参与到其中，根据不同应用领域与室内环境需求，设计研发了多款多功能、新概念的新型 LED 室内灯具。在国家 863 课题“LED 非视觉照明技术研究”中，为改善南极科考队员枯燥的越冬生活，组织本科生利用课堂所学知识，进行 LED 光艺术装置的设计与制作，让学生对遥远的南极与南极科考有了一定的了解，也为如何减少科考队员的孤独感与促进其正面情绪带来了新的思路。而研究生、博士生则直接参与到研究的相关科学实验当中，学习并掌握了相关科学实验的流程与方法。在国家自然科学基金“心血管内科重症监护室 CICU 光照情感效应研究”中，任课教师将课题分解并转化为课程作业，让学生在完成作业的过程中参与到科研中。通过对医疗建筑室内光环境的调研与使用人群的光照需求分析，学生从中发现医疗光照环境的不足，寻求解决问题的方法与策略，最终提出适合使用人群的照明设计方案。其中，包括上海第十人民医院心内科和核医学科的光艺术装置设计，医院不同功能空间的光环境改造方案等（图 7）。

3.2　面向行业应用的创新性教学

面向行业应用的教学保持教学与经济、社会发展及学科发展的紧密联系，以行业应用为导向，将教学与工程实践应用相结合，保持教学内容的实用性、时代性，避免传统教学学生所学与应用所需的脱节。教学团队鼓励学生积极参与到工程实践中，将工程实践项目情况在课堂上介绍，并将工程实践转化为课程作业，让学生置身于项目现场，形成创新性、实用性教学模式。课程设计考虑了专业与产业的对接、课程与工业界的对接等因素，强调教学内

图 7 "产学研"一体化教学成果——上海长征医院骨科手术室

容的工程性、技术性、实用性、系统性、综合性和复合型等。学生通过应用型创新性学习，培养自我获取知识、综合运用所学知识独立解决工程实际问题的能力，增强动手能力、现场沟通协调能力，丰富实践经验，全面提升了自身的专业素养和设计技能。

多年的教学过程中教师尝试在教学中融入工程实践的环节，其中包括医疗空间室内光环境设计、世博文化中心入口大厅照明设计等室内光环境设计项目，以及汶川县映秀镇中心镇区夜景照明规划与设计、桂林城市夜景照明总体规划、杭州夜景照明规划等城市照明规划设计项目，学生通过参与不同类型的工程实践项目，将教学成果延伸应用到生产实践中，并在这个过程中学到不同类型的工程实践经验，为未来打下了一定的实践基础。同时，工程实践项目中的一些设计概念与思路来源于学生的课程作业，教学的成果反过来给工程实践注入了创新思路。而国内外专业生产、制造企事业单位的支持与合作也为建筑光环境的教学提供了坚实的技术支撑，从而大大丰富了教学内容和教学手段。

在 2010 上海世博会文化中心两个入口大厅照明设计中（图 8），两处背景墙的设计采用的即是学生课程作业的深化应用。最终作品完全由师生现场制作完成。作品获得了业主单位的高度认可，并有多个国家级和省市级新闻媒体进行了报道，产生了很好的社会影响。在 2010 年研究生"建筑与城市光环境"教学过程中，参与课程学生直接来到世博会场馆的现场，记录与了解各场馆的室内外照明的形式、效果等，在参观与记录过程中学习建筑与照明相结合的技术知识与实践经验。最终，学生将世博会所有场馆的照明效果以照片和文字的形式在《世博之光——中国 2010 上海世博会园区夜景照明走读笔记》一书中展现。在上海市第十人

"东方之梦"的媒体界面构造系统是由均质 LED 基层、塑料薄膜光介质层以及磨砂玻璃图像承载层构成：均质 LED 基层是由间距为 60 mm×60 mm 的 LED 发光点阵构成，LED 发光点阵的功率为 70 W/m^2、刷新频率≥ 1000 Hz、LED 的出光角（水平视角与垂直视角）均≥ 90°，然后通过 LED 控制器控制 LED 发光点阵的亮度、色彩变化；塑料薄膜光介质层是由白色半透明塑料薄膜与黑色塑料薄膜共同铺置，黑白相间的纹理则可根据表达的艺术效果而定，其面积应与 LED 基层覆盖区域保持一致；磨砂玻璃图像承载层是普通玻璃经过磨砂处理，其透光率控制在 20% -30%。

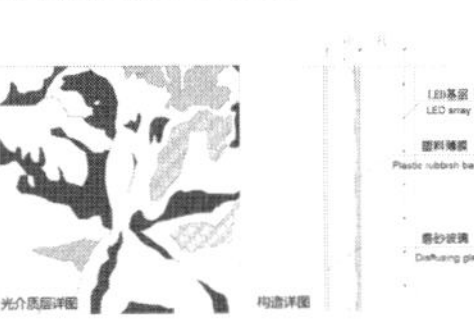

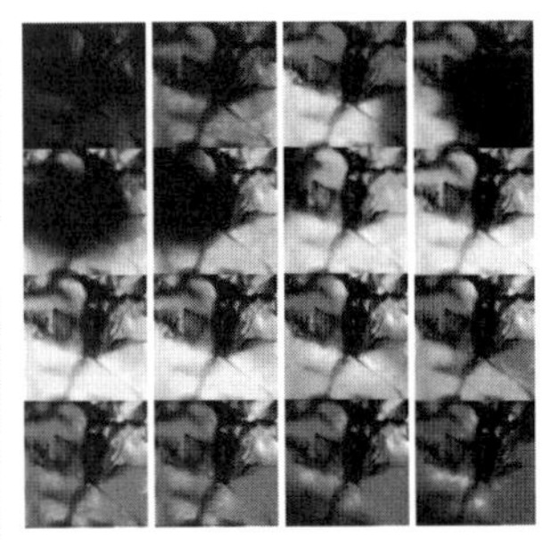

"在南入口观众可以看到"绽放"构成艺术，是由在 LED 屏表面添加经过图案雕刻的马口铁片组合而成。LED 屏变幻的动画以及马口铁片的图案，两者有机结合，并经过磨砂玻璃使得影像产生朦胧美，近看仿如一朵朵玫瑰花绽放。

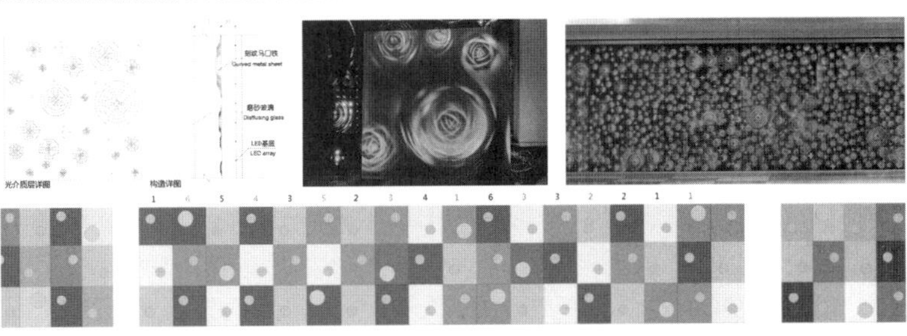

图 8 教学成果应用——世博文化中心

民医院心内科手术室的照明设计改造项目中，情绪调节媒体界面的应用也来源于本科生课堂作业的深化。创造性的在LED发光层与匀光面板之间增加刻有玫瑰花花纹的介质层，呈现出彩色变化的光照图案，以缓解手术中医护人员的疲劳，调节病患的紧张、焦虑情绪，保证手术的顺利进行。

四、“产学研”协同效应下的创新型设计人才培养

培养创新型设计人才是“产学研”教学模式的核心目标。学科组在教学过程中整合教学、科研、工程实践等多方面资源，为建筑光环境课程教学提供了坚实的理论基础与技术支持。“产学研”一体化教学模式强调培养学生的创新意识与实践能力，通过课程的设计和组织，激发学生的探索精神，引导学生主动学习，将学生的专业教育与学术科研、工程实践有机地结合，对培养面向未来的创新型设计人才具有重要的实践意义。

4.1 开拓设计眼界，完善知识结构

教学团队通过将传统的建筑物理理论技术知识转化为体验性实验场景及实践性的艺术创作，引导学生在工程实践中领会光与照明对建筑空间形态的艺术塑造。改变了以往建筑设计思维中从空间到空间的单线设计思路，使学生对光、照明、材质光学特性、建筑光电设备等知识有了丰富而综合的理解，通过体验互动学习，感知光与空间的紧密关系，在装置设计与方案设计中灵活运用光学知识实现光艺术表达，参与研究型实验过程，从科学的层面了解前沿光学技术。

4.2 锻炼协作能力，增强团队意识

市场需求的日益多样化促进设计领域的不断跨界合作与资源整合，良好的协作能力与团队意识越来越成为未来创新型设计人才的必要综合能力。“产学研”一体化教学模式注重锻炼学生的协作能力与团队配合，将小组合作学习模式取代传统单人分散学习模式。学习过程中，学生以小组为单位进行课堂讨论、公开汇报、现场调研、实验测试，作品展示等，课程的每个阶段均需要学生对自身团队潜力的最大挖掘，团队合作中工作进度的安排，不同专业背景的任务分配，国际学生间的交流互动等，充分提高学生的团队意识与协作能力。整个课程学习中，充分地发挥了每位成员的专业特长，极大地调动了学生的参与积极性。

4.3 转换被动学习，激发探索精神

“产学研”一体化教学模式主张以科研启发教学，以实践反馈教学，将技术理论知识贯穿于教学实践中，启发学生秉持探索精神，积极参与，主动学习。这种激发学生在学习中发现问题，在实验中思考问题，在实践中解决问题的教学模式，一改传统教学中学生被动单向接收的方式，增强了学生的参与感与主动性，将理论知识灵活运用到工程实践中，培养学生的探索精神与思考能力。这种颇具启发性的教学模式引导学生在学习过程中转变角色，从接收者变为主导者。根据设计学习过程中遇到的具体问题，展开针对性的思考与研究。

4.4 强化创新思维，培养实践能力

随着知识经济时代的到来，创新思维与实践能力逐渐成为推动理论进步与技术革新的砥柱力量，“产学研”一体化教学模式为提高学生综合创新能力打开了全新局面。光环境设计与其他设计类别不同，难以通过图纸表达，任何效果的呈现必须经过大量的前期实验。学生经过照明场景的搭建、实验模型的制作，将对光艺术的理解与设计进行实现表达。课堂教学中引入照明新科技、前沿新动态，启发学生创新性思考。

五、结语

经过多年的探索与实践，建筑光环境课程已经形成了独具特色的“产学研”一体化教学体系。多年来承前启后的教学探索，一改理论性的被动式教学，将照明数量转化成为视觉感受，逐渐形成体验式、自主型、探索性的教学模式。光环境实验室的建设不仅考虑到教师的科研工作所需，同时成为面向学院建筑、城市、景观三个专业方向的教学平台。教学内容的更新紧紧与国际前沿学术动态保持同步，授课对象充分能够领略光与照明领域的最新设计案例和技术水平。学生的作业设计成果既是工程实践的雏形，也是创新的起点。相信在光环境的教学中，“产学研”一体化教学模式随着全球技术的进步还需继续完善与更新，才能成为培养创新性设计人才的先进教育手段。

参考文献：

[1] 郝洛西．光＋设计：照明教学的实践与发现 [M]．机械工业出版社，2008．

[2] 同济大学建筑与城市规划学院《建筑与城市光环境》教学组．世博之光：中国 2010 上海世博会园区夜景照明走读笔记：Exploring of Expo 2010 Shanghai China [M]. 北京：中国建筑工业出版社，2010.

[3] 郝洛西．同济大学建筑学专业建筑物理光环境教学成果专辑：流光魅影＋光影时节＋南极之光（套装共 3 册）[M]．上海：同济大学出版社，2016.

图片来源：

图 1~ 图 8：作者自摄

作者：郝洛西，同济大学建筑与城市规划学院　教授

走向国际化的艺术教育实践

赵巍岩　于幸泽　阴佳

Towards Internationalization of Art Education Practices

■摘要：近年来，同济大学建筑与城市规划学院的艺术教育实践日趋国际化，在这样的背景下，一系列的艺术教育探索取得了丰富的经验和成果。海外艺术实践教学活动，尤其是最近 7 年间已进行 6 次的海外艺术实践，是国际化艺术教育的重要组成部分。本文着重介绍了在这一过程中对当下建筑学专业教育中艺术教育的目的、教学方法以及成果评价等方面所做的一些新探索，强调了艺术教育在建筑学教育中的重要地位。

■关键词：国际化　艺术教育　感知　表达　创造

Abstract: Recent years have witnessed an upward trend of internationalization of art education practices in College of Architecture and Urban Planning (CAUP) of Tongji University. Given this background, a series of research on the theory and practice of art education has proved fruitful. Being one of the most important field components of the research, six art practice tours overseas have been organized by CAUP in the past seven years. The present article summarizes the new insights these tours have brought about on the purpose, teaching method, and evaluation system of the art component in contemporary architecture education, emphasizing the importance thereof within architecture programs.

Key words: Internationalization; Art education; Perception; Expression; Creativity

在传统的建筑学教学体系当中，艺术教育的手段和目标是相对明确的，艺术教育主要是培养学生们的审美能力、鉴赏能力、美学修养，同时，艺术教育基本是以绘画为主要媒介，体现了艺术教育实用性的一面：旨在通过绘画训练建立学生的造型能力，以使学生可以通过绘画来帮助他们在建筑创作的过程中构思、记录、交流和表达。

随着计算机技术的发展，电脑、三维打印、三维扫描等在建筑设计行业的广泛应用，建筑设计专业软硬件日新月异，艺术教育实用性的一面已经丧失了其原来不可或缺的地位，那么建筑专业的学生为什么还要学习艺术？或更进一步地，为什么还要参加艺术实践？这一问题已经引起了广泛的思考。艺术教育研究需要回答这一问题，我们不能仅仅停留在对艺术教育作用的宏观空泛的认识上，也就是说，我们的认识不能仅仅停留在认为当下艺术教育的目的是在培养学生的审美能力等等，我们更应该探究这一目标应如何得以实现，后者将帮助我们确立我们的教学目标和教学体系，使每一个教学环节都能做到目的明确、内容饱满。同济大学一系列国际化艺术教育实践，也是对这一问题的部分回答。

近年来，同济大学建筑系的国际化艺术教育所涉猎的内容极广，从艺术史到艺术创作实践、从传统工艺到当代艺术、从乡土民间到都市院校，在不同的领域、专业范畴和地域之间开展了广泛的国际化艺术教育实践，相关课程取得了丰硕的成果。本文所介绍的是最近7年间的海外艺术实践课程，在这一系列的课程设计中，学生们最主要的研究与创作过程都是在海外进行的。在学校、学院的支持下，以及海外相关建筑、艺术院校的配合下，这一系列的艺术教育实践活动为建筑学专业的艺术教育积累了大量经验，对当下的艺术实践教学的目的、方法及成果评价等方面，都做出了比较深入的探索。

一、观察、发现与记录

2011年8月，同济大学设计基础团队组织了第一次海外艺术实践教学，带队老师由建筑学专业教师和美术教师共同组成，这是一次尝试性的教学实践活动，目的是以艺术教学为手段，引导学生们更深入地了解世界范围内的艺术与建筑发展背景与现状，建立起学生们更为感性、直接的国际视野。这一次教学活动建立起了一些基本的教学观念、方法和组织模式，有关思考和经历为以后持续的海外艺术实践活动打下了一个坚实的基础。

欧洲是现代文明的发源地，大量的建筑与艺术观念产生于此，无论在当下还是过去，这里都是一个群星闪耀之处。作为建筑学专业的学生，能近距离去阅读、体验欧洲的城市、街道，触摸欧洲的历史、文化，是件令人激动的事情。这次教学实践的地点是德国南部和意大利托斯卡纳地区，仅从这一点上来看，其得天独厚的激励参与的作用就已经显现出来了。过程中，教师和学生们一起参观美术馆，讨论城市、建筑，并用手中的画笔，记录下了对城市的观察、发现和认识，这在国内还是第一次。教学的主要思考是如何促使学生们贴近日常生活，否则很难理解那里的城市、建筑或艺术。一般而言的异国情调或陌生的形式感，在彼时彼地，却是再自然不过的。从这个角度重新审视那些大师们的精彩表现，我们会发现，无论是在建筑方面还是艺术、文化等方面，那些脍炙人口的成果都是那么贴切——那些不是灵光乍现，而更是与当地的自然环境、历史、文脉、现实和生活方式紧密联系在一起的自然生成。

2012年，以法国为基地，在法国的城市与乡村，师生们继续着这一艺术教学实践活动，行走、书写、绘画、思考，在每一处，步行都是同学们出行最主要的方式，他们背着双肩包，往返于城市与乡村、楼群与农舍、广场与田野之间，用她们的双脚，丈量着片片土地，也正是在这样的过程中，尺度、距离、密度，才和生存、生活一起具象了起来。

但对于每一位同学而言，这一认识过程并非一蹴而就的。"今天，建筑师一般在远离现场的工作室里通过图纸和语言工作，像一位律师，而不是直接浸润在建造的物质材料现场，更进一步地，建筑实践中不断增长的专业和劳务分工也破碎片化了建筑师个人、工作过程和成果的整体性。最后，计算机的应用破坏了设计想象和实体间的感性的、触觉的联系"。尤哈尼·帕拉斯玛认为，绘画至少可以在当下成为重建这一联系的重要手段，为了避免这一不断被强化的疏离感，在这两次艺术实践中，同学们被要求抛开了相机，以避免机器造成的人与外在环境的心理距离[1]。

艺术教育在观察能力培养方面的作用是最无可替代的，在国际化的艺术教学过程中，一系列教学方法也逐渐建立了起来（图1）。我们可以看到，在教学过程组织中，观察力、想象力、创造力的熏陶与培养，被落实到了具有可操作性的教学环节之中，落实到了有实践基础和理论支持的教学内容与训练计划之中，这些艺术教学实践能重塑学生们的观察方法，不断更新他们的审美判断力与鉴赏力，对于学生们国际视野的形成，学会在比较中发现意义，建立创造性思维基础，有着重要意义。

宋代禅宗大师青原惟信有言：未参禅时，见山是山，见水是水。及至后来亲见之时，有个入处，见山不是山，见水不是水。而今得个休歇处，依前见山只是山，见水只是水。

PHASE 1 阶段一

Lines(Blind Drawing) 线 | Diversity of Lines 线的多样性

Every child is an artist. The problem is how to remain an artist once he grows up.
It takes a long time to become young.
-Pablo Picasso

sophisticated/skillful seeing

sincere/simple touching

毕加索：

每个孩子都是艺术家，问题是长大后如何不失为一个艺术家。

年轻是需要长时间才能达到的状态。

老练的/成熟的视觉的

诚实的/单纯的触觉的

PHASE 2 阶段二

Fundamental Practice 基础练习

Gesture 动势 | Weight 重量 | Texture 肌理 | Void 空无 | Depth 深度

Architecture survey can't limit itself to simply recording the material dimensions of the visible city. It has to provide us with the immaterial dimensions of the invisible city as well.
-Paolo Belardi

visible/analytical

invisible/synthetic

博拉蒂：

建筑调查不能局限在可见的城市物质维度，还必须同时展现不可见的城市维度

可见的/分析的

不可见的/综合的

图 1　基于观察的艺术实践教学要点

歌德也说过：眼睛只看到头脑所知晓的东西。可见，学会“正确地”观察并不是一件容易的事。长期以来，一些学生们习惯于在规训的教学体制下完成他们求知的过程，粗浅的貌似科学的观察方法往往会剥去事物许多生动的品质，使之成为抽象的游离于人的情感投射之外冷冰冰的“客观对象”。海外艺术教育实践给了我们一个可依托的平台，让学生们可以认识到，创作不仅需要通过视觉，更要通过调动身体的全部感觉器官，把我们和外在世界紧密地联系在一起，同时，师生们共同学习工作的过程，避免了观察与记录的表面化、实践成果的浅层化。

事实上，同济大学建筑与城市规划学院国际化艺术教学的一系列教学活动，已经在促使学生们依托有效的观察进行创作方面，有了许多探索。这些活动以“陶艺设计”课程的国际化艺术教学改革与试验为先导，进行了模式研究和框架体系建构，至今已开设了“版画”“砖雕”“木雕”“剪纸”“装置”等十几门工艺与艺术的国际化课程，并构建了从“课堂到社会，创新与传承”的艺术实践教学体系，这些课程不仅针对走进来的国际学生，也针对渴望拓展视野的中国学生，这些课程中摆脱了对中国艺术仅限于书法、国画等的肤浅认识，课内课外，师生们的足迹跨越了区域和专业界限，在对世界与中国、传统与当代艺术深刻认识的基础上，发挥着艺术教学的独特作用。

二、感知、再现与表现

2014 年 8 月和 2015 年 8 月，同济大学的师生们两次海外艺术实践都选择了西班牙为目的地。这两年的课程目的，已经从前两次的如何创造性地观察与记录，转向了如何创造性地再现与表现。

2012 年我们完成法国艺术实践之旅之后，我们教师团队一直在对成果进行反思，我们画了意大利，画了托斯卡纳；画了法国，画了普罗旺斯。但多数情况下，我们还是无法让我们的目光摆脱美艳景色的陷阱。我们没有看到传统乡村由于闭塞导致的文化品位缺失，没有看到城市中经济萧条笼罩下人们忧郁、焦虑、木然的脸孔……画面有其自身的复杂性，不仅仅关乎视觉，还关乎人的其他感觉与感知器官，关乎画者对外在环境的更为深切的关怀与认识，关乎知识、逻辑以及绘画者的价值立场。

意大利佩鲁贾大学教授，建筑家保罗·博拉蒂在他的《建筑师为何在画》一书中写道：“建筑调查不能局限在可见的城市物质维度，还必须同时展现不可见的城市维度。[2]”8 月，是安达卢西亚最热的季节，每天白天气温都超过了 40°C。但热浪没能阻止同学们的脚步，他们几进阿尔罕布拉宫，穿行于科尔多瓦的大街小巷，在瓜达尔基维尔（Guadalquivir）河畔体味西班牙曾经的辉煌，在地中海边的马拉加追随着毕加索的成长。不同的地域文化更容易激发学生们表达的欲望，博物馆、美术馆的藏品或展览提供了丰富的艺术资源，也促进着师生们的进一步思考，关于对特定历史与传统的认识，关于自然条件对社会生活生产的影响，关于社会制度、文化、宗教及由此生发的随着历史进程不断变化着的城市肌理、城市环境、生活氛围等。记得结束了安达卢西亚的行程后，一个同学说，在科尔多瓦，脚就可以辨别出所处的位置。犹太教、伊斯兰教和天主教塑造了不同的文化个性，而这些个性可以反映在不同社区对街道、小巷的地面铺装中，给行于其上的人们带来不同的触感，细致入微的身体体验令人感动。

在教学方法上，这两次的西班牙之行尝试着更多的突破，教学的重点在于如何利用艺术手段，用真诚的线条与自由的色彩，去呈现对环境的内心感受，表达他们对那片土地的认知（图 2）。西班牙的城市乡村在学生们的眼里就不再仅是美丽景象了，在学生们的笔下，它们逐渐有了历史的厚重、有了人类价值观的纠缠、有了现实的欢乐与苦涩。这里，汇聚了天主教、伊斯兰教、犹太教等不同的宗教文化。东方与西方、干燥与湿润、酷热与清凉，在这片土地上共存，并演绎着各种可能的极致。紧紧相拥的天主教堂和清真寺，叙述着这块土地上征服与再征服的宏大故事。市镇中心广场的美妙铺陈下，也曾有过宗教或思想纷争残留的血腥。

为了提高学生们观察的主动性、感受的敏锐性以及表达的独创性，一个小练习是这样安排的：要求学生画出 3 个不同城市或地区的景观，画面中不可出现可辨识的标志性建筑或构筑物。再由另外的学生根据城市名称线索，辨识出画面中的城市名称。相对而言，城市相距越远，城市性格的差异越容易在画面中呈现。要求学生画出距离更近的城市间的差异，意味着要求学生挖掘城市更为深层的精神特质，包括历史、文化传统、人文景观、生活习俗等等。敏锐观察是再现与表现的基础，观察不仅是照相机般的记录，而是发现，甚至是发明——使那些视觉不可见的内容形象化（图 3）。

2015 年的西班牙之行，同济师生们从巴塞罗那入境，乘 8 个多小时的慢速火车，横穿西班牙，经马德里转车，直奔西班牙北部城市、大西洋沿岸的希洪。之所以将海外艺术实践的地区再一次选在西班牙，也是教师们精心讨论的结果，目的是在上一次海外实践的基础上继续寻求突破。了解一个地区的多样性，不以偏概全，在反复中寻求超越，对于感知与表达

PHASE 3 阶段三

Advanced Practice1: Illuminating 进阶练习1：播光

Light and Painter 光与绘者

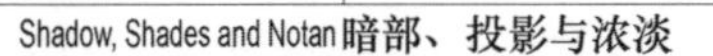

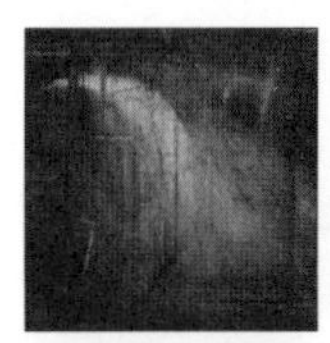
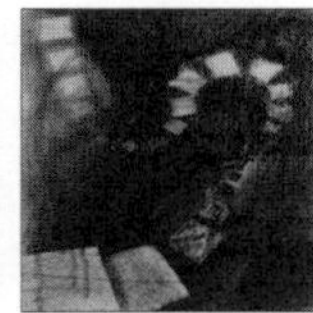

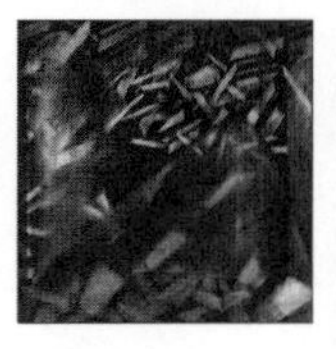

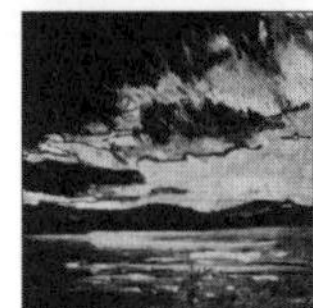

reality in eyes

However, we have no direct immediate access to the world, nor to any of its properties...Whatever we know about reality has been mediated not only by organs of sense but by complex systems which interpret and reinterpret sensory information.

-Neisser

form in mind

眼中的现实

内舍尔：

我们既没有直接的途径抵达外在世界，也不能直接认识其特质……我们所知的现实不仅是经感觉器官传递的，更是经由一系列复杂系统对感知信息进行阐释及再阐释的。

脑中的形式

PHASE 4 阶段四

Advanced Practice 2: Coloring 进阶练习2：赋色

Scientific Laws and Psychological Characteristics of Color 色彩的科学原理和心理特征

Color Practice 色彩实践

Lines, Notan, Space and Color 线 浓淡 空间 色彩

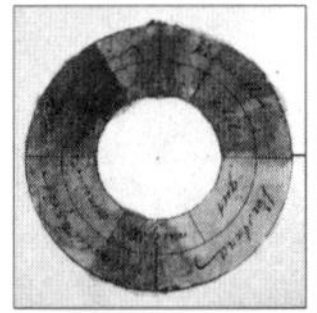

objective

(Color's) effect can be much deeper, however, causing a vibration of the soul or an "inner resonance"—a spiritual effect in which the colour touches the soul itself.

– Kandinsky

subjective

客观

康定斯基：

色彩的效果可以更深刻，可以引发灵魂的激荡或内心的回响——一种精神方面的反应，在此，色彩直接触及灵魂。

主观

图 2　基于情境表达的艺术实践教学要点

图 3　卡达凯斯－巴塞罗那－拉科鲁尼亚（郑馨，2015）

来说是非常重要的。

也正是在这样一次次的艺术教学活动中，同学们逐渐认识到，绘画的创意不来自于苦思冥想，而是来自于人与外在世界、与自己的心灵、与具体材料之间的真诚对话，创意是这一对话过程的结果，不是闭目苦思或头脑风暴的结果。为感觉寻找到恰当的表现方式，根植于一次次具体的、身体参与的实践。这两次西班牙之旅的绘画作品在随后的展览中，获得了普遍的好评，也引起了比以往更多关注，学生们在绘画语言和表现方式等方面的突破，使这些绘画摆脱了写生作业练笔式的随意性，成为了深思熟虑后的艺术创作。

三、认知、认识与创作

2016 年 8 月，同济的师生们到了意大利，这块位于地中海中心的土地有着独特的地理环境以及与此密不可分的辉煌历史，从自然和历史的维度阅读城市及其环境，并创造性地用艺术的方式呈现出来，是意大利之行的主题。2017 年 8 月，同济的师生们又一次来到了德国，和上一次德国之行的教学相比，教学目的与方法等都有了较大差异，这不是一次观察与记录的练习，而是一次当代艺术的研习和创造之旅。在这次德国的行程中，同学们整理了大量的笔记，力图在有限的时间内勾勒出德国当代艺术的全貌。研究的内容包括德国新表现主义与当代绘画、莱比锡画派、十年一次的明斯特雕塑展以及在全球有着巨大影响力的第十四届卡塞尔文献展，令人倍感鼓舞的是，针对每一个主题的研究，同学们都做到了全面深入，并有独到见解。他们发表的关于卡塞尔文献展的资料，曾在当时被誉为是国内最全面的关于卡塞尔文献展的介绍。

无论是在意大利对自然环境与历史文化的思考，还是在德国对艺术的探索，同济海外艺术教育实践都是在开始一个新的历程，从记录、反映、解释到感知、揭示、表现，再到认识、研究、创作，每一次都是巨大的飞跃，也使我们在建筑学专业中，对艺术教育的目的、方法及目的实现可能性的认识，得到了一次次的检验。这两次教学的内容开始逐渐关注创作规律分析，关注创作活动可利用的各种显在与潜在的资源，关注在当代语境下艺术语言的可能性等方面的内容，目的在于对学生们的创造性思维活动形成理论与方法方面的支撑（图 4）。

艺术的意义往往是在比较中生成的，如果不了解艺术的点滴，那么艺术就毫无意义。一般情况下，艺术的意义往往更多地呈现给那些了解并关注艺术的人们。在对当代艺术进行探索的过程中，艺术实践的国际化尝试，开阔了同学们的视野，因而也就特别凸显出了其不可替代的作用。

当然，艺术不仅是一种知识，也不仅是历史，虽然艺术关乎知识、关乎历史。艺术有其自身的观看、体验与理解的方式，有其自身超越的诉求。受过良好教育的学生往往具有强大的获取知识的能力，但这些知识同时也在会在他们的脑海里铸造一系列不容置疑的规则、体系、系统、框架、约束，虽然我们必须说，只有在你掌握了这些知识之后，你的创作才可以在理性的基础之上获得更大的自由，但如何摆脱上述认识过程可能形成的约束，也是教学中着重要解决的问题。

在教学中，我们在学生们充分了解所需知识并内化于心之后，力图将他们的注意力转移到经验、记忆、想象、感觉等方向上来。在当代社会中，经验与记忆、感觉与想象的对象也更加宽泛，不仅是传统意义上的自然景观、文明遗迹，日常所接触到的一切信息，生活中的琐碎细节，甚至是当代文明的成果，都是经验的重要部分，也同样可以成为艺术世界的一部分。当代的时空观，对多维时空的认识所产生的复杂几何关系，看似颠覆了对上下、内外惯常的理解方式，颠覆了对自然感知的曾经经验，但同样是当代信息化时代的日常经验。当代艺术中的许多现象，是当代时空观进入艺术领域的自然而然的结果。当代科学技术的发展改变着人们对时空的认识，这些看似与艺术无关的东西却也可以成为内化的宝贵视觉经验，艺术不应回避任何可以带来新认知和新启示的可能性（图 5~ 图 8）。

本文所涉及的仅是同济大学建筑与城市规划学院近年来国际化艺术教育的一个局部环节，在这一环节中，艺术创作的基本媒介是绘画，这与学生们在海外行走、观察的便利性有关。在其他许多国际化的教学环节中，学生们的作品样式更为丰富，从雕塑到影像、从摄影到装置，几乎都有涉猎。从 2003 年开始，设计基础教学团队先后赴德国的汉堡、科隆、柏林、波恩、慕尼黑，意大利的威尼斯，日本的东京、京都、横滨，瑞士的苏黎世、伯尔尼，法国的巴黎、蒙彼利埃，西班牙的马德里、巴塞罗那等地，进行了多次艺术教育考查，建立了广泛的国际交流与合作的平台。海外艺术实践活动也得到了行内专家的大力支持，一些国际著名的艺术史、艺术理论家、艺术家以及策展人、批评家等，都近距离地参与在我们的教学活动之中，无论在国内还是国外，相关支持一直持续着，创作的过程中展开的文化、艺术理念、创作思维的深度交流，是许多教学方法、思路的源泉，学生的作品大都是在相互交流、理解、碰撞的情况下完成的，

对于创作成果，除课堂评价外，社会评价也是一个非常重要的环节。学生们的作品参加了 2012 年在上海城市规划展示馆举行的“再 · 路

PHASE 5 阶段五

Picture Building 画面

Independence 画面的独立性 | Composition 构图 | Space 画面空间 | Material 材料

I paint what cannot be photograhed, ...But if it is something I cannot photograph, like a dream or a subconscious impulse, I have to resort to drawing or painting.

-Man Ray

3 dimensional
static

三维空间
静态

曼雷：

我画不能拍的内容……如果某些事情无法通过摄影捕捉到，像梦境或潜意识动机，我就必须求助于绘画了。

2/multidimensional
dynamic

二维/多维空间
动态

PHASE 6 阶段六

Creating 创作

Experience and Memory 经验与记忆 | Doodle and Imagination 涂鸦与想象 | Feeling and Meaning 感觉与意义

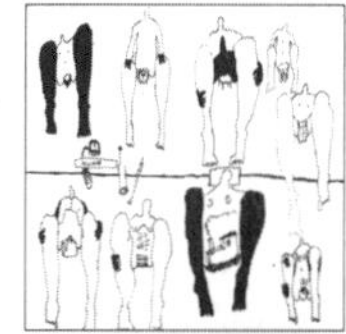

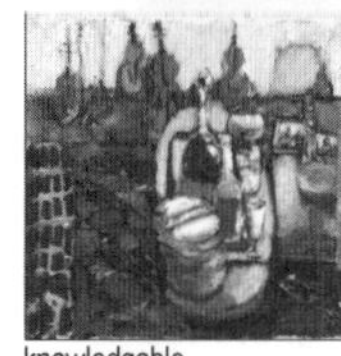

The true painter must be able before an empty desert to fill his canvas with extraordinary scenes. The true painter must be able before an infinite panorama to limit himself to reproducing a single ant.

-Dali

knowledgable

conceptional

知识的

达利：

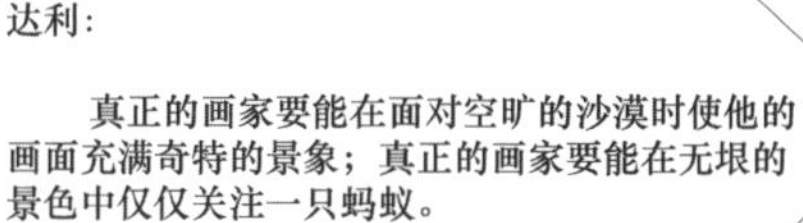

真正的画家要能在面对空旷的沙漠时使他的
画面充满奇特的景象；真正的画家要能在无垠的
景色中仅仅关注一只蚂蚁。

观念的

图 4　基于知识与观念的艺术创作实践教学要点

上——法国城市阅读与记录”展，2014 年在上海城市规划展示馆举行的“印象与表现——西班牙城市阅读与艺术实践”展，2015 年在上海城市规划馆举行的“西行三记——同济大学建筑与城市规划学院 2015 海外艺术实践展”，2017 年在上海中信泰富举行的“画境之外——海外艺术实践展”，在上海城市规划展示馆进举行的“国际艺术实践展”等，经受了广泛的社会评价与检验。2015 年和 2017 年，部分师生的海外艺术实践作品在福美基金的主持下，进行了慈善义卖，总计获得善款近 80 万元人民币，这些资金成为以后同济海外艺术实践活动的经济支持。所有这些展览、拍卖活动，学生们不仅是亲历者，也是组织协调者，因此可

图 5　市场（张毓嘉，2016）

图 6　关注（武佳艺，2017）

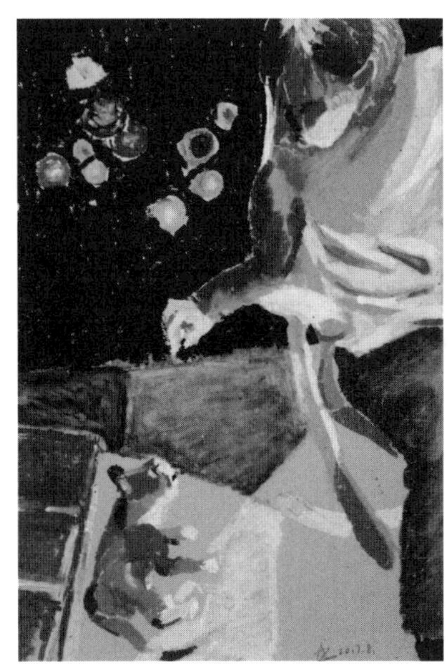
图 7　人与猫（李迎蕾，2017）

图 8　农场（孙益赟，2017）

以接触到最真实的社会评价，也对教师团队的教学起到了极大的促进作用。

海外艺术实践活动还将继续下去，这一系列实践给了师生们更锐利的眼睛和更敏感的身体，也激起了师生们对生活或生存更深入的思考。训练的主旨不是培养出拥有强大手绘技巧的建筑师，也并非是完善关于艺术的必要知识储备，而是立足于感觉训练，培养创造性思维能力。从观察方式到感知方式到表现方式，感觉训练一直是这一系列海外教学实践的核心。可以说，艺术教育的目的是希望同学们都能像艺术家一样思考，建立起一种生活态度，一种思考方法，一个认识事物的起点，这是创造力的源泉。

注释：

[1] Juhani Pallasmaa. The Thinking Hand[M]. Wiley, 2009：65.

原文为：Today the architect usually works from the distance of the architectural studio through drawings and verbal specifications, much like a lawyer, instead of being directly immersed in the material and physical processes of making. In addition, the increasing specialization and division of labor within the architectural practice itself has fragmented the traditional entity of the architect' s self–identity, working process, and end result. Finally, the use of the computer has broken the sensual and tactile connection between imagination and the object of design.

[2] Paolo Belardi. Why Architects Still Draw[M]. Cambridge Massachustts：The MIT Press, 2014：43.

原文为：……architectural survey can' t limit itself to simply recording the material dimensions of the visible city. It has to provide us with the immaterial dimensions of the invisible city as well.

参考文献：

[1] Kimon Nicolaides, The Natural Way to Draw[M].Boston：Houghton Mifflin Company Boston, 1941.
[2] Juhani Pallasmaa, The Eyes of the Skin, Architecture and the Senses[M].John Wiley & Sons Lyd, 2005.

[3] Douglas.Drawing and Perceiving, Real-World Drawing for Students of Architecture and Design[M].Fourth Edition, John Wiley & Sons, Inc. 2007.
[4] 赵巍岩，阴佳，杨萌．物我之间——写生的一种方法 [M]. 北京：中国建筑工业出版社，2017.
[5] 赵巍岩，田唯佳，阴佳．画境之外 [M]. 上海：上海人民美术出版社，2017.
[6] 赵巍岩，阴佳．在路上——2011 欧洲写生 [M]. 上海：上海人民美术出版社，2012.

图片来源：

图 1、图 2：作者自绘
图 3：同济大学建筑与城市规划学院设计基础教学团队提供
图 4：作者自绘
图 5~ 图 8：同济大学建筑与城市规划学院设计基础教学团队提供

作者：赵巍岩，同济大学建筑与城市规划学院　副教授；于幸泽，同济大学建筑与城市规划学院　助理教授；阴佳（通讯作者），同济大学建筑与城市规划学院　教授

关于城市形态导控方法的探索性设计教学

谭峥

An Experimental Studio on Planning Code and Regulation

■摘要：以研究为导向的前沿性、探索性设计课程是近期在同济大学建筑学高年级教学中涌现出来的授课组织形式。历时三年的"指标城市"教学探索旨在引导建筑系学生理解城市空间的制度性驱动要素。"指标城市"研究型设计课程通过图绘术、拼贴与叙事来评估现有的控详规划，并以虚设的指标与规范操作来展示可能的城市形态场景。这一研究性设计课程的目的是为了揭示规划指标体系的问题，并借由指标体系的修正与重构来想象可能的城市形态控制方式。
■关键词：控制性详细规划　指标　图绘术　情景策划　研究型设计
Abstract：The research-based design studios are a series of emerging studio courses in the Department of Architecture at Tongji University, characterized by experimentation and exploration. The syllabus of the "Code City" studio, continuously updated in the three-year teaching practices, aims to guide the students to understand the regulatory environment and factors impacting the urban space. Through mapping, collaging and story-telling, the "Code City" studio examines the existing planning practice in China and explores alternative morphological scenarios based on exhaustive manipulation of the planning code and regulation. The objective of this "design research" studio is to show the fault of China' s planning system and demonstrate alternative ways of urban form regulation when the zoning code system can be improved and reconstructed.
Key words：Regulatory Detailed Planning；Code；Mapping；Scenario Planning；Research-based Design Studio

一、基于研究的设计教学

以研究为导向的前沿性、探索性设计课程是近期在同济大学建筑学高年级教学中涌现出来的授课组织形式。这类设计课程覆盖了建成环境领域的各个领域的问题，包括气候与环境、数字化建造、巨型城市结构、城市公共空间、历史街区的保护与再生等。任课的导师将自己正在进行或感兴趣的研究课题转化为设计课的教案，课程的任务不再是完成一个预设具体任务书的建筑项目的设计，而是针对一个学科问题进行以设计为研究方法的探索。部分课程采取中外联合设计、中外学生混编的方式并使用全英语授课。

张永和教授主导的“中国语境的新城市主义”教学团队从 2015 年春季学期起开始摸索关于城市形态的控制指标研究的设计课教案。该教案的特点是将城市史、城市设计理论与建筑类型学的内容有选择性地植入设计课中，结合建筑设计课与理论讨论课，以文献重绘、理论图解、调研访谈、环境评估、情景再现等为训练方法，帮助同学理解指标这一规划工具对城市中微观层面的建筑与空间形态的影响。至 2017 年底，此项教学计划已经指导了包括高年级本科生与研究生在内的四次教学实验，积累了一定量的教学成果，并最终演化为一套结合设计、研究与批判的多重目标的课程体系。

二、背景——从区划法到形式导则

城市形态的导引与控制体系是决定城市的空间要素的重要机制，这些指标主要包括控制性详细规划中的六大指标体系（土地使用、环境容量、建筑建造、城市设计引导、配套设施、行为活动），也包括影响城市形态的各种建筑规范与非强制性的城市设计导则等。控制性详细规划中的指标的主要来源是西方发展百年的“区划法”。1916 年，纽约出台了第一部区划条例（zoning ordinance），该区划条例将城市所有用地分为“居住”“工商业”与“不限定用地”三类功能区及五类建筑高度控制区。它对城市形态的主要贡献是设定了“建筑包络形”（zoning envelop）原则，要求高层建筑的临街面根据街道宽度确定日照角，从街道宽度特定倍数的立面标高开始，根据日照角逐层后退。1961 年，建筑日照角规定又被更灵活的沿街道退界与公共空间补偿规定所取代，公共空间补偿成为激励性规划的先驱。1916 年区划法与 1961 年的区划法修订一起决定了纽约的天际线[1]。

经过百年的发展，尤其是在近年美国的新城市主义运动的《精明准则》（Smart Code）推动下，以区划法为代表的城市形态引导方式已经逐渐被更趋人性化的“形式规范”（form-based code）所取代。“形式规范”是一种更定制化、精细化的区划手段，它主张为场地量身定制形态导引，与保证最低标准的区划法是两种时代语境的产物。根据城市史学家塔伦（Emily Talen）的考证与分析，“形式规范”应具有以下特征：1）具有明显的强制性；2）用规定私人物权的形式来保证公共领域的质量；3）一般推崇那些能够经受时间检验的形式。

“形式规范”中最典型的城市形态控制方法是“城市断面样带”，这一方法将城市想象为一个广域的自然生态系统，每一种开发强度（具体表现为容积率）都会对应系统中的一个特定群落[2]。“城市断面样带”的表现形式是一个指导性的城市形态连续渐变图谱，它只对一个特定群落的民用建筑基本形式、公共空间、街道界面等做出一定的规定与引导，而将具体的用途混合的要求放宽。“形式规范”将“形式”（这里应当理解为一整套形式规范）视为优先于“用途”的控制要素，这是通俗化地运用威尼斯学派与新理性主义的一种城市空间管理思想[3]（图 1～图 4）。

三、现实——控制性详细规划中的指标体系

“技术经济指标”的概念在 1950 年代通过苏联专家的影响进入中国的规划体系。1980 年，美

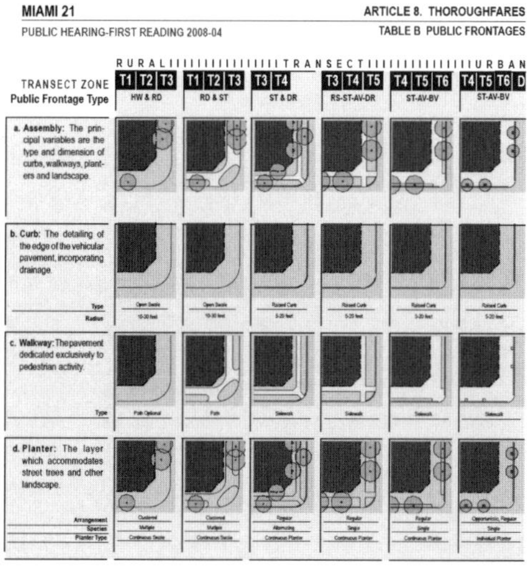

图 1　形式规范（form-based code）“迈阿密 21”中所规定的街角形式类型表

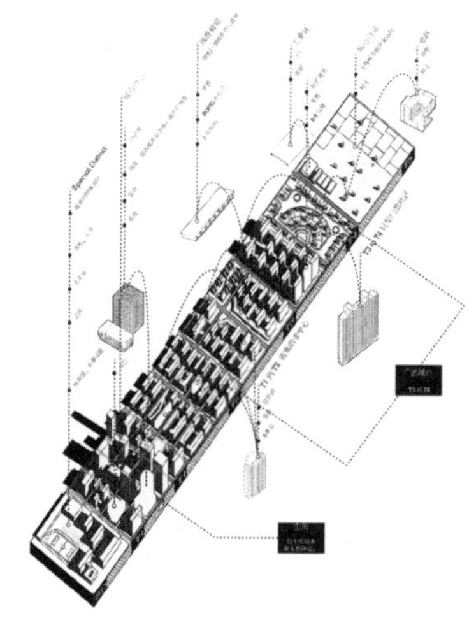

图 2　中国大都市的典型“城市断面样带”

图3　休·菲利斯的纽约区划法建筑形态推演四部曲，收录在菲利斯的《明日都市》（1929）一书中

图4　1961年的纽约区划法修订反映在密斯设计的希格拉姆大厦，用让出前广场的塔楼提到逐层退台的做法

国女建筑师协会来华，带来了美国区划法土地分区规划管理的概念，我国的控制性详细规划在此基础结合当时的国情孕育而生。1982年，上海虹桥开发区在其建设初期即编制了土地出让规划，首先采用了8项指标对用地建设进行规划控制，其中除了用地性质与用地面积，还有容积率、密度、后退、高度、车辆出入口位置与停车库位。虹桥开发区的实践逐步推广到全国。1995年，建设部编制《城市规划编制办法实施细则》将控制性详细规划规范化。1996年，控制性详细规划进入本科课程。由此，在改革开放年代，随着商品化的地产开发模式逐渐成熟，计划经济时代以工业生产为主导的指标逐渐与西方的区划法结合，成为一种均衡协调复杂利益关系的工具[4]。

以1995年《城市规划编制办法实施细则》为标志，全国各大城市相继推出《城市规划管理技术规定》以指导控制性详细规划编制。自此后，在至少二十余年中，中国的城市空间形态是被一种相对严苛的指标体系所控制（建筑密度、容积率、绿地率、退界、建筑高度、停车数量等）。在许多情况下，这些指标是包括在上文所说的〞控制性详细规划〞内的。虽然在一定的历史时期，指标对城市的环境质量起到了一定的保护与引导的作用，但是也产生了消极的影响。它的基本思想是在快速城市化时代通过统一的标准快速实现具备最基本功能的城市环境，因此既有的指标体系对自身在城市中微观层面的空间影响机制，对建筑设计阶段工作的接续，对适用的地区地块的多样性都缺乏有效的统筹考虑。指标在快速城市化时期对基本的空间质量的保护有一定的积极作用，能够快速地实现一个现代化的城市图景。但是，当快速城市化的进程告一段落，指标无法跟上城市发展与更新的现状，这便需要规划师与建筑师共同思考对指标本身进行评估、分析与研究的方法。

四、原型——区划法的分析图解

建筑插画师和理论家休·菲利斯（Hugh Ferriss）较早用建筑图解的方式记录了1916年的纽约区划法对建筑形态的影响，他的目标是寻找〞建筑包络形〞规定下的最高回报与最合理的建筑体型。菲利斯的图解被称为〞退台建筑演化四部曲〞（Four-stage Evolution of the Set-back Building）。区划法图解开启了一种形态学研究方法，即将某些导控规定极端化，并以一种寓言式的图解方法将这些导控因素对城市形态的驱动作用表达出来。当然，菲利斯的图解是放大了特定条件的共同作用，比如将利益最大化、结构最优化、均好性等与严格的规划指标叠加在一起，这会产生夸张的效果，并不完全符合复杂约束条件下的现实情景。但是，其优点是去除了许多不具决定性作用的条件参数，更凸显关键参数的作用机制。

在规范条文中控制性指标往往以单调的数字出现，而对指标的诠释却因为具体现实条件的过于复杂而流于粗疏。这种诠释或表现为一些具体城市设计案例的图集，或表现为仅具有解释功能的图例。无论菲利斯的体量研究还是新城市主义的“城市断面样带”都是对某种指标的具体化。这种推演不仅仅是“翻译”指标，而是对一种或几种指标控制下的城市形态演变的合理化预测与想象。

五、实操——指标体系的图解研究

同济大学“中国语境的新城市主义”教学团队从 2015 年就开始了对城市控制性指标体系的研究，在总共四次的教学实验中，前两次以“广谱城市下的新邻里单元”为题，以“邻里单元”这一原型的发生、发展与演变为背景，探索影响街区形态、街道空间与日常环境的各种因素。前两次教学以本科四年级学生为授课对象，为之后的进一步的教案发展奠定了基础。随后，从 2016 年秋季学期开始，教学团队针对建筑学专业一年级研究生重新修订了教学计划，明确了城市规划的指标与导控体系这一核心研究对象。后两次教学过程均历时一个学期，考虑到研究生的学习能力与探索性设计教学的特点，每一次授课都不再采用传统的“评图”方法，而是采用由授课教师组织的讨论课（Seminar）形式，增加原理、方法与知识的讨论讲授的比重，必要的时候采用集体讲授与个别辅导结合的方式。

对指标体系的图解研究的出发点至少有两重意义。首先，这一研究能够揭示指标最初作为规定最低的物质条件的规范的初始意义，即在快速城市化时代保证建筑物所能提供的最基本的生活条件。其次，即使建筑师与规划师能够快速掌握运用区划工具进行空间与社会形态控制的能力，但是技术条件的快速变化使得区划法蜕变为阻碍城市自我更新的牵绊，图解能够发现区划法的不同规定之间的内在悖论，为进一步修正区划工具提供参照（图 5、图 6）。

（一）方法论基础

地图术（mapping）是城市研究领域对不可见或尚未表现的机制的图解。詹姆斯·科纳（James Corner）认为地图术不仅仅是对现实的复现，也能够在可能性似乎已经耗尽所有可能的现实中发现隐藏或不可想象的现实。斯坦·艾伦（Stan Allen）则对建筑图的“标注系统”（Notation）给予更多关注，他认为建造过程并非“翻译”或“解码”标注系统，而是将标注系统内不同元素的相互关系重置在另一个空间中。在具体的图解策略中，“超现实叙事”（Hyper-real Narrative）是建筑学可视化研究中的一种重要方法，库哈斯的《癫狂的纽约》以及其合作者佛列森托普（Madelon Vriesendorp）的图解式研究是其中的重要代表。同时，“情景规划”（Scenario Planning）也是一种重要的城市策划方法，它对整体性的城市情景进行不同条件变量下的合理推演，容纳一定的直觉想象与不确定性，并且使用大量的信息图解（info-graphics）方法来构建利益相关方进一步参与讨论的平台。本教程吸收了库哈斯的超现实主义图解的批判与反讽性，也吸收了情景规划方法的合理想象成分。这种教学方法的难点在于把握“超现实叙事”中的主观推测与图解本身所需要的客观推理之间的矛盾。

（二）教学研究计划

在 2016 年的“指标城市”教学实践中，导师不预设具体的基地，而要求各小组根据指定的指标分项对既有的城市案例进行抽象性的图解。学生须将指标视为可以调整的、决定城市建筑形态的参数，将复杂的城市塑形过程约减为一定指标条件下利益最大化的开发行为，通过以数值形式表达的指标（自变量）与城市建筑形态（从变量）的关系的研究，重新审视指标体系的合理性与有效性。需要指出的是，本研究务必要求严格尊重真实的、各种建成环境形态的可能性，以便论证

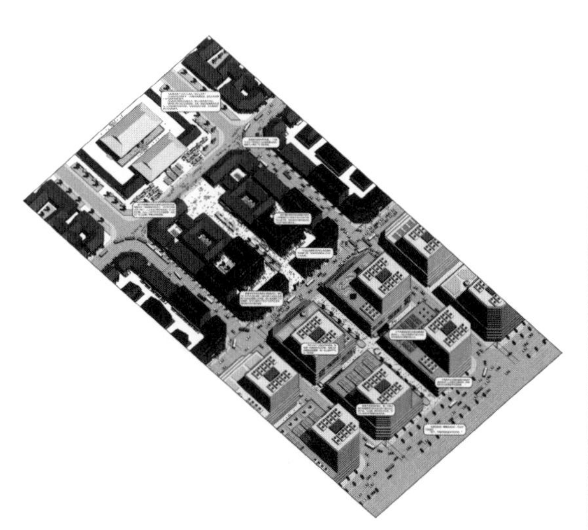

图 5　利用城市断面样带（Urban Transect）原理描绘的城市历史场所周边建筑形态渐变导控批判性图解

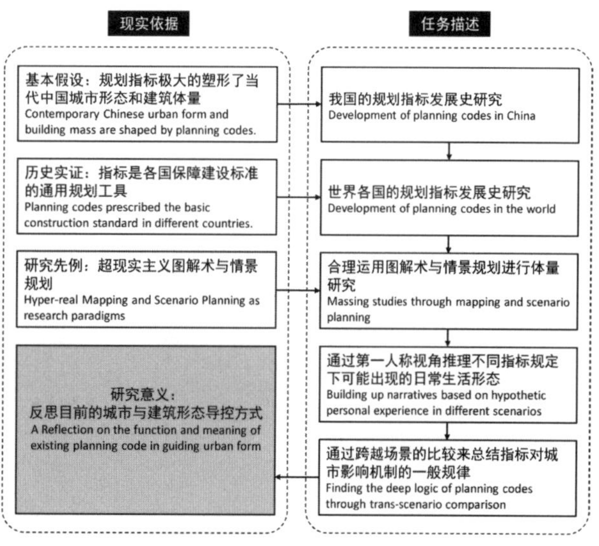

图 6　2016 年同济大学“指标城市”研究性设计教学计划框图

指标的合理性与有效性，即所有的空间要素都必须是具备可实现性的。同学要求完成如下任务：

1. 以《控制性详细规划》介绍的六种控制体系为基础，回顾现代城市史中的控制性指标演进的历史，收集各国的区划法中的空间控制指令体系的发展历史（目前已经涵盖美、德、日、英等国家）。学习菲利斯与新城市主义所运用的图解方法，对指标产生的建筑形态与城市形态进行推演。

2. 广泛地收集我国典型城市的城市规划管理技术规定与相关建筑设计规范中涉及空间控制的指令体系，划分各种指标所能控制的形态表征，将指标分组，对单一的指标进行研究，通过单项指标的渐次变化发现生成的建筑与城市形态的规律，比如容积率渐次变化，退界的渐次变化，覆盖率渐次变化，街区大小渐次变化，不同功能组合的渐次变化，等等，并与之前的国际区划体系进行跨文化对比研究。

3. 区分规定性指标（Prescriptive Code）与效能性指标（Performance-based Code）两种导引体系。大多数指标为前者，即通过直接的形态控制到达某种性能目标，但是后者已经越来越多见于当前的城市更新过程。对比为实现相似目标而制定的规定性指标与效能性指标的异同，发现实现同一目标的不同可能性。

4. 在单一指标体系的基础上，对不同指标参数要求下的形态表达进行叠加，分析在两个或两个以上的指标体系的影响下，不同的指标组合对城市形态与建筑形态的影响，揭示指标背后的社会与经济诉求及其博弈，这一操作允许相应的研究小组对形式操作结果进行一定程度的合理但极端的想象。

5. 以一个标准邻里单位大小（800m^2）的理想城市区域为基地，在对中国大城市的日常行为基本了解的前提下，对指标操作下不同形态城市对日常行为与体验的影响进行推演，通过第一人称的视角来描述不同城市形态下的居住、步行、工作与交往的形式。

6. 根据前面的多项研究环节，各组完成一份研究报告。报告应该包括特定指标体系的历史背景回顾，多区域的指标体系对比，指标作为形式参数或性能目标的形式生成准则研究，指标与日常行为与体验的相关性，指标体系的合理性与有效性评估，以及最终的对指标控制体系的修正建议。

通过一个学期的研究，四个小组产生了四份独立的研究报告，报告覆盖了土地使用、环境容量、建筑形态、设计导则等在内的多种控制体系，着重探索多种形式条例在城市形态的差序变化中所起的决定性作用。每个小组都对指标所适用对象的特殊性与普遍性之间的矛盾冲突作了分析，其结论具有一定的共性：一方面，对指标的无条件迎合产生了某种极端且荒诞的城市场景；另一方面，导致这种荒诞场景的并非是单个指标的错误，而是整个指标体系的机械执行中对个体的、日常的空间需求的忽视，是指标所牵扯的各种利益相关方的非对称博弈，是统一的指标体系对城市特殊性的回应失效（图 7、图 8）。

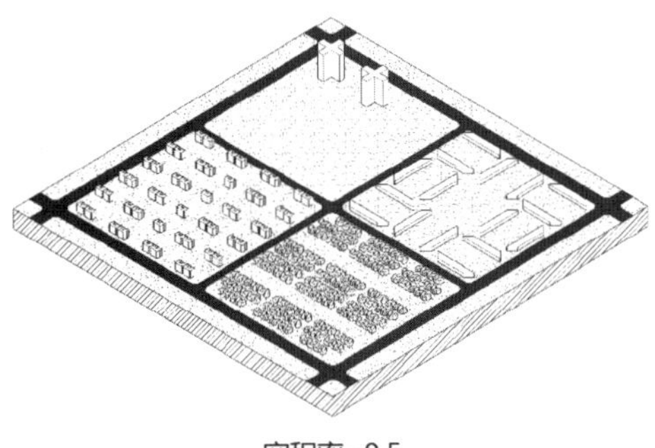
容积率=0.5

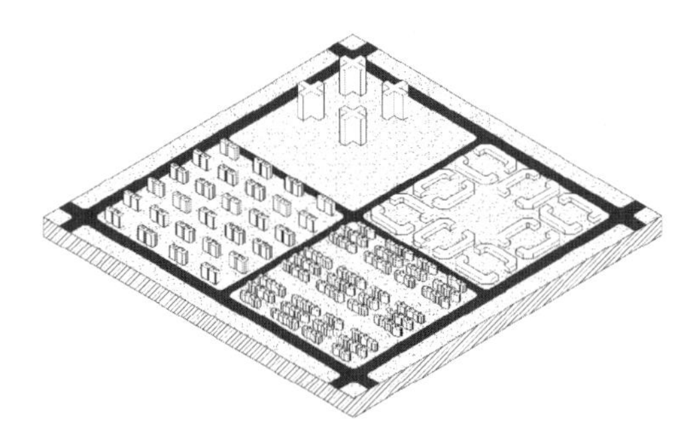
容积率=1

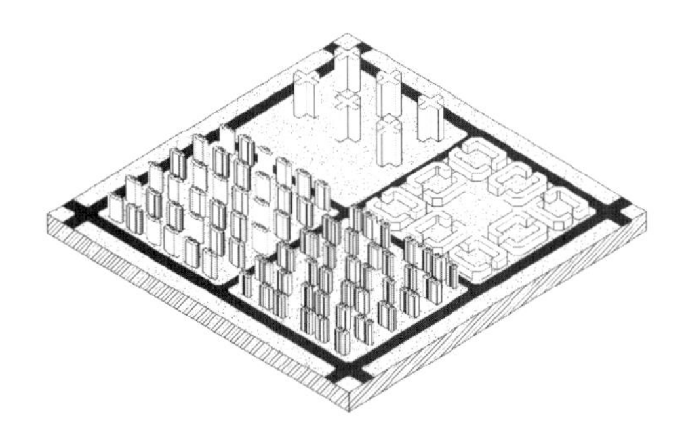
容积率=2

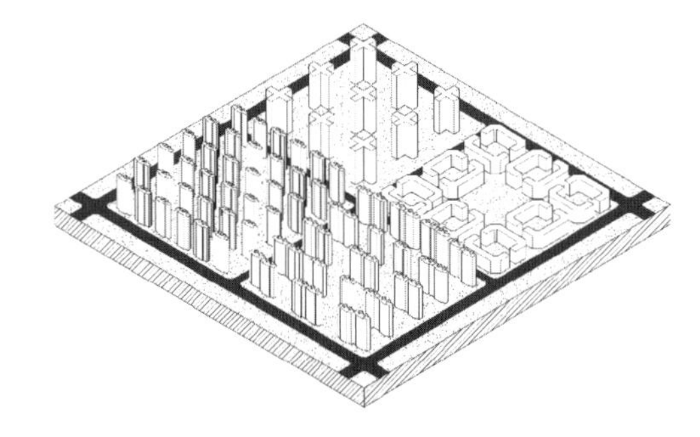
容积率=3

图 7　同一容积率的不同实现形式

	lighting		privacy		privacy
Civil society group		Civil society group		Civil society group	
	greening		noise		noise
Civil society group		Civil society group		Civil society group	
	emergency		public facilities		LNG/LPG
Planning professional		Planning professional		Planning professional	

图 8　不同的极端化“指标”要求下所呈现出的不同的建筑形态

2016 年的“指标城市”教学偏重对指标体系的内在“矛盾”的揭示，最终呈现的结果具有极大的展示性，但由于没有具体的基地，无法体现城市真实运作中的状态。随后，在 2017 年的第二轮“指标城市”教学实践中，教学团队将上海的郊区新城（新开发区）设定为基地，要求学生详细地考察给定新城的控制性详细规划与起决定作用的设计导则，并分析规划文件中的各类指标与最终呈现的城市形象间的关系。最终通过修正一些指标的内在矛盾，来解决由于空间的不合理配置所带来的问题（图 9、表 1）。

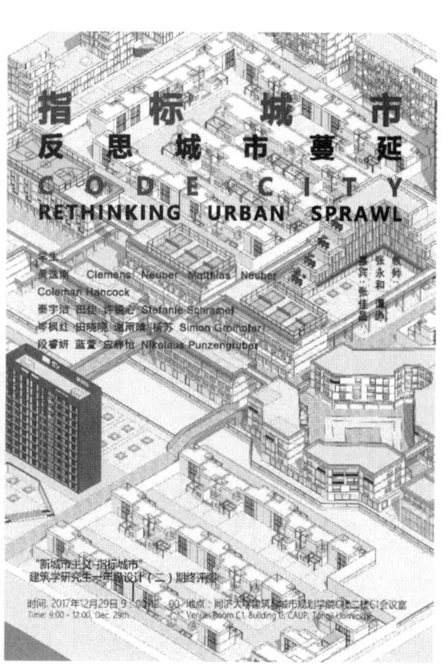

图 9　2016 与 2017 年的“指标城市”期终评图海报

"指标城市之城市蔓延"2017 年秋季教学计划 表 1

周数	课堂教学及讨论内容	课后任务与反馈
第一次：总论与介绍	讲授"指标城市－城市蔓延"的基本教学任务、西方"新城市主义"的基本思想与观念、城市形态研究的基本方法、工作组织方式与可能达到的目标	分四组阅读关于城市建筑类型学、社区形态史、指标体系与上海城市空间发展史的文献，准备下周的分组汇报
第二次：文献与案例	分组汇报文献阅读的成果并点评，讨论图绘方法、排版规则，确定研究对象并讲述现场调研的方法	以上海周边的郊区新城的指标导控体系为研究对象，分组进行现场调研与文献研究。每组调研至少两个对象以供比较研究
第三次：文献与案例	分组汇报郊区新城调研的成果并点评，讨论先期的规划及具体的控制性详细规划与城市设计导则在影响城市形态、建筑形式与公共空间中的作用	进一步对研究对象进行定量、定性的图绘图解分析，了解"情景策划"（Scenario Planning）与"数据景观"（Datascape）的基本方法；掌握各类指标与导则与城市与建筑形态之间的关系
第四次：初步策略研究	分组汇报深度案例调研成果并点评。讨论图绘图解与"情景策划"在分析与批判既有城市形态生成驱动力中的作用。确定每个组所聚焦的特定指标体系，如开发强度、道路网格、边界退让、建筑形态、用途混合等，并讨论这些指标可能引发的城市中微观尺度的空间形态变化	在对既有的规划指标体系进行充分的整理与图绘的基础上，发现既有指标体系在指导空间质量提升中的问题与潜力，提出通过指标体系的完善来撬动新型社区公共空间、新建筑类型与新社区生活形态的可能
第五次：中期汇报	以研究报告的形式进行中期汇报，并在每一个汇报后进行专家点评；邀请城市规划与建筑学两种学科背景的学院内外专家进行点评	记录并检讨专家点评中提出的问题
第六次：回顾与评价	对中期汇报中专家点评进行回顾与分析，分组讨论专家点评的要点并逐项讨论改进对策	在专家点评的基础上进行文献与案例的进一步深度阅读与研究；提出对第一阶段的任务完成情况的自我评价，提出下一阶段改进的目标与任务
第七次：报告框架设计	分组讨论最终研究型设计报告的基本框架、叙述结构、基本假设与范式、图绘表达形式、可能的结论与建议等	准备终期汇报
第八次：答疑解惑	分组进行答疑解惑。以贯通从规划指标到城市建筑学层面的影响关系为标准，评估最终研究报告的学术与实践意义，讨论修正的可能	准备终期汇报
第九次	以叙事性的研究报告的形式进行终期汇报，并在每一个汇报后进行专家点评	根据专家点评修正最终报告，按同济大学研究生设计课程的统一格式要求上交作业，筹备基于作业的展览与出版等活动

六、结语

2017 年 9 月 1 日，受首尔设计基金会邀请，2016 年"指标城市"研究计划的部分成果在首尔首届"建筑与城市主义双年展"展出。整个展览由四个三棱柱形的灯箱式展架构成，展架底部安装有滚轮轴承，可以自由转动，分别展示四个研究小组根据不同的视角对"指标"的不同解读。在展位四周墙上是 14 个问答盒，分别解答了与"指标"这一概念密切相关的城市区划法（Zoning Code）及城市控制性指标的 14 个关键问题。展览开幕后，首尔的市民与专业人士踊跃观展，不少市民驻足于展场并对展览的内容进行激烈讨论（图 10）。

经历过两次教学实践的"指标城市"教案是通过图解来揭示城市塑形机制之内在矛盾的一次尝试。它同时反映了这一课程所依据的方法论的潜力与在分析具体的情景时的局限性。所有研究报告都能够正确地指出各类指标及其重叠对于城市及建筑形态的控制作用。在虚拟地块（800m^2 的平整场地）中，由于场地的各种条件的均一化，对指标的操作能够激发更大的形式回应，这有助于理解单一指标对城市形态的影响机制。而在现实的地块中，由于具体环境约束条件的限制，指标修正所能产生的形式变化更加微妙复杂，各个小组也很难对多种约束条件同时变化后产生的后果进行合理的推演。

图 10　首尔建筑与城市主义双年展之"指标城市"展览现场

作为一次研究型的设计课，“指标城市”必须达到研究深度与表达冲击力之间的平衡，而这两方面的要求在不同的课程环节的侧重是不同的。“指标城市”是一次相对自由的探索，它可能会触及包括建筑学、城市规划、城市设计等多学科多领域的问题，但尚需提出条件与边界足够清晰的问题以便进行进一步的讨论。它的最重要的意义在于鼓励建筑学专业同学主动地介入对城市问题的思考，从形式相关的问题入手理解形式背后的深层动因。

注释：

[1] 区划法（zoning code）是规划与建筑法规中的强制性准则，是法定规划的一部分，而城市设计导则（urban design guideline）指不具有法律地位的建议性导则。

[2] 断面样例（transect）原为地理学家洪堡（Alexander von Humboldt）用于地理学研究的图例工具，指通过跨越不同区域的横断面来表达生态环境的自然渐变，如从沿海到内陆的地表植被的变化等。杜安尼夫妇（Andres Duany & Elizabeth Plater-Zyberk）将断面样例用于乡村到城市形态（rural-to-urban transect）的引导，用某个街区在整个断面样例（即从乡村到城市）的生态位置来规定它所适用的空间组织准则。

[3] “形式规范”的理论基础是以阿尔多·罗西，克里尔兄弟与翁格斯等人为代表的威尼斯学派与新理性主义。

[4] 这一部分史实散见于各种文献中，文中所列为“指标城市”研究小组通过多方资料查证收集。

参考文献：

[1] Allen, Stan. Mapping the Unmappable//Practice：Architecture, Technique and Representation [M]. London：Routledge, 2000：30-45.

[2] Amoroso, Nadia. The Exposed City：Mapping the Urban Invisibles [M]. New York and London：Routledge, 2010：3-32.

[3] Anderson, Stanford. Architectural Design as a System of Research Programmes [J].Design Studies, 1984,5(3)：146-158.

[4] CNU and Emily Talen. Charter of the New Urbanism(2nd Edition)[M]. Columbus, OH：McGraw-Hill Education, 2013.

[5] Corner, James. The Agency of Mapping：Speculation, Critique and Invention//Mappings, edited by Denis Cosgrove [C]. London：Reaktion Books, 1999：213-300.

[6] Duany, Andres, Elizabeth Plater-Zyberk, and Jeff Speck. Suburban Nation：The Rise of Sprawl and the Decline of the American Dream [M]. New York：North Point Press, 2010.

[7] Talen, Emily. Design by the Rules：The Historical Underpinnings of Form-Based Codes [J]. Journal of the American Planning Association, 2009：75 (2)：144-60.

[8] 郭思佳．历史语境下关于“旷地率”的再思．新常态：传承与变革——2015中国城市规划年会论文集 [C]. 北京：中国建筑工业出版社，2015.

[9] 宋博，陈晨．情景规划方法的理论探源、行动框架及其应用意义——探索超越“工具理性”的战略规划决策平台 [J]. 城市规划学刊，2013 (5)．

图片来源：

图1：http：//www.miami21.org

图2：本教学团队

图3：休·菲利斯《明日都市》

图4：https：//www.pinterest.co.kr/pin/253397916510553020/

图5~图10：本教学团队

作者：谭峥，同济大学建筑与城市规划学院　助理教授

基于双创育人管理保障模式的新型建筑人才培养路径研究

——结合同济大学建筑与城市规划学院的工作经验

王晓庆　扈龑喆　唐育虹

Research on the Cultivation Path for New Architectural Talents Based on Innovative and Entrepreneurial Management Guarantee Mode: Combined with the Work Experience of the College of Architecture and Urban Planning of Tongji University

■摘要：作为孕育未来人才的摇篮，培养大学生的创新精神和创业能力是高等院校的根本使命，而其关键在于形成一套人才培养的特色路径与体系。同济大学建筑与城市规划学院十分重视双创工作，不断探索育人新机制，在指导与探索相结合、实践与提升相结合、第一课堂与第二课堂相结合的特色双创育人格局上，探索了一套以专业特色筑"两翼"维度，促学生全面发展的"一体两翼"双创育人管理保障模式，培养真正为社会所用的全方位复合型的"卓越工程师"。
■关键词：创新创业教育　双创育人　第一和第二课堂　管理保障模式　以人为本
Abstract：As the cradle of cultivating future talents, there are students full of innovative and entrepreneurial enthusiasm in colleges and universities, which are undoubtedly bearing important responsibilities in innovation & entrepreneurship. The College of Architecture and Urban Planning of Tongji University attaches great importance to innovation & entrepreneurship and continuously explore new cultivation mechanism, advocating "Three Combinations" in practice, that is, the combination of guidance and exploration, the combination of practice and promotion and the combination of the first classroom and the second classroom. Innovative and entrepreneurial management guarantee mode of "One body with two wings" that builds the dimension of "two wings" with professional features and promotes the all-round development of students is explored to cultivate truly Omni-directional composite "excellent engineers" for society.
Key words：Innovation and Entrepreneurship Education；Cultivation with Innovation and Entrepreneurship；the First Classroom and the Second Classroom；Management Guarantee Mode；People Oriented

一、双创育人的内涵与价值

“双创”概念首次被提出，源于2014年9月国务院总理李克强在夏季达沃斯论坛上公开发出“大众创业、万众创新”的号召。在国际国内经济发展共同影响下，双创人才的培养已经成为我国高等教育面临的一项紧迫任务。对于大学生来说，“双创”即是创新、创业，具有创新意识、创新精神和创造能力的人。随着《关于深化高等学校创新创业教育改革的实施意见》的出台，标志着我国大学生创新创业教育已经上升为国家战略的层面并且在逐步有效推进中，双创育人是符合时代发展要求的教育方式和内容。

尽管我国高校双创教育一直受到政策强有力的推动，但在实践中仍存在理论与实践割裂、师资队伍匮乏、配套措施不完善等问题，归根结底是体系结构的不完善。新形势下如何将创新创业教育与第一、第二课堂更好地深度融合，更好地提升学生的创新能力是亟待解决的问题。带着这样的思考，结合同济大学建筑与城市规划学院（下称学院）的工作经验，我们对学院双创育人管理保障模式下的新型建筑人才培养路径进行了研究。

二、学院双创育人工作概况

培养学生的“双创”能力是素质教育的核心，也是学校工作的生命线，是同济人多年来达成的共识。作为我国“双创”典型示范高校候选单位，同济大学近年来一直秉承教育与实践相结合的优良传统，坚持面向企业、服务基层，始终把实践能力强、具有创新精神的高级应用型人才作为培养目标，探索新型建筑人才培养机制。

同济大学建筑与城市规划学院在大学生双创工作中，充分利用专业特色，将实践的理念与教育教学相融合，在实践中倡导“三个结合”：其一是指导与探索相结合，学院努力以国家的创新战略和社会经济重点需求为指针，与产业链密切结合，促进传统建筑类学科的高新化、强势化，在探索中形成了“实践＋专业＋课题”和“实践＋基地”的创新创业新模式，支持创新创业孵化平台的建设，营造校园双创环境；其二是实践与提升相结合，学院开设了面向不同学生群体的具有针对性的创新创业理论课程，由学科带头人领先开设了规划、建筑、景观等专业的创新前沿讲座，构建起包括基本技能训练、综合实践能力提升等在内的全过程递进式创新教学体系；其三是第一课堂与第二课堂相结合，以丰富多彩的大学生双创活动为载体，以大学生双创基地为基础，以大学生双创团体为依托，以灵活高效的大学生双创机制为保障的创新格局，营造浓厚的双创文化氛围。此三方面的结合形成了学院大学生双创能力培养的特色格局和体系，在丰富校园文化建设内涵、扩展外延的同时也发挥了良好的育人功效。

三、双创育人管理保障模式的探索

管理保障模式的目标是服务于学生成长成才的需要，实现“三个结合”。围绕这个目标，就要充分体现以人为本，发挥学生参与创新创业的主体作用，激发学生参与的内在动力。实施的过程中为学生搭建平台，突出服务，强调引导，淡化管理，注重氛围营造。

架构于学院建筑学、城乡规划学、风景园林学等学科的专业特点，学院积极探索了一套服务型高校“一体两翼”的双创管理保障模式——“3+3模式”，即构建三个平台的管理体系，完善三项服务的保障体系。实践证明，该模式对推进创新创业的开展和提升创新实践能力具有保障和推动作用。

管理保障模式分为管理体系和保障体系。管理体系的三个平台为：专业强化、实践拓展、能力提升；保障体系的三项服务为：机制保障、活动载体、个性服务（图1）。

（一）管理体系：构建三个平台

第一平台——专业强化平台。包括丰富课程设置，改良专业教学，强化专业教育，深化专业知识等。通过推进课程改革，优化教学平台，加强基础理论、基本知识和基础技能的培养，注重开发学生的潜能，扩大知识面，强化专业技能，全面提高综合素质和科学的思维方法。学院在完善的学科领域框架下自2014年试点本科生“双导师制”，大一新生进校即定校内导师，大三再配校友导师，进一步推进学院卓越人才培养。校内导师通过每月与学生见一次面、每学期点评一次学生作业、每年带领学生参观一次工作室或参与科研项目等一系列活动，充分激发专业教学在“教”

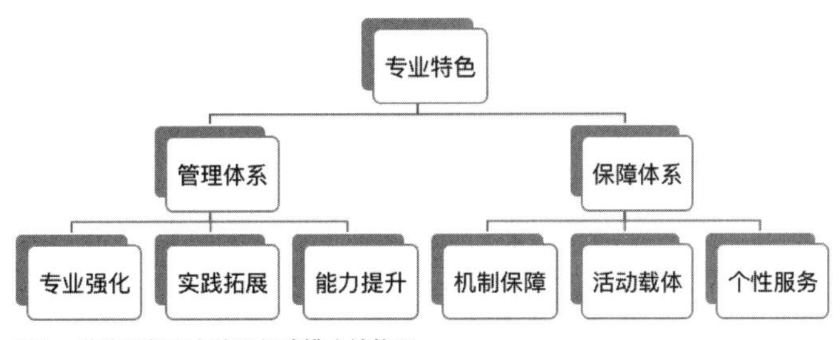

图1　学院双创育人管理保障模式结构图

与“学”两方面的积极性，为学生专业学习的成效提供责任保障。校友导师主要由杰出校友中的行业精英组成，其中包括加拿大KFS国际建筑师事务所总裁、总建筑师傅国华，同济建筑设计研究院副总裁、副总建筑师曾群等，着重在本科生高年级段的社会实践、职业发展、就业创业等方面提供指导与支持。“双导师制”充分发挥了导师在高校学生各阶段成长中的重要作用。

第二平台——实践拓展平台。社会实践是第一课堂的有益补充与延伸，是让学生自觉奉献社会、服务社会、深入实践的良好途径，对于提高同学的动手能力和综合素质具有重要作用。该平台突出“真题实做重实战”，在日常教学和毕业设计中，重视教学与生产实践相结合，倡导真题实做，把参与实战当作提高学生科技创新能力的重要手段。同济大学很早就有教学和实践的紧密结合，譬如1958年登于《建筑学报》的青浦区红旗人民公社规划，教学和实践紧密结合的传统特点一直被延续下来。譬如在学院城乡规划专业的教学计划中，所有总体规划的课程设计都是真实的题目，保证学生能够在当地开展系统调查，进行问卷调查。2012年，借助西宁湟源县的城市总体规划，进行了西宁三个县（湟源县、湟中县、大通县）的村庄规划实践，所有的学生都以此为题参与到实践中；2013年，依托5个地域（云南省云龙县、四川省兴文县、山东省诸城市、山西省介休市、上海市奉贤区）的城市总体规划教学实践过程，又选择相应的村庄进行规划和实施。此举通过实战提升了同学的设计能力，有效实现了教学和实践课内外衔接、第一和第二课堂互动。

第三平台——能力提升平台。为同学提升双创能力提供支持，努力使创新行为转变为创新能力。分三个层次打造学生创新团队：一是以氛围营造和常规技能训练为基础面向全院学生建立双创的“基础团队”；二是通过科技社团的组建、实验室的开放和教师科研助理的招聘组建大学生双创工作的“正规团队”；三是通过精心选拔并配备高水平的师资队伍进行专门培训、备战竞赛项目的“精英团队”。三者之间既互相联系又各有侧重，每名学子都可以根据自身阶段性的实际情况在三者之间取舍流动。建设大学生创新基地，强化学生实践能力、创新能力培养。开放建筑物理实验室、材料病理实验室、数字建造实验室等，为师

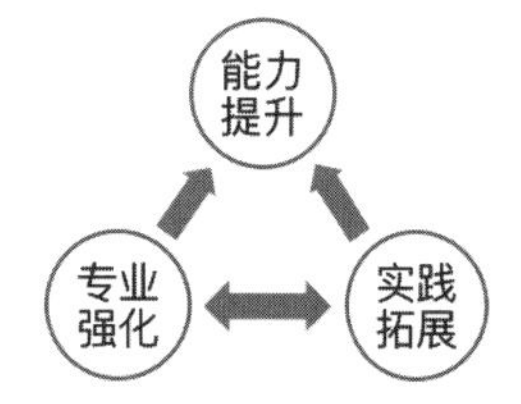

图2　学院管理体系三个平台关系图

生参与双创活动提供实践学习条件，采用以学生为主体、教师启发指导的实验教学模式；依托于同济大学国家大学科技园、大学生创业园等，为学生打造创业训练基地，成为城乡前沿研究成果的孵化器；不断拓展创新实践基地群，与地方政府、校外企事业单位和科研院所合作，建立了由专业教师指导的大学生社会实践基地等10余个学生创新实践基地。

三个平台相互间存在着密切的互动关系（图2）：一方面，专业强化巩固了学科知识，为实践拓展打下基础；另一方面，通过实践拓展，运用所学知识，深化专业学习，提高综合协调能力，反过来推动专业强化的开展，增强学习知识的主动性。学院着力推动第一个平台和第二个平台的互动，乡村规划的教学实践就是双课堂互动的一个典例。学院将乡村规划纳入课程体系，夯实学生理论基础，采用真题实做的形式与总体规划结合开展规划实践，既为社会主义新农村的建设及长远发展贡献了知识和力量，又在实践中提高了学生的动手实践能力，做到理论与实践的有机结合；同时借助同济大学新型城镇化研究会的能动性，通过暑期实践调研、城乡发展实情科研、学术会议论坛等多举并措推动城乡研究的发展，弥补了学生们在专业上的不足，锻炼了互相协作的能力，提升了专业素质。

（二）保障体系：做好三项服务

机制保障。形成“机制建设为引导，制度建设为保障，规范流程为重点”的体系，使得大学生科技创新工作更加规范。学院成立了“学院大学生课外创新活动指导委员会”（图3），由学院分管教学的副院长担任主任，各系主任担任委员会副主任，教务科长、本工办主任、研工办主任、创新基地负责人为成员，团委书记任秘书。充分发挥学生组织的阵地作用，学院重点建设了创新俱乐部、新型城镇化研究会、研究生职业发展协会等团体，成为开展科技创新的重要阵地。学院制定了“创新启动资金贷款机制”，解决资金到位的时间差问题，为学生提供必要的支持和帮助。

活动载体。丰富多彩的活动推进科技创新。结合课堂教学，针对不同年级的学生开展相应的学术活动，经常性地开展学术讲座、学生论坛、学术沙龙，加深学生对课堂所学知识的理解，增加相关学科的知识。每年举办一届国际建造节，组织开展多样的课外科技活动，提高专业能力。积极组织参加“挑战杯”“创青春”创业大赛及各类建筑设计竞赛，并收获颇丰。学院积极创造条件、基层团委协调组织、提供经费支持、聘请跨学科的指导教师，同学们积极参与的良好工作局面已经形成。

个性服务。重点支持各类双创社团组织和各

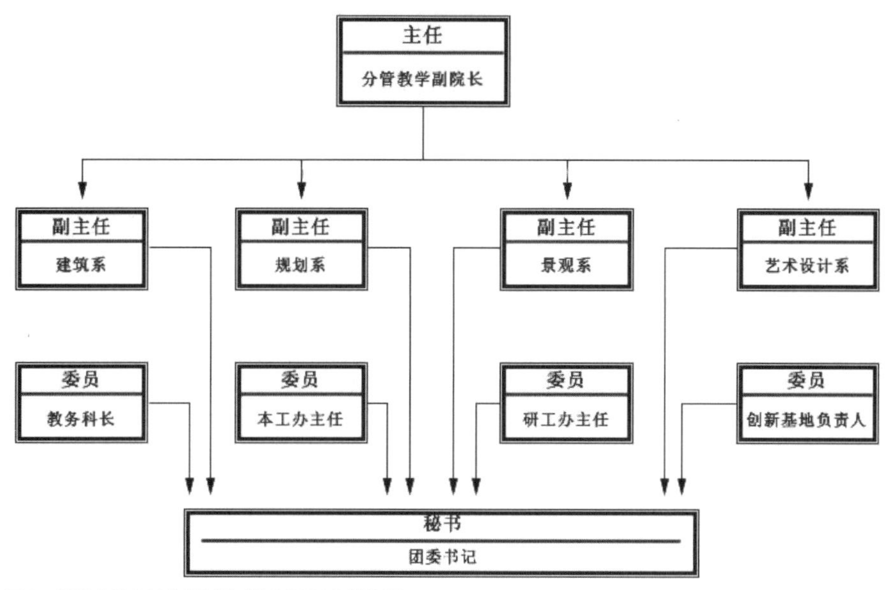

图 3　学院大学生课外创新活动指导委员会结构图

类学生科技小组的科创活动，向学生提供科学研究和技术开发的项目资助，帮助学生实现个性发展。学院建立了指导教师团队，供学生选择，提供指导服务；支持同学建立双创团队，学院提供经费支撑，开放实验室，为双创创造条件；依托学校创新创业基金，在已有科研团队的基础上申报双创项目，争取学校的基金支持，助力推进重点项目的开展。

四、双创育人管理保障模式的成效

双创育人管理保障模式在实践中收到良好成效。一方面体现在学院创新创业成果丰硕，在各类竞赛中多次获奖，自 2011 年起，建筑与城市规划学院本科、研究生共开展新型城镇化、乡村发展暑期社会实践活动 27 项，获各类奖项 13 项，其中国家级 1 项、省部级 8 项；在“挑战杯”全国大学生系列科技学术竞赛中斩获三等奖以上奖励 7 项，“知行杯”上海市大学生社会实践大赛中获奖 7 项，其中结合专业视角的重点项目“新农村建设农民‘掌中宝’”与“农民被‘上楼’——以江苏南通／浙江海宁农村为例，解读城市发展的农村城镇化问题”在“挑战杯”全国大学生系列科技学术竞赛中分别荣获特等奖和一等奖。

二是提升了学生综合竞争力。通过对在校生和毕业生调查发现：参加各类双创活动不仅不会影响日常课程的学习，还会对专业课的学习、自身素质提高有所帮助，有益于大学生的成长。参赛的过程也是学习的过程，既开阔了自身视野，又锻炼了自己的实践能力，学生通过参与双创活动提高了创新能力，综合素质得到提升，也赢得了用人单位的高度评价：专业性强、功底扎实、富有创新精神，学生在全国同类专业中具有强劲的竞争力。

五、双创育人管理保障模式特色总结

1．加强组织领导，建章立制，为双创保驾护航。双创育人需要有一个保障体系。学院全面而科学地分析大学生思想状况和学习状况，制订双创育人的总体规划，并做出全面部署和安排，把双创育人与教学、科研、学生管理结合起来，求真务实，实现第一和第二课堂的有效互动。一方面，通过课堂教学为学生搭建学科基础平台，理论教学与能力培养相结合，扩大知识面，强化专业技能，提高学生的理论素养，为社会实践打下基础；另一方面，通过社会实践，在实践中运用所学知识，深化专业学习，提高综合协调的处理能力，反过来推动课堂教学的开展，增强学习知识的主动性。

2．以专业特色为依托，提高育人有效覆盖。充分利用自身专业特色，将奉献社会的理念与实际的教育教学相结合，将科技创新理念融入日常专业学习，在探索中形成了专业与实践结合的教育模式，在丰富校园文化建设内涵、扩展外延的同时也发挥了良好的育人功效，促进了新型建筑人才培养工作的开展。这种将社会实践、创新创业活动与学科建设相结合、将社会服务与专业教学相结合的主题活动有较广泛的适用性和一定的借鉴作用。

3. 重视学生组织，开展丰富多彩的双创育人活动。学生组织成为高校校园文化活动展开的主要依托和活动载体，学生组织也成为高校文化建设的重要力量。加强对学生会、研究生会、社团联合会（其中包括理论学习型社团、科技创新型社团、兴趣爱好型社团、社会公益类社团等在内）的建设的指导，并引导他们高质量地实施大学生自我教育、自我管理、自我服务计划。

4. 完善双创育人的工作机制，双创教育常态化。具体包括利用创新能力与拓展学分统筹学生实践活动，把各类实践活动纳入学校教学的总体规划，纳入学时和学分管理，保障学生参加实践活动的热情和积极性；工作成果评价机制，双创育人的工作绩效要量化，在此基础上完善评优奖励制度，定期评比表彰先进集体和个人，树立、宣传、推广一批先进典型；为学生双创活动提供必要的经费；高度重视实践基地的建设，为学生实践提供舞台；创造机会，广泛开展校内各种实践，克服困难，保证学生创新实践活动场所等物质条件。

双创教育的推动离不开各高校制度与体系的保障，而科学的管理保障模式必须以满足学生发展需求为前提，建立在教育资源的实际情况基础之上。只有坚持"以人为本"的基本原则，不断地探索和完善，改革教育方式，才能为大学生双创工作注入活力，推动双创工作的深入开展，实现教育与实践的联动互促，从而更好地为学生成才服务。

参考文献：

[1] 王占仁．高校创新创业教育观念变革的整体构想［J］．中国高教研究，2015（7）．

[2] 吴玉剑．高校创新创业教育改革的困境与路径选择［J］．教育探索，2015（11）．

[3] 谢春虎．构建大学生科技创新管理保障模式的探索与实践［J］．教育与职业，2011（9）：47–48．

[4] 欧阳丹丹，陈雷．应用型本科大学生创新创业教育研究——以上海应用技术大学为例［J］．高校辅导员学刊，2016（3）：68–69．

[5] 沈文青，孙海涛．大学生创业价值观与创业教育［J］．高校辅导员，2014（2）：20–21．

图片来源：

图 1：作者自绘

图 2：作者自绘

图 3：引自学院工作总结

作者：王晓庆，同济大学建筑与城市规划学院党委副书记，副教授；扈夔喆（通讯作者），同济大学建筑与城市规划学院　分团委副书记，讲师；唐育虹，同济大学建筑与城市规划学院　研究生党总支书记，讲师